FIREWORKS 2012

LOVE IS GOD

flower

Flower

U0213908

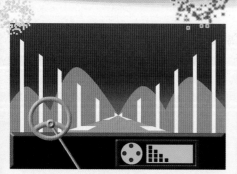

The Wild World

- Intertropical
- Temperate Zone
- Oceanic
- South Pole
- North Pole

保护环境 保护地球

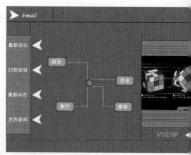

Email

最新流讯
打折促销
最新动态
艺界新闻

娱乐
旅行 企业
媒体

VIEW

ARLANSHI

Chinese Fashion Show

Wonderful Collection

WWW.ARLANSHI.COM

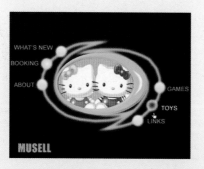

WHAT'S NEW

BOOKING

ABOUT

GAMES

TOYS

LINKS

MUSELL

About Us   What's New   Links

Music Light

ALTO   PIANO   VIOLIN   FLUTE   OPERN

Welcome to our Website!"Music Light" about music.
Our catalog shoucases all the Winners from ourth beneficial
design plus more than other outstanding entries.This oilectibll
pack also convert into a huge poster graphic.
What was new exciting in the world of computer bashe deshi the
end so the kell when all the showcases the all winner from century!

真理之口

Fireworks CS6 中文版入门与提高实例教程

三维书屋工作室

胡仁喜 杨雪静 等编著

机械工业出版社

本书首先简单介绍了 Fireworks CS6 的新增特性，之后重点介绍了 Fireworks CS6 的常用工具及其特色操作，并给出最常见的精彩实例。全书共分 3 篇 14 章，第 1 篇快速入门，包括认识 Fireworks CS6、Fireworks CS6 的文件操作、对象的简单操作、矢量图像和位图图像、文本对象和效率工具。第 2 篇技能提高，包括元件、样式、层、滤镜和效果、按钮、动画和效果、热区和切片的使用以及优化和导出，同 Dreamweaver 等网页制作软件的结合应用。第 3 篇实例给出了 Fireworks 在不同应用领域中的实例操作，包括制作静态对象、动画和 Web 页的简单工具，并给出不同风格的设计供读者学习参考。

本书在章节安排上由简入深，适合刚入门的网站设计人员使用，也可以作为熟练网站开发人员的参考书，也是广大网页爱好者的一个好伙伴。

图书在版编目（CIP）数据

Fireworks CS6 中文版入门与提高实例教程/胡仁喜等编著. —2 版.
—北京：机械工业出版社，2012.9（2015.5 重印）
ISBN 978-7-111-39537-9

Ⅰ. ①F… Ⅱ. ①胡… Ⅲ. ①网页制作工具 Ⅳ. ①TP393.092

中国版本图书馆 CIP 数据核字（2012）第 198311 号

机械工业出版社（北京市百万庄大街 22 号 邮政编码 100037）
策划编辑：曲彩云 责任编辑：曲彩云
责任印制：刘 岚
北京中兴印刷有限公司印刷
2015 年 5 月第 2 版第 2 次印刷
184mm×260mm · 19.25 印张 · 2 插页 · 484 千字
4 001—5 000 册
标准书号：ISBN 978-7-111-39537-9
　　　　　ISBN 978-7-89433-221-9（光盘）
定价：48.00 元（含 1DVD）

凡购本书，如有缺页、倒页、脱页，由本社发行部调换
　　　　　　　　　　　　　　策划编辑：（010）88379782
电话服务　　　　　　　　　网络服务
社 服 务 中 心：（010）88361066　教 材 网：http://www.cmpedu.com
销 售 一 部：（010）68326294　机工官网：http://www.cmpbook.com
销 售 二 部：（010）88379649　机工官博：http://weibo.com/cmp1952
读者购书热线：（010）88379203　**封面无防伪标均为盗版**

前 言

　　Fireworks 是网页设计中常用的工具之一，同 Dreamweaver 和 Flash 相比，Fireworks 的主要功能是完成网页中图形效果的处理。Firewoks 将矢量图形和位图图形的操作环境集成在同一个环境下，使用户可以灵活操作。

　　Fireworks CS6 在网页的图片和交互元素的处理上新增了许多容易操作的功能。这些功能可以在对交互式网页设计的代码编程，如在 JavaScript 语言了解不多的情况下，完成丰富的网页制作，对于有经验的网站设计者和网页图形设计者，可以大大提高他们的工作效率。

　　Fireworks CS6 中集成了丰富的滤镜效果和一些常用样式，这些都是 Adobe 公司精心挑选出来的，在网页设计时给用户和设计者带来很大的便利。通过导入和导出操作可以将编辑的对象导出到图形制作开发环境，如 Photoshop 和 Web 代码编写环境、Dreamweaver 等环境下。此外，Fireworks 集成的丰富的动画功能使开发人员在设计时免去了编写代码的烦恼，通过使用其中的元件间的插帧技术，Fireworks 可以自动生成动画效果。在设计完成时，开发人员还可以根据网站使用的环境，对设计的网页进行优化，使其满足客户的需求。

　　本书在内容的安排上首先简单介绍了 Fireworks CS6 的新增特性，之后重点介绍了 Fireworks CS6 的常用工具及其特色操作，并给出最常见的精彩实例。全书共分 3 篇 14 章，第 1 篇 Fireworks CS6 快速入门，包括认识 Fireworks CS6 的工作界面、Fireworks CS6 的文档操作、对象的简单操作、矢量图像和位图图像、文本对象和效率工具。第 2 篇 Fireworks CS6 技能提高包括元件、样式和层、滤镜和效果、按钮、动画和行为、热点和切片的使用以及优化与导出，HTML 代码的使用。第 3 篇 Fireworks CS6 实战演练，给出了 Fireworks 在不同应用领域中的实例操作，包括制作静态对象、动画和 Web 页的简单工具，并给出不同风格的设计供读者学习参考。

　　本书重点介绍了常用工具的特色操作以及多个相关操作的丰富效果，在 Web 对象编辑上由简入繁，由静到动，使读者不仅可以从局部熟悉 Fireworks 的功能，还可以从整体上熟练运用各种工具箱。最后结合不同的应用情况给出了实际操作例子，可以感觉到 Fireworks 真正的可爱之处。另外，本书的内容适合刚入门的网站设计人员，也可以作为熟练网站开发人员的参考书，是广大网页爱好者的一个好伙伴。

　　为了配合学校师生利用此书进行教学的需要，随书配赠多媒体光盘，包含全书实例操作过程配音讲解录屏 AVI 文件、实例结果文件和素材文件，以及专为老师教学准备的 Powerpoint 多媒体电子教案。

　　本书由三维书屋工作室策划，胡仁喜、杨雪静、刘昌丽、康士廷、张日晶、孟培、万金环、闫聪聪、卢园、郑长松、张俊生、李瑞、董伟、王玉秋、王敏、王玮、王义发、王培合、辛文彤、路纯红、周冰、王艳池、王宏等编写。

　　书中内容虽然笔者儿易其稿，但由于时间仓促加之水平有限，书中纰漏与失误在所难免，恳请广大读者联系 win760520@126.com 提出宝贵的批评意见。欢迎登录 www.sjzsanweishuwu.com 进行讨论。

作　者

目　录

第1篇 Fireworks CS6 快速入门

第1章 认识Fireworks CS6

本章导读

　　本章重点介绍了 Fireworks CS6 的新增功能和工作环境，包括菜单栏、常用工具栏和工具箱，以及如何修改工具栏来方便自己的操作。

　◎ 了解 Fireworks CS6 的功能和新特性

　◎ 熟悉 Fireworks CS6 的工作环境

　◎ 掌握常用工具栏的作用和工具箱的功能，并学会对工具栏进行编辑

1.1　Fireworks CS6 的新功能

World Wide Web 目前已是人们生活中必不可少的一部分，它需要各种形式的（静态的、动态的和交互的）图形、图表、徽标、符号和图标，以便向人们展现出各种生动的色彩和图像。

在使用 Fireworks 之前，大多数设计者需要使用多种不同的工具来完成设计目的，任何一个小的创作都要完成以下操作：

（1）在矢量绘图工具（比如 Freehand）中进行布局。

（2）在图片编辑工具（比如 Photoshop）中进行进一步处理。

（3）利用诸如 Debabelizer 一类的优化工具来保证使用的颜色适合于 Web 使用。

由于没有一个工具可以完成所有工作，所以需要掌握许多工具，并且在修改图片时还存在需要重建图片等问题。而 Fireworks 立足于 Web 应用，最新版的 Flash CS6 能与其他 Adobe 创作软件（如 Dreamweaver、Flash、Photoshop、Illustrator 等）高效集成，精确一致地在各种应用程序之间交换设计、资源和代码，还可以对图像进行优化处理，让用户在弹指间创作精美的网站和移动应用程序设计，而无需进行编码，发布适用于平板电脑和智能手机的矢量和点阵图、模型、3D 图形和交互式内容。

作为新一代图形软件，Fireworks CS6 不仅继承了以往 Fireworks 的强大功能，并增添了许多新的特性：

- 改进 CSS 支持。通过使用属性面板，可以完全提取 CSS 元素和值（颜色、字体、渐变和圆角半径等），直接将其复制并粘贴至 Adobe Dreamweaver® CS6 软件或其他 HTML 编辑器。只需一步，即可模拟完整的网页并将版面与外部样式表一起导出，以节省时间并保持设计的完整性。
- 全新的 jQuery Mobile 主题外观支持。为移动网站和应用程序，创建、修改或更新 jQuery 主题，包括 CSS Sprite 图像。
- 全新的调色面板。可以快速在纯色、渐变和图案填充效果之间进行切换；可以分别对填色和描边对话框应用不透明度控制，以更精准地进行控制。
- 访问 API 以生成扩展功能。从社区导向的扩展功能中受益。
- 改进的性能。在 Mac OS 中使用高速重绘功能，使用户在快速响应的环境中提高工作效率。优化的内存管理可在 64 位 Windows® 系统上支持体积高达 4 倍的文件。

1.2　Fireworks CS6 的工作环境

启动 Fireworks CS6 并打开一个图片文件后，其操作界面便会出现在屏幕上，如图 1-1 所示。Fireworks CS6 的操作界面主要由以下几个部分组成：标题栏、菜单栏、常用工具栏、工具箱、文档编辑窗口、修改工具栏及多个面板组成。在本节中将简单地介绍其中主要的部分，以便读者先对 Fireworks CS6 有个简单地了解。各部分具体应用将在以后的章节中进行详细介绍。

图 1-1　Fireworks CS6 的操作界面

1.2.1　标题栏

Fireworks CS6 对界面进行了优化，标题栏与菜单栏和视图工具整合在一起，使得界面整体感觉更为人性化，工作区域进一步扩大，为用户提供了良好的视觉体验。

单击标题栏右上角的"展开模式"按钮，可以在如图 1-2 所示的下拉列表中快速更换界面右侧的浮动面板的外观模式。

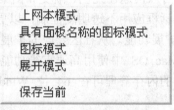

图 1-2　外观模式列表

1.2.2　菜单栏

Fireworks CS6 的菜单栏如图 1-3 所示。

文件(F)　编辑(E)　视图(V)　选择(S)　修改(M)　文本(T)　命令(C)　滤镜(I)　窗口(W)　帮助(H)

图 1-3　菜单栏

📖 1.2.3 常用工具栏

Fireworks CS6 为了方便用户的使用，将一些使用频率比较高的菜单命令以图形按钮的形式放在一起，组成了常用工具栏，如图 1-4 所示。用户只需单击工具栏上的按钮，就可以执行该按钮所代表的操作。

图 1-4　常用工具栏

常用工具栏主要显示了文档操作的一些最常用命令。如果当前操作界面上没有显示该工具栏，请选择"窗口"|"工具栏"|"主要"命令打开。各个按钮选项的意义及功能如下：

- 🗋 "新建"：创建一个新的图像文件。对应于"文件"|"新建"命令。
- 🖫 "保存"：保存当前编辑的图像文件。对应于"文件"|"保存"命令。
- 📂 "打开"：打开一个已存在的图像文件。对应"文件"|"打开"命令。
- ➡ "导入"：导入一幅图像，对应于"文件"|"导入"命令。
- ➡ "导出"：导出一幅图像，对应于"文件"|"导出"命令。
- 🖨 "打印"：将编辑的图像文件输出到打印设备。对应"文件"|"打印"命令。
- ↩ "撤消"：撤消以前对对象的错误操作。对应于"编辑"|"撤消"命令。
- ↪ "重做"：重复最近一次撤消的操作。对应于"编辑"|"重复"命令。
- ✂ "剪切"：复制选定的对象到剪切板中并删除原来的对象。对应"编辑"|"剪切"命令。
- 🗐 "复制"：复制选定的对象到剪切板中。对应于"编辑"|"复制"命令。
- 📋 "粘贴"：将剪切板中的对象粘贴到舞台。对应于"编辑"|"粘贴"命令。

📖 1.2.4 工具箱

使用 Fireworks 处理图像，必须绘制各种图形和对象，还须插入 Web 元素、编辑颜色等，这就必须使用到各种工具。在 Fireworks CS6 中，图像处理工具都放置在工具箱中，图 1-5 所示的就是 Fireworks CS6 的工具箱。

工具箱通常固定在窗口的左边，也可以通过用鼠标拖动绘图工具箱，改变它在窗口中的位置。工具箱中包含了 20 多种工具，用户可以使用这些工具对图像或选定区进行操作。在工具箱中单击工具按钮即可选择该工具。工具箱的有些工具是以工具组的形式存在的，那些带有黑色小箭头的工具按钮即是一个工具组，其中包含了几个相同类型的工具。在该工具按钮上按住鼠标打开按钮选项，再拖动鼠标指针到相应子项按钮上松开，鼠标即可选择需要的工具。

Fireworks CS6 的工具箱主要由选择工具、位图工具、矢量工具、Web 工具、颜色工具、视图工具组成。各部分的作用在后面章节中将有详细介绍。图 1-6 显示的是工具箱的视图工具，使用视图工具可以控制文档窗口的显示效果。

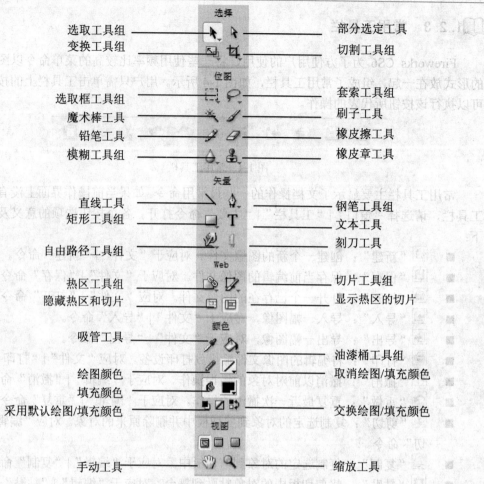

图 1-5　Fireworks CS6 的工具箱

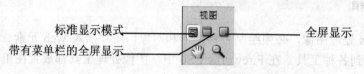

图 1-6　工具箱中的视图工具

1.2.5　文档编辑窗口

Fireworks CS6 界面中间是文档编辑窗口，这是用户使用 Fireworks 进行创作的主要工作区。图像的创建、编辑、处理和显示都是在该区域中进行的。在文档编辑窗口顶部有 4 个选项卡，如图 1-7 所示，用于控制文档编辑窗口的显示模式：

- "原始"：显示当前编辑的 PNG 文档。
- "预览"：预览当前编辑的文档。
- "2 幅"：2 窗口比较。
- "4 幅"：4 窗口比较。

在文档编辑窗口右上角有一个"文件管理"按钮 🏛，用于轻松地访问文件传输命令。如果已使用 Dreamweaver 中的"管理站点"对话框将目标文件夹（或包含目标文件夹的文件夹）定义为站点的本地根文件夹，则 Fireworks 会将该文件夹识别为站点。如果该站点可以访问远程服务器，则驻留在该站点文件夹中的文档可以使用"文件管理"按钮获取、取出、上传、存回文件。对于位于使用 SFTP 或第三方传输方法（如 SourceSafe、WebDAV 和 RDS）的站点中的文件，不能从 Fireworks 内将这些文件传输到远程服务器和从远程服务器中传输它们。

在文档编辑窗口底部还有一个控制条，如图 1-8 所示。在编辑动画时可以使用其控制帧的播放和跳转。控制条右部显示了该图像的大小和显示比例。图 1-8 显示了正在编辑的文档大小为 800×600，单位是像素（Pixels）。

图 1-7 文档窗口顶部的 4 个选项卡 　　　图 1-8 文档编辑窗口底部的控制条

📖1.2.6 修改工具栏

修改工具栏提供了一些常见的图形操作命令——图群组、对齐、排列以及旋转等。Fireworks CS6 的修改工具栏位于常用工具栏的右侧，如图 1-9 所示。

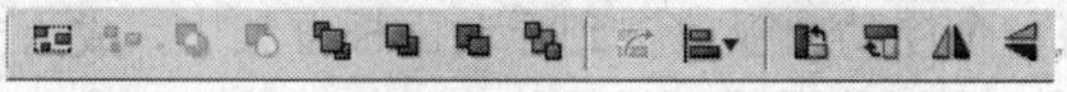

图 1-9 修改工具栏

修改工具栏中各按钮的功能如下：
- ➤ 🔳 "组合"：群组选中对象。
- ➤ 🔳 "取消组合"：将群组的对象解散。
- ➤ 🔳 "接合"：连接两个矢量图形。
- ➤ 🔳 "拆分"：分离已连接的图形。
- ➤ 🔳 "移到最前"：将所选对象置于所有对象前面。
- ➤ 🔳 "前移"：将所选对象向前移一层。
- ➤ 🔳 "置后"：将所选对象向后移一层。
- ➤ 🔳 "移到最后：将所选对象置于所有对象后面。
- ➤ 🔳 "上次使用的对齐方式"：将所选的多个对象按上一次使用的对齐方式进行对齐。
- ➤ 🔳 "对齐"：对齐设置，单击右侧的下拉列表后有 8 种对齐方式：
  - 🔳 "左对齐"：将选中的对象左对齐。
  - 🔳 "垂直轴居中"：将选中的对象中心垂直对齐。
  - 🔳 "右对齐"：将选中的对象右对齐。
  - 🔳 "上对齐"：将选中的对象顶端对齐。
  - 🔳 "底对齐"：将选中的对象底端对齐。
  - 🔳 "水平轴居中"：将选中的对象中心水平对齐。
  - 🔳 "按宽度分散排列"：将选中的对象水平方向等间距排列。

- 品 "按高度分散排列"：将选中的对象垂直方向等间距排列。
- ➢ 🔁 "逆时针旋转90°"：将选中的对象逆时针方向旋转90°。
- ➢ 🔁 "顺时针旋转90°"：将选中的对象顺时针方向旋转90°。
- ➢ 🔼 "水平翻转"：将选中的对象水平翻转。
- ➢ ◀ "垂直翻转"：将选中的对象垂直翻转。

📖 1.2.7 面板

　　浮动面板都是可停靠浮动面板，它们通常停靠到一个浮动面板框架中，并以选项卡的形式存在，就像船只停靠在船坞中一样。这种机制能够在有限的桌面空间中放置大量的浮动面板。

　　Fireworks CS6 中的许多功能是通过面板实现的。面板可以浮动在工作区上，也可以停靠在面板停靠架上。面板集中了很多功能和选项，在图像编辑过程中经常使用，通过面板可以完成多种设置。

　　在 Fireworks CS6 中有 10 多个面板，每个面板丰富的功能将在后面章节中具体介绍。

1．分组和移动面板

　　Fireworks 自动把功能相近的面板停靠在同一个面板停靠架上，选择其中一个面板，整个面板停靠架便会一起出现。也可以手动对浮动面板进行停靠和拆分操作。

　　所谓停靠，就是将一个浮动面板放置到浮动面板框架中，成为一个选项卡的形式；而所谓拆分，则是将该浮动面板从浮动面板框架中分离出来，构成一个单独的浮动面板窗口。

　　例如要将"形状"面板以选项卡形式从面板组合中拆分出来，具体操作如下：

　　（1）将鼠标指针移动到"形状"面板的选项卡页签上。

　　（2）按鼠标左键拖动"形状"面板到要停靠的地方。

　　与拆分操作相反，如果希望将某个浮动面板停靠到一组浮动面板中，从而形成一个选项卡，则可以拖动该浮动面板的选项卡，然后将之拖动到某个浮动面板框架中。

2．显示和隐藏面板

　　一般来说，用户可能喜欢将所有的浮动面板放置到程序窗口的右方，然后在程序窗口的左方及中间区域进行图像编辑。但有时候为了节省桌面空间，也可以将浮动面板进行隐藏，必要时再显示。

　　可以按照如下方法显示或隐藏浮动面板：

- ■　方法一：打开"窗口"菜单，选择要隐藏或显示的浮动面板名称菜单项，即可将相应的浮动面板隐藏或显示。如果该菜单项前面带有选中标记，也即一个勾号符号，则表明该浮动面板被显示，如果该菜单项前没有选中标记，也即没有勾号符号，则表明该浮动面板被隐藏，如图1-10所示。

重制窗口(N)		
隐藏面板(D)	F4	
扩展功能	▶	
工具栏(B)	▶	
✓ 工具(T)	Ctrl+F2	
✓ 属性(P)	Ctrl+F3	
优化(O)	F6	
✓ 层(L)	F2	
公用库(R)	F7	
CSS 属性	Ctrl+F7	
页面(G)	F5	
状态(E)	Shift+F2	
历史记录(H)	Shift+F10	
自动形状(A)		
✓ 样式(S)	Ctrl+F11	
文档库(Y)	F11	
URL(U)	Alt+Shift+F10	
混色器(M)	Shift+F9	
样本(W)	Ctrl+F9	
信息(I)	Alt+Shift+F12	
行为(B)	Shift+F3	
查找和替换(F)	Ctrl+F	
对齐		
自动形状属性		
其它	▶	
路径		
元件属性		
层叠(C)		
平铺		
✓ 1 *2007111516253084_2.jpg		

图 1-10 显示和隐藏面板

- 方法二：在展开的浮动面板的页签上单击鼠标右键，在弹出的快捷菜单中选择"关闭"命令，可以关闭浮动面板；如果选择"关闭选项卡组"，则关闭浮动面板组。
- 方法三：如果希望快速隐藏桌面上所有的浮动面板。可以利用 Tab 快捷键。按一次 Tab 快捷键，可以隐藏所有的浮动面板，再按一次 Tab 快捷键，又可以将原先所有显示的浮动面板重新显示出来。

实际上这种操作也可以通过菜单来完成，打开"窗口"菜单，选择"隐藏面板"命令，即可隐藏所有浮动面板；再次选择该命令，清除其选中状态，即可重新显示原先显示的所有浮动面板。该操作的另一个快捷键是 F4。

此外，单击浮动面板的标题栏，可以将浮动面板折叠为带标签的图标，再次单击，可以展开浮动面板。读者也可以单击标题栏右上角的"展开模式"按钮，在弹出的下拉菜单中选择"图标模式"命令，将浮动面板折叠为仅显示图标的模式。

3．面板的共同特征

尽管各个面板完成不同的工作，不同的面板都有一些共同的界面特征。许多特征（例如滑标和选项列表）对大多数其他图形工具和普通计算机软件的使用者来说都是很熟悉的。但有少数特征（例如拾色器）是在图形软件中使用。观察 Fireworks CS6 的浮动面板不难发现其共同的界面特征。

- 选项卡：在组合面板组中，每个浮动面板显示为一个选项卡。
- 选项菜单：单击面板右上角的选项菜单 可以完成许多操作。
- 新建和删除按钮：通过使用面板右下角的 按钮可以方便地对面板进行管理。

4．Fireworks CS6 中的常用面板

- 优化面板：允许用户指定当前文档的导出设置。用户可以根据需要选择某个图像文件的类型及其特定设置。如 JPEG 图片的质量，GIF 图片的调色板设置等。根据所选文档的类型不同，有效选项也会发生变化。优化面板如图 1-11 所示。
- 层面板：Fireworks 层面板的概念同 Photoshop 层面板的概念相同。允许将多个图片和对象当做组来处理。每个对象依次放在不同的层上，可以隐藏层也可以显示层，或者根据需要将层在多帧之间共享。此外，许多 Web 对象，如热点和切片都存储在层中。层面板如图 1-12 所示。
- 状态面板：Fireworks CS6 之前的版本中的帧面板。在 Fireworks 中使用动画时要用到帧的概念。通过帧面板可以方便地实现动画，不需编辑 JavaScript 代码。状态面板如图 1-13 所示。

图 1-11　优化面板

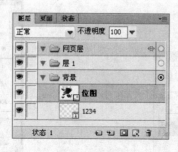

图 1-12　层面板

图 1-13　状态面板

■ 历史面板：通过历史面板可以精确控制 Fireworks 的多级撤销命令。用户可以根据需要在 Fireworks 首选参数设置中设置历史面板中保留的撤销步数的最大步数。历史记录面板如图 1-14 所示。

➢ 样式面板：样式是指对应用到对象中的属性，如笔触和特效的收集。Fireworks 的样式面板中包含了数十种内置的样式，包括铬印、岩石、冰、反射、玻璃、塑料等，可以瞬间为对象增添专业的外观和美感。用户也可以将花费很大心血的对象的集体属性保存为样式后导出，与其他用户共享。当然，还可以导入其他人编辑好的样式为己用。使用 Fireworks CS6 的样式面板可以在默认 Fireworks 样式、当前文档样式或其他库样式之间进行选择，轻松访问多个样式集。样式面板如图 1-15 所示。

➢ 文档库面板：包含了 Fireworks 库，它可以存储并再次打开元件的收集，同时元件可以在库中进行编辑。通过将元件从库中拖动到文档工作区可以迅速创建 Fireworks 的一个实例，创建的实例同库中的元件有对应的动态链接，可以通过在库中修改元件实现对所有实例进行同时修改。文档库面板如图 1-16 所示。

图 1-14　历史记录面板

图 1-15　样式面板

图 1-16　文档库面板

➢ URL 面板：URL 称为统一资源定位器，通过 URL 面板，系统可以自动保存编辑过的 URL 地址。此外还允许在 URL 面板中添加新的地址。可以通过 URL 面板选择所需的地址，避免在 Fireworks 使用时重复输入相同地址。

➢ 混色器面板：允许不同的编辑者根据自己的需要调整或选择颜色模型。混色器面板如图 1-17 所示，包含混色器和样本两个面板。

➢ 自动形状面板：允许用户选择自己所需要的对象外形。可以方便地实现对象的三维效果处理等操作，自动形状面板如图 1-18 所示。

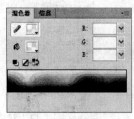

图 1-17　混色器面板

图 1-18　自动形状面板

Chapter 01

➢ 信息面板：在创建全局图形时，通过信息面板可以迅速显示对象的大小和位置信息，用户还可以根据需要输入数值，精确调整这些设置。此外，信息面板还显示光标所在的坐标位置以及光标所指像素的颜色，并可以实时变化。信息面板如图1-19所示。

➢ 行为面板：Fireworks 中动作的实现是通过行为面板实现的。使用行为面板可以方便地为图像添加需要的动作组合，并删除不满意的动作。避免了编写 JavaScript 代码，行为面板如图 1-20 所示。

➢ 查找和替换面板：在批量处理时使用该面板可以起到事半功倍的效果，查找和替换面板如图 1-21 所示。

➢ 页面面板：Fireworks CS6 支持多页，即可以在单个文档（PNG 文件）中创建多个页面，并分别设置每个独立页的各种参数，诸如画布大小、颜色、图像分辨率等，甚至可以添加超级链接和热点，并在多个页面之间共享图层。因而可在原型中方便地模拟网站流程，使创建复杂的多页网站原形变得更为方便。页面面板如图 1-22 所示。

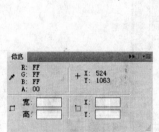
　　　　图 1-19　信息面板

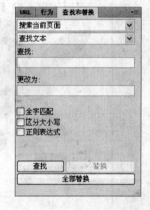
图 1-20　行为面板　　　　图 1-21　查找和替换面板

➢ 路径面板：汇集了路径的各种操作，并以形象的图标表示。方便用户对各种路径操作的学习和使用。路径面板如图 1-23 所示。

图 1-22　页面面板

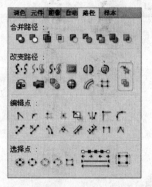
图 1-23　路径面板

1.3 思考题

1. 显示和隐藏常用工具栏和修改工具栏。
2. 简单介绍 Fireworks 中的主要面板。

1.4 动手练一练

打开"图层"面板并将其拖动到工作区,如图 1-24 所示。

图 1-24

第2章 Fireworks CS6的文档操作

本章导读

在介绍了 Fireworks CS6 的工作环境之后，本章开始介绍文档的基本操作方法。文档操作是 Fireworks 中最基本的操作，包括新建文档、打开文档、导入文档等多个方面。从一个良好的设计基础入手进行创作，不仅能起到事半功倍的效果，而且能充分体现创作者的专业水平。

- ◉ 使用文档
- ◉ 显示文档
- ◉ 标尺、辅助线和网格
- ◉ 画布与文档的属性

2.1 概述

文档是指应用程序中所操作的数据对象。不同的应用程序，文档中数据的组织方式也不同。也就是说，文档的类型也各不相同。例如，对于 Microsoft Word，文档的类型是文书档案；对于 Microsoft Excel，文档的类型是电子表格；对于 Adobe Dreamweaver，文档的类型是网页；而对于 Adobe Flash 来说，文档的类型是矢量动画；Fireworks 是一种用于进行 Web 图像处理的应用程序，其文档的类型是图像。

在 Fireworks 中文档图像采用 PNG 格式。

PNG 是 Portable Network Graphic（便携网络图像）的首字母缩写，是一种新型的图像格式。它采用同 GIF 图像类似的无损压缩算法，可以在真实重现图像信息的前提下有效减小文件。PNG 图像的格式非常灵活，不仅可以实现 GIF 的一些特性，例如透明背景等，还具有蒙板等较为高级的图像特性。与 JPG|JPEG 图像不同，JPG|JPEG 格式不支持 256 色（但支持 256 色灰阶），而 PNG 格式可以支持多种颜色数目，例如 8 位色（256 色）、16 位色（65536 色）或 24 位色（16777216 色）等，甚至还支持 32 位更高质量的颜色，包含透明度或 alpha 通道，并且是连续的。

在 Fireworks CS6 中所操作的 PNG 图像格式更加灵活，不仅可以在其中保存位图信息，还可以保存矢量信息；不仅对图层和帧提供了完美的支持，还可以绑定 HTML 和 JavaScript 代码，构建动态的图像。当然，所有这些特性只在 Fireworks 中被识别和支持。

在 Fireworks 中，通过打开菜单 "文件" | "新建"，就会创建一幅新的 PNG 格式的图像文档。

目前只有较高版本的浏览器，如 Internet Explorer 4.0、Netscape Navigator 4.0 及它们的更高版本才支持 PNG 格式的图像，随着计算机硬件水平的提高，相信 PNG 格式的图像将来会变为网络图像的标准，得到更广泛的使用。

同很多应用程序一样，Fireworks CS6 可以打开多种格式的文档，如 JPEG、GIF、BMP、WBMF、TIFF 等。但总有一种文档格式是应用程序的默认文档格式，这种格式的文档称作原生文档。Fireworks 的原生文档是 PNG 文件。

每次利用 Fireworks 打开非 PNG 格式的图像时，系统都会自动生成一个新的 PNG 图像文档。如果要保存文档，则需将文档以 PNG 格式保存；如果希望生成其他格式的图像，例如 GIF 或 JPEG 格式的图像，可以利用 Fireworks 的 "文件" | "另存为" 命令，在 "另存为" 对话框中，从 "另存为类型" 弹出菜单中选择新的文件类型即可。

在 PNG 文件中，还可以将复杂图形分割成多个切片，然后将这些切片导出为具有不同文件格式和不同优化设置的多个文件。导出为非 PNG 格式的图像并不影响当前正在处理的文档格式和内容，文档仍然是可编辑的 PNG 格式，即使在该文件导出以供在网页上使用后，仍可以返回并进行其他更改。

Fireworks CS6 还可以将 Photoshop、Freehand、Illustrator、CorelDraw 等图像编辑软件编辑的图像导入。同时，也能从扫描仪或数码相机中直接导入文件。

2.2　使用文档

📖 2.2.1　创建新文档

（1）选择菜单栏"文件"|"新建"命令，打开"新建文档"对话框，如图 2-1 所示。

图 2-1　"新建文档"对话框

"新建文档"对话框中各项属性的含义如下：

- ■　"宽度"：输入画布的宽度值，在右边的下拉列表框中可以选择宽度的单位，供选择的单位有像素（Pixels）、英寸（Inch）和厘米（Centimeter）。
- ■　"高度"：输入画布的高度值，单位与"宽度"相同。
- ■　"分辨率"：输入图像的分辨率，在右边的下拉列表框中可以选择分辨率的单位，供选择的单位有像素/英寸（Pixels/Inch）和像素/厘米（Pixels/cm）。
- ■　"画布颜色"：设置需要的画布颜色，有 3 种设置方式："白色"：使用白色作为画布颜色。"透明"：将画布颜色设置为透明，当图像放到有背景图案的网页中时，图像背景不会遮挡网页背景。"自定义"：从右方的颜色弹出窗口中选择需要的画布颜色。

（2）设置完毕，单击"确定"按钮，即可在文档工作区创建一个空白的 PNG 文档。

> 📱 **提示：** Fireworks 是基于网络的图像设计软件，其图像是通过屏幕显示的，所以图像大小以像素为单位。分辨率（单位为像素|英寸）是指每英寸的点数。对于只在屏幕上显示的图像，72 像素|英寸的分辨率就足够了。画布是位于所有图像元素最低端的对象，所有的图像元素都是放置在画布上。透明画布指的是画布本身没有颜色，能透过它看到下面的内容。不过，在 Fireworks 的文档编辑窗口，透明背景显示的是灰白相间的矩形图案，这只是为了显示的方便，而不是真正的画布颜色。

Fireworks 内置了 5 种不同类型的设计模板：文档预设、网格系统、移动设备、网页和线框图，利用这些模板，用户能够快速创建相应的应用，减少二次开发，提高效率。此外，用户还可以将常用的文档结构保存为可与设计小组共享的模板。

在"新建文档"对话框中，单击左下角的"模板"按钮，即可打开"通过模板新建"对话框，在弹出的对话框中可以选择需要的模板文件，如图 2-2 所示。

Fireworks CS6中文版入门与提高实例教程

Fireworks CS6 为智能手机和平板电脑创建并优化了矢量和点阵图、图像、内容、组件、线框、模型和设计。借助像素级渲染，使设计在几乎任何尺寸的屏幕上都一样清晰可见。新增对 jQuery 的支持，利用 jQuery 可以制作移动主题，从设计组件中添加 CSS Sprite 图像。为网页、智能手机和平板电脑应用程序提取简洁的 CSS3 代码。

图 2-2　基于设计模板新建文件

2.2.2　打开、关闭、保存文档

Fireworks CS6 中打开、关闭、保存文档的方法与 Windows 中的文件操作相同，在此不再赘述。

需要提请读者注意的是，Fireworks CS6 在新建文档或保存文档时，自动在文档名称后附加.fw.png 后缀。如果要取消该后缀，可以执行"编辑"|"首选参数"菜单命令，在弹出的"首选参数"对话框中的"常规"类别中取消"附加.fw.png"复选框，如图 2-3 所示。

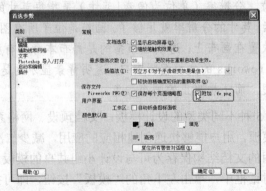

图 2-3　"首选参数"对话框

16

📖2.2.3　图像的导入

在 Fireworks 中，可以直接打开其他格式的文件，也可以把在其他软件中绘制的对象、文本以及来自扫描仪或者数码相机的图像导入进来。

导入文件和打开文件是两个不同的概念：打开文件是在一个新的文档窗口打开整个文档，而导入是将被导入的文档内容插入到现有的文档中，不再产生一个新的文档。因此，在导入文档前，应该创建或打开一个文档。

Fireworks CS6 与 Photoshop 和 Illustrator 完美集成，用户可以导入 Photoshop 的 PSD 文件，并保留图层和各个图层之间的层次关系，包括可编辑的图层特效，并且可以把设计的文档保存为 Photoshop 格式的文件，便于在 Photoshop 中操作，也可以对 Fireworks 中的对象直接应用 Photoshop 的图层特效。在 Fireworks 中直接导入 Illustrator 文件的同时保留许多文件属性，包括图层和样式等。导入文档的具体操作如下：

（1）选择菜单栏"文件"|"导入"命令，打开"导入"对话框，如图 2-4 所示。

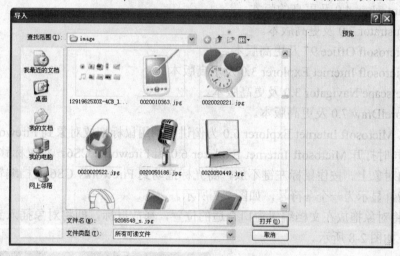

图 2-4　"导入"对话框

（2）选择需导入的文件，单击"打开"按钮。此时"导入"对话框关闭，回到正在编辑的文档，鼠标指针变成一个直角符号。在文档窗口拖动导入指针，出现一个虚线矩形框，如图 2-5 所示。松开鼠标，图片被导入到矩形框中。导入图片大小、位置和尺寸由拖动产生的矩形框决定，如图 2-6 所示。

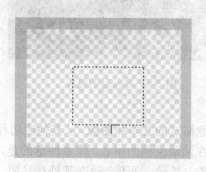

图 2-5　"导入"鼠标定位

图 2-6　导入的结果

用户也可以直接在文档编辑窗口中单击鼠标，图片也能被导入。单击的位置即为图片左上角的位置，图片的大小不变，保持原尺寸。

📖2.2.4 插入其他文件中的对象

在 Fireworks CS6 中，可以插入其他图形编辑工具编辑的图像对象，插入方法有利用鼠标拖放或采用复制粘贴两种操作方式。

1．利用鼠标拖放

利用鼠标可以很方便地从其他支持拖放功能的应用程序中将矢量对象、位图对象或文本插入到 Fireworks CS6 的文档编辑窗口中。常见的支持拖放功能的应用程序有：

- Freehand 7.0 及更高的版本。
- Flash 3.0 及更高的版本。
- Photoshop 4.0 及更高的版本。
- Illustrator 7.0 及更高版本。
- Microsoft Office 97 及更高版本。
- Microsoft Internet Explorer 3.0 及更高版本。
- Netscape Navigator 3.0 及更高版本。
- CorelDraw 7.0 及更高版本。

这里以 Microsoft Internet Explorer 6.0 为例讲解利用鼠标拖放对象到 Fireworks 中。

（1）同时打开 Microsoft Internet Explorer 6.0 和 Fireworks CS6，将鼠标移到 IE 窗口中需导入的对象上。按住鼠标左键不放，将光标拖动到 Fireworks CS6 文档编辑窗口上，此时鼠标指针显示为一个 符号，如图 2-7 所示。

（2）将对象拖放在文档编辑窗口合适的位置，释放鼠标，即将对象插入到当前编辑的文档中，如图 2-8 所示。

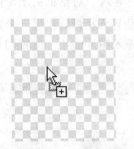

图 2-7　用鼠标拖动对象到编辑窗口　　　　图 2-8　导入后的对象

2．采用复制粘贴操作

利用复制和粘贴同样可以在文档中插入其他格式的文本和图像。从其他应用程序复制的对象粘贴到 Fireworks 中时会把该对象放置在活动文档的中心。需要注意的是，矢量图形与分辨率无关，可以在分辨率不同的输出设备上显示，而不会改变其外观品质。位图图形与分辨率有关，如果剪贴板上的位图图像具有与当前文档不同的分辨率，Fireworks 会弹出信息提示窗口，如图 2-9 所示，询问用户是否重新取样。

图 2-9　提示用户是否要重新取样

选择"重新取样"，会保持粘贴位图的原始宽度和高度不变，并在必要时添加或去除一些像素。选择"不要重新取样"则维持全部原始像素，这可能会使粘贴图像的相对大小比预想的要大或小一些。

2.2.5　从扫描仪或数码相机中导入图像

Fireworks CS6 支持从扫描仪或数码相机中直接导入图像，这是通过 Windows 系统的 TWAIN 模块（或 Macintosh 系统的 Photoshop Acquire 插件）实现的。直接导入的图像是以新文档的形式打开的。选择菜单栏"文件"|"扫描"命令，就可以很方便地扫描所需的图像。此设置与扫描仪的驱动以及参数设置密切相关，在此不做一一叙述。

2.3　显示文档

文档是显示在文档编辑窗口的，为了编辑的方便，我们需要采用不同的显示模式及比例。本节主要介绍控制文档显示的方法。

2.3.1　直接调整文档的显示比例

利用 Fireworks CS6，可以很轻松地设置文档的显示比例。当要编辑某些细节或细微的对象时，需要将文档放大显示；当要观察整体效果或色彩搭配时，需要将文档缩小显示。在实际创作中，这是常常使用到的操作之一。

选择菜单栏"视图"|"缩放比例"命令，会弹出显示比例清单，如图 2-10 所示。在清单中单击所需的显示比例后，图像就会以该比例显示在文档编辑窗口。用户也可以在文档编辑窗口选取对象，然后单击鼠标右键，此时会弹出右键快捷菜单。选择"缩放比例"命令，也会有一个显示比例清单，如图 2-11 所示。除了显示缩放比例外，还有"选区符合窗口大小"和"符合全部"两个选项，分别表示将所选对象全窗口显示和将图像全窗口显示。在 Fireworks CS6 中，文档的显示比例可以在 6%～6400%之间变化。

当前文档的显示比例可以在文档编辑窗口状态栏上或 Fireworks CS6 界面的标题栏上查看到，用户也可以单击状态栏上的显示比例后面的三角形按钮，或单击标题栏上的"缩放级别"按钮，在弹出的显示比例清单中选择所需的显示比例。

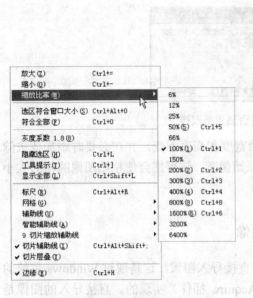

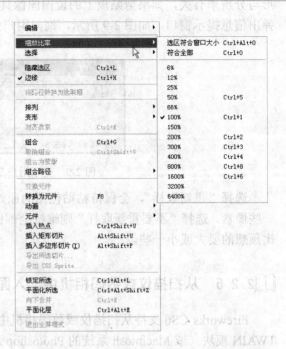

图 2-10　显示比例清单　　　　　　　　图 2-11　右键快捷菜单上的显示比例清单

2.3.2　使用缩放工具

　　使用缩放工具也能很方便地调整文档的显示比例。缩放工具位于工具箱底部的"视图"栏内，在 Fireworks CS6 的标题栏上也添加了该工具。单击缩放工具按钮 🔍 后，鼠标指针会变成放大镜形状 🔍。在文档窗口中单击鼠标后就可放大显示文档内容；连续单击鼠标左键，还可以在当前基础上连续放大，每次放大的倍数为前一次的 200%。

　　用户也可以放大文档的指定区域。选中缩放工具后，在文档编辑窗口拖动鼠标选择要查看的区域，如图 2-12 所示。释放鼠标该区域就会放大显示在全窗口中，如图 2-13 所示。

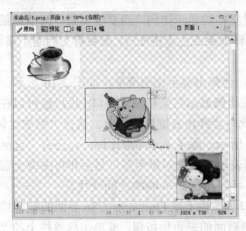

图 2-12　用鼠标选取需放大查看的区域　　　　　图 2-13　指定区域被放大显示

选取了缩放工具后，按住 Alt 键，鼠标指针会变成缩小镜形状。单击鼠标左键，即可缩小显示文档内容；连续单击鼠标左键，还可以在当前基础上连续缩小。

用户也可将文档缩小显示在指定区域。选取缩放工具，按住 Alt 键，在文档编辑窗口拖出一个矩形框，如图 2-14 所示。释放鼠标文档会在该矩形框中缩小显示，如图 2-15 所示。

此外，用鼠标双击工具箱中的缩放工具按钮 ，可以将文档的显示比例恢复到100%。

图 2-14　用鼠标选取查看范围

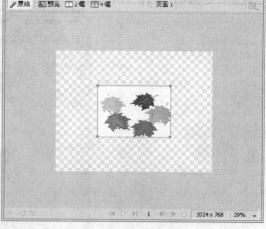

图 2-15　文档被缩小显示在指定区域

📖 2.3.3　使用手形工具

当文档大小超出了文档窗口的显示范围时，可以通过拖动文档窗口右侧和下部的滚动条查看文档的各个部分。不过，Fireworks CS6 提供了更为方便的查看工具——手形工具，它位于工具箱下部的"视图"栏内，在 Fireworks CS6 的标题栏上也添加了该工具。单击手形工具按钮 🖐，此时，鼠标指针会变成手形 🖐，在文档窗口上按住鼠标左键后拖动鼠标，即可很方便地查看文档的各个部分。

如果双击手形工具按钮 🖐，可以将当前文档全窗口显示。

📖 2.3.4　Macintosh 灰度系数

灰度预览可使用户看到一幅图像在其他计算机平台上的显示效果。选择菜单栏"视图"|"灰度系数 1.8"命令，即可在当前文档中查看该图像在 Macintosh 计算机中的显示效果。

2.4　标尺、辅助线和网格

Fireworks CS6 提供了标尺、辅助线、网格等定位工具，帮助用户布局图像，了解图像当前的坐标位置。

2.4.1 标尺

使用标尺可以很方便地布局对象，并能了解编辑对象的位置。不管创建文档时所用的度量单位是什么，Fireworks 中的标尺总是以像素为单位进行度量。选择菜单栏"视图"|"标尺"命令即可显示标尺。水平和垂直方向的标尺都是从文档编辑窗口左上角开始沿着文档编辑窗口显示出来，如图 2-16 所示。在文档编辑窗口拖动鼠标时，标尺上能查看到当前鼠标位置的坐标。再次选择菜单栏"视图"|"标尺"命令可以隐藏标尺。

图 2-16　带有标尺的文档编辑窗口

2.4.2 辅助线

在显示标尺时，还可以在文档编辑窗口添加一些辅助线。使用辅助线可以更精确地排列图像，标记图像中的重要区域。常用的辅助线操作如下：

1．添加辅助线

将鼠标移到标尺上，按住鼠标左键并拖动到文档中合适的位置释放，即可添加一条辅助线，如图 2-17 所示的蓝色线条。

默认情况下，显示并对齐辅助线，且辅助线显示为蓝色（#00ffff）。若要更改辅助线出现的时间和方式，读者可以在"首选参数"对话框中的"辅助线和网格"面板中进行设置。

2．移动辅助线

将鼠标移到辅助线上，当鼠标指针变成双箭头时拖动辅助线，即可改变辅助线的位置。如果要将辅助线精确定位，可以双击辅助线，在弹出的对话框中输入辅助线的具体位置，即可将该辅助线移到指定的位置，如图 2-18 所示。

3．锁定辅助线

编辑图像时，如果不希望已经定位好的辅助线被随便移动，还可以将其锁定。

选择菜单栏"视图"|"辅助线"|"锁定辅助线"命令即可锁定辅助线，锁定后的辅助线不能被移动。再次选中该命令，即可解除对辅助线的锁定。

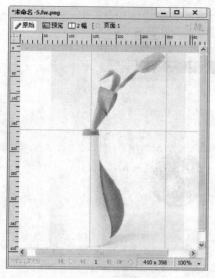

图 2-17 添加辅助线　　　　　　　　图 2-18 设置辅助线的精确位置

4. 删除辅助线

如果想删除不需要的辅助线，只须将其拖动到画布范围之外即可。在 Fireworks CS6 中，读者还可以选择菜单栏"视图"|"辅助线"|"清除辅助线"命令，一次删除画布中的所有辅助线。

5. 显示|隐藏辅助线

选择菜单栏"视图"|"辅助线"|"显示辅助线"命令可以显示或隐藏辅助线。在文档中添加辅助线时，Fireworks 会自动将该命令设置为显示状态。

6. 对齐辅助线

选择菜单栏"视图"|"辅助线"|"对齐辅助线"命令。在文档中创建或移动对象时，就会自动对齐距离最近的辅助线。

使用辅助线的吸附功能，可以很方便地对齐多个对象。再次选择该命令，即可取消辅助线的吸附功能。

智能辅助线是临时的对齐辅助线，可帮助用户相对于其他对象创建对象、对齐对象、编辑对象和使对象变形。读者可以通过下列方式使用智能辅助线：

- 在创建对象时，可以使用智能辅助线将其相对于现有的对象放置。与矩形和圆形切片工具一样，直线、矩形、椭圆形、多边形和自动形状工具也显示智能辅助线。
- 在移动对象时，可以使用智能辅助线将其与其他对象对齐，如图 2-19 所示，其中紫红色的虚线即为智能辅助线。
- 使对象变形时，会自动出现智能辅助线来帮助用户变形。
- 若要激活和对齐智能辅助线，可以在菜单栏中选择"视图"|"智能辅助线"，然后在下一级子菜单中选择"显示智能辅助线"和"对齐智能辅助线"命令。
- 默认情况下，显示并对齐辅助线和智能辅助线，且智能辅助线显示为紫红色（#ff4aff）。若要更改智能辅助线出现的时间和方式，读者可以在"首选参数"对话框中的"辅助线和网格"面板中进行设置。

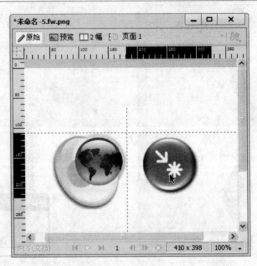

图 2-19　使用智能辅助线对齐对象

📖 2.4.3　网格

网格是文档窗口中纵横交错的直线，通过网格可以精确定位图像对象。

1. 显示网格

选择菜单栏"视图"|"网格"|"显示网格"命令即可在文档编辑窗口中显示网格，如图 2-20 所示。与 Fireworks 8 以前版本的实线网格不同，Fireworks CS6 的网格使用虚线和颜色较浅的默认网格颜色。再次选择该命令，清除前面的"√"标记，即可隐藏网格。

图 2-20　显示了网格的文档编辑窗口

2. 对齐网格

选择菜单栏"视图"|"网格"|"对齐网格"命令。在文档中创建或移动对象时，就会自动对齐距离最近的网格线。网格吸附与引导线吸附的功能一样，在此不再介绍。

再次选择该命令，即可取消引导线的吸附功能。

3. 设置网格参数

选择菜单栏"编辑"|"首选参数"|"辅助线和网格"命令，弹出如图 2-21 所示的"首选参数"对话框。

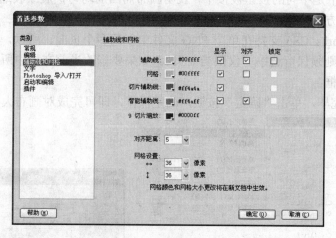

图 2-21 "首选参数"对话框

在该对话框内可以设置网格的参数，各参数的含义如下：
- "网格"：设置网格线的颜色。默认为湖蓝色（#00ffff）。
- "显示"：在文档窗口中显示网格。
- "对齐"：激活网格的吸附功能。
- "↔"：设置网格线的水平间距。可以直接输入数值，或单击后面的黑色三角，拖动滑杆上的滑块设置，单位为像素。
- "↕"：设置网格线的垂直间距，设置方法与水平间距相同。

2.5 画布与文档的属性

很多时候需要对新创建的文档的属性进行编辑，使创建的文档的颜色和分辨率等属性满足需要。

2.5.1 改变画布大小

画布的大小决定了图像可以存在的空间大小，所以很多时候会在绘制了一定时间之后，才发现画布的大小不合适，图像内容或是只在画布中的局部，造成空间浪费；或是超出了画布的有限范围，不能被完全显示。Fireworks 允许在任意时刻修改画布的大小，方法如下：

01 打开菜单"修改"|"画布"|"画布大小"命令，如图 2-22 所示。

02 打开"画布大小"对话框，如图 2-23 所示。

03 在"当前大小"区域，可以看到画布在修改之前的大小。

04 在"新尺寸"区域可以输入画布新的高度和宽度值，从右方的下拉列表中可以选择数值的单位。

05 在"锚定"区域中显示了一些按钮，每个按钮上用图表示了画布扩展或收缩的方向，默认状态下是中间的按钮被按下，表明画布向四周均匀扩展或收缩，也可以根据需要，单击相应的方向按钮。

06 Fireworks CS6 支持在单个 PNG 文件中创建多个页面，所以，如果只要改变当前页面的大小，则须保留选中"仅限当前页"。如果要修改当前文档中所有页的大小，则取消选中该复选框。

07 设置完毕，单击"确定"按钮，确定操作，即可完成对画布大小的重设。

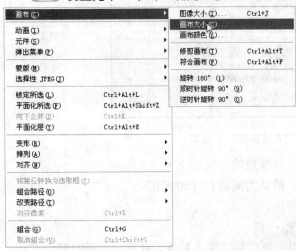

图 2-22　修改画布菜单选项

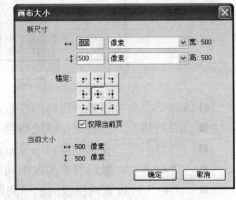

图 2-23　"画布大小"对话框

此外，还可以使用工具栏中的裁切工具改变画布的大小。具体操作如下：

01 单击选择工具栏中的裁切工具 。此时鼠标在工作区中变为 。

02 在文档中拖动鼠标，勾绘出整个文档的裁切边框。使裁切框包容需要的画布范围。

03 在其中双击鼠标或按 Enter 键，即可将画布改变为裁切框所包围的大小，如图 2-24 所示。

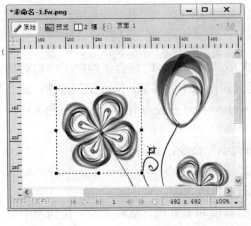
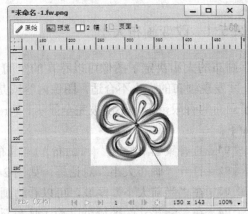

图 2-24　通过裁切工具改变画布大小

在重设画布大小时，画布大小变化等同于文档大小的变化，但是不等同于文档中图像对象的大小变化。也就是说改变画布大小仅改变画布的大小，画布上所绘制的图像比例并不改变。

2.5.2 改变画布颜色

Fireworks 不仅允许改变画布的大小，还允许改变画布的颜色，例如，可以将透明的画布变为有色，或是将有色的画布变为透明。

改变画布颜色的具体操作如下：

01 选择菜单"修改"|"画布"|"画布颜色"命令，打开画布颜色对话框，如图 2-25 所示。

02 根据需要在对话框中选择新的画布颜色。

■ "白色"：选中该项，则将画布颜色修改为白色。

■ "透明"：选中该项，则将画布颜色修改为透明。

■ "自定义"：选中该项，可以从右方的颜色选择区域选择需要的画布颜色。

03 设置完毕，单击"确定"按钮，完成修改画布的颜色。

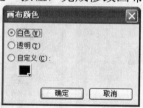

图 2-25　"画布颜色"对话框

2.5.3 旋转画布

有时候可以根据需要将画布旋转，具体操作如下：

01 选择菜单"修改"|"画布"命令。

02 根据需要选择二级菜单中的不同选项：

■ 旋转180°：选中该项，将画布旋转180°，也即上下颠倒。

■ 旋转90°顺时针：选中该项，将画布顺时针旋转90°。

■ 旋转90°逆时针：选中该项，将画布逆时针旋转90°。

旋转画布会导致在其中绘制的所有图像对象同时被旋转。

如图 2-26 显示了 4 种画布旋转的结果。第 1 幅是原始图，第 2 幅是旋转180°，第 3

幅为顺时针旋转90°，第4幅为逆时针旋转90°。

（1）

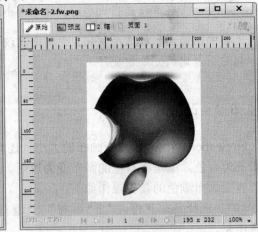

（2）

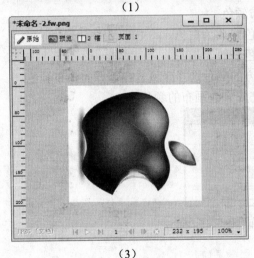

（3）

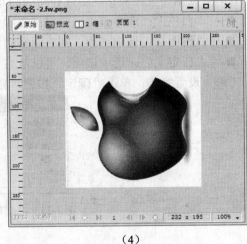

（4）

图2-26　旋转画布

📖2.5.4　修剪、符合画布

在画布上绘制图像时，有时会出现画布与对象大小不匹配的情况。如，图像对象绘制在画布中的某个局部位置，而四周都是画布，显得很不协调。许多作者喜欢在一张很大的画布上进行创作，然后再根据所绘制的内容，调整画布，使其刚好容纳所画的图像。

Fireworks修剪画布的具体操作如下：

01 选择菜单"修改"|"画布"|"修剪画布"命令。这时会看到：画布的大小自动被缩小，直至刚好容纳图像内容，如图2-27所示。

02 选择"符合画布"命令可以使较小的画布适应较大的图像范围。

如图2-28所示，左图为在较小的画布上移动对象，而右图显示了"符合画布"之后的效果。

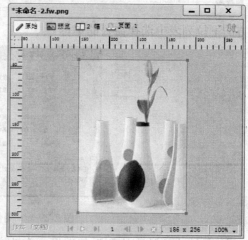

图 2-27　修剪画布

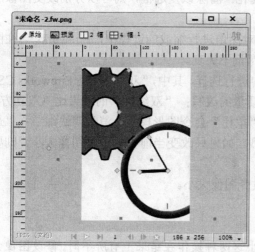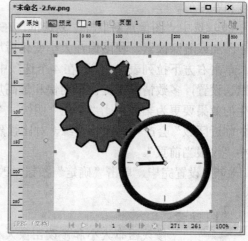

图 2-28　符合画布

注意：

只能将画布从大至小进行修剪，而不能将画布从小至大进行修剪。

2.5.5　改变图像大小

有时不仅需要改变画布大小，还需改变画布上所绘制图像的大小，这时可以按照如下方法进行操作：

01 选择菜单"修改"|"画布"|"图像大小"命令，打开如图 2-29 所示的对话框。

02 "像素尺寸"区域中可以重新输入新的图像宽度和高度值，也可以在右方的下拉列表中选择需要的单位。

03 "打印尺寸"区域中可以重新输入新的图像打印宽度、高度和分辨率，也可在右方的下拉列表中选择需要的单位。

图像大小
像素尺寸
↔ 321   像素
↕ 261   像素

打印尺寸
↔ 2.823   英寸
↕ 2.719   英寸
分辨率 96   像素／英寸

☑ 约束比例(C)
☑ 图像重新取样(R)   双立方
☑ 仅限当前页
确定   取消

图 2-29   "图像大小"对话框

04 选中"约束比例"复选框,在改变图像的高度和宽度时,保持高度和宽度的比例。实现改变其中任意一值,另一值也随之变化;清除该复选框,则可以分别改变图像的高度和宽度值。

05 选中"图像重新取样"复选框,在对图像进行缩放的过程中,Fireworks 会往图像中添加或删除像素,使图像在大小变化后尽量不失真。

单击右方下拉列表,按需要在 4 个选项中进行选择。其中,"双立方"是 Fireworks CS6 的默认设置,多数情况下提供最明快和最高质量的改写;"双线性"的效果比"双立方"产生的效果要更为柔和,比"柔化"明快;"柔化"会令图形模糊,消除明快细节;"最近的临近区域"会产生锯齿状边缘,对比强烈。如果只改变当前页面中的图像大小,则要选中"仅限当前页"。

06 设置完毕,单击"确定"按钮,改变图像大小。

注意:
　　　　修改画布大小和修改图像大小这两种操作在结果上有所不同。修改图像大小,不仅会改变画布上所绘制图像对象的大小(包括辅助线、热点对象和切片对象的大小),同时也修改画布的大小;而改变画布大小的操作仅仅改变画布大小,而不改变画布上所绘制图像的大小。

如图 2-30 中,第一幅图为原始图像,第二幅图为改变图像大小的情况,第三幅图为改变画布大小的情况。

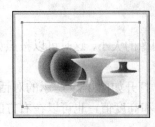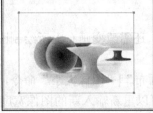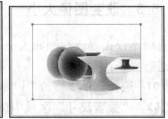

图 2-30   改变矢量图像大小的效果

是否选择"图像重新取样"决定了改变图像大小时是向图像中添加或删除像素,还是通过改变图像中像素的大小来改变每英寸或每厘米中的像素数目。

若选中了"图像重新取样"复选框，则在改变"分辨率"文本框中的分辨率值时，会自动改变"像素尺寸"中的像素尺度值；如果清除了"图像重新取样"复选框，则不能改变"像素尺寸"区域中的像素尺度值，只能改变"打印尺寸"区域中的打印大小值。

通过向下采样，可以从图像中删除像素以使图像变小。由于要丢弃像素，所以会导致图像品质损失。图像中的数据损失是向下取样的另一种副作用。

通过向上采样，可以向图像中添加像素以使图像变大。但因添加的像素不总是与原始图像相符，所以也会导致图像的失真。

重新采样主要是针对位图类型的图像而言的。对于矢量图像，无论如何缩放图像，图像质量都不会受到过多的损失，因为在矢量图像中，记录的不是像素而是坐标。所以当对图像进行缩放，系统就会根据坐标重新进行计算，然后生成缩放后新的图像，因此没有质量的损失。

2.6　思考题

1. 画布和背景有什么不同。
2. 打开与导入文档有什么不同。
3. 简述重采样的原理。

2.7　动手练一练

1. 将画布的颜色改为白色。
2. 将尺寸小于画布的对象完全显示出来。

第3章 对象的简单操作

本章导读

　　本章主要介绍对象的简单操作，如在矢量对象和位图对象中选定一个或多个对象，并对对象进行水平和垂直以及自由变形等操作，以及在层面板中对对象的层次进行调整。另外还介绍了颜色管理器的使用。对象的这些操作是 Fireworks 的学习中最基础的操作，读者应该好好掌握。

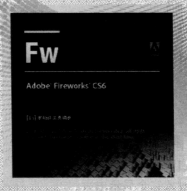

- ◉ 选择单个对象和多个对象
- ◉ 对象的移动和伸缩变形
- ◉ 通过颜色面板管理颜色

3.1 选择对象

使用选择工具，可以选中单个对象，也可以同时选中多个对象。本节将详细介绍 Fireworks CS6 的选择工具以及对象选择的方法。

3.1.1 选择工具

Fireworks CS6 中主要使用"指针"工具、"选择后方对象"工具、"部分选定"工具、"裁剪"工具和"导出区域"工具来选取对象。这 4 个对象都位于工具箱的"选择"栏中，如图 3-1 所示。其中，指针工具和选择后方对象工具位于选取工具组内，如图 3-2 所示。"导出区域"工具位于"裁剪"工具组内。

图 3-1 工具箱的"选择"栏 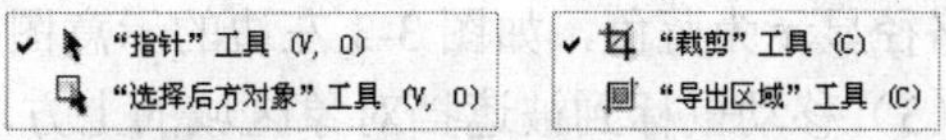　　　　　　　　图 3-2 选取工具组

3 个选择工具的功能和使用方法如下：

- ■ "指针"工具：用于选择和移动路径。在使用遮罩选区移动图像或像素时，使用指针工具双击图像可编辑该图像。
- ■ "选择后方对象"工具：选择当前选定对象下面的对象。
- ■ "部分选定"工具：用于选择或移动路径，选择群组或符号内部的对象，显示或选择路径上的点。
- ■ "导出区域"工具：选择要导出为单独的文件的区域。

3.1.2 选择单个对象

单击工具箱上的指针工具按钮，此时鼠标指针变成一个黑色的实心箭头。

（1）将鼠标移到要选取的对象或任意填充位置上，这时对象的路径会被高亮度显示，默认状态下是红色。

（2）单击鼠标左键，即可选中该对象，被选中对象的路径显示为蓝色。

> **注意：**
> 未经填充的对象只能在其路径上单击鼠标才能选中。

3.1.3 选择多个对象

（1）单击工具箱上的"指针"工具按钮，此时鼠标指针变成一个黑色的实心箭头。

（2）将鼠标移到文档窗口，拖动出一个矩形框，则该矩形框内的所有对象均会被选中。

（3）选中一个对象后，按住 Shift 键，继续单击要选中的其他对象，也可选中多个对象。

若想从多个对象中取消对某个对象的选择，可按住 Shift 键，再次单击该对象。对象在被选取后，即使处于遮挡状态，路径也会显示出来。

3.1.4 选择被遮挡的对象

矢量对象之间是相互独立的，可以相互重叠，相互遮挡。用户想要选中一个被其他对象隐藏或遮挡住的对象，可以采用下面的方法：

（1）将鼠标移到工具箱上的选取工具组按钮上，按住鼠标左键，在弹出的选单中选择"选择后方对象"工具 。

（2）将鼠标移到被遮挡对象上层的对象上。单击鼠标，选中位于上层的对象，此对象的路径显示为蓝色，如图 3-3 左边的示意图所示。

（3）移动鼠标到被遮挡对象区域的上方，被遮挡对象的路径会以红色高亮显示，如图 3-3 右边的示意图所示。单击鼠标，则可选中该对象。此时会自动取消第（2）步对上层对象的选择。

图 3-3 选择后方对象

以此类推，在堆叠的对象上反复单击"选择后方对象"工具，可以选择位于任何一层的对象。

注意：
对于通过堆叠顺序难以到达的对象，也可以在"图层"面板中单击该对象进行选择。

3.1.5 选中文档中的所有对象

如果想选中文档中的所有对象，可以使用菜单栏"选择"|"全部"命令，或使用快捷键 Ctrl+A。若要取消对所有对象的选择，可以使用菜单栏"选择"|"取消选择"命令，

或使用快捷键 Ctrl+D。

3.1.6 选择位图对象

"工具"面板的"位图"部分包含位图选择和编辑工具。若要编辑文档中的位图像素，可以从"位图"部分中选择工具。例如：用"选取框"工具 □ 选取一个矩形区域，其边缘将成为它的路径并高亮度显示，如图 3-4 所示。

3.1.7 使用图层面板选择对象

选择菜单栏"窗口"|"层"命令，调出"层"面板，如图 3-5 所示。单击图层面板中想要选中对象的缩略图即可选中该对象。如果想要选中多个对象，可以按住 Shift 键，多次单击图层面板中的对象缩略图。

图 3-4　被选中的位图对象　　　　　　图 3-5　"层"面板

3.1.8 隐藏对象的路径和边缘

路径，即对象的轮廓或边缘。在默认状态下，选中对象会显示其路径和路径上的点。当一个对象已经编辑完毕，不再需要修改路径时，可以将对象的路径或边缘隐藏起来，避免其影响视觉效果或导致错误操作。文档中对象的路径被隐藏后，即使选中该对象也不会显示路径和路径点。

选择菜单栏"视图"|"隐藏边缘"命令，即可隐藏对象的路径和边缘。再次选择该命令，可以恢复显示路径和边缘。在隐藏路径的同时，仍可进行路径之外的其他操作。

3.2 对象的基本操作

3.2.1 移动对象

使用指针工具选中对象后，拖动鼠标即可移动该对象。如果是使用部分选定工具选中对象，则不能拖动对象路径上的点，这样会改变对象的形状，而不是移动对象。

若要精确移动对象，可以通过信息面板查看对象的坐标位置。选择菜单栏"窗口"|

"信息"命令,可以调出"信息"面板,如图 3-6 所示。面板上显示了当前选中对象最左边点横坐标和最上边点纵坐标的值。如果 X 框和 Y 框不可见,请拖动"信息"面板的底边。

图 3-6 "信息"面板

移动对象时也可借助于前面介绍过的网格和辅助线工具。

3.2.2 对象的剪切、复制、制作复本、克隆

1.剪切和复制对象

选中需要剪切或复制的对象,选择菜单栏"编辑"|"剪切"或"编辑"|"复制"命令。在目标位置单击鼠标左键,然后选择菜单栏"编辑"|"粘贴"命令,即可将剪贴板中的对象粘贴到目标位置。

粘贴对象时,会保持对象的路径、路径点、位置、重叠层数等各种属性。

Fireworks CS6 具备矢量兼容性,在 Flash 和 Fireworks 之间移动对象时,会保留矢量属性(填充、笔触、滤镜和混合模式),并能识别从 Flash 复制并粘贴到 Fireworks 颜色值字段中 的 ActionScript 颜色值。

注意:

不能对位图选区使用"复制"或"克隆"命令。使用"部分选定"工具或"橡皮图章"工具可以复制位图图像的部分。

2.制作对象复本

如果希望同一个文档中创建多个相同的对象,可以使用制作对象复本功能。

选中需要制作复本的对象,选择菜单栏"编辑"|"重制"命令,就为该对象制作了一个复本。复制和粘贴操作是在原来对象所在位置复制出一个新的对象,而制作对象复本是在原来对象位置稍偏的地方创建新的对象,如图 3-7 所示。

图 3-7 制作对象复本

3.克隆对象

克隆对象就是根据原对象,制作一个与该对象完全一样的新对象。新对象具有原对象完全一样的属性。选中需克隆的对象,选择菜单栏"编辑"|"克隆"命令即可克隆该对

Chapter 03

象。新对象和原对象重叠在一起，需要用鼠标拖拽才能分辨出。

若要以像素的精确度将所选克隆副本从原对象上移走，请使用箭头键或 Shift+箭头键。这对于在克隆副本之间保持特定的距离或者保持克隆副本的垂直或水平对齐是一个很方便的方法。

3.2.3 删除对象

选中需要删除的对象，选择菜单栏"编辑"|"清除"命令，即可删除对象。用户也可以使用 Delete 键或 BackSpace 键删除选中的对象。

如果错误删除了某对象，可以使用 Ctrl+Z 键撤消删除操作，即可恢复被删除的对象。

3.2.4 对齐多个对象

选中多个对象，选择菜单栏"修改"|"对齐"命令。这里提供了 8 种对齐按钮，可以根据需要选择。用户也可以使用 Fireworks CS6 标题栏底部的修改工具栏中的对齐设置按钮 ，单击打开对齐下一级按钮，如图 3-8 所示，其功能与"修改"|"对齐"子菜单相同。

如对图 3-9 左边图中的多个文本对象进行中间对齐，具体操作如下：

（1）选择要对齐的多个对象。

（2）单击对齐设置按钮 。结果如图 3-9 右图所示。

此外，利用 Fireworks CS6 精确到像素的渲染功能，所绘画的点、矢量路径等一切图形都会非常完美地吸附到像素上，可以在几乎任何尺寸的屏幕上清晰呈现您的设计。执行"修改"/"对齐像素"菜单命令，即可精确对齐所选对象。

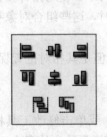

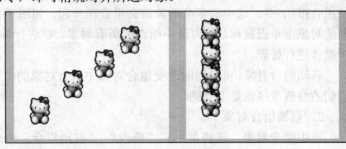

图 3-8　修改工具栏上的对齐设置按钮　　　　图 3-9　对象的对齐效果

3.2.5 设置对象的叠放次序

对于独立的多个对象，它们之间可能相互重叠，产生遮挡效果。Fireworks CS6 中可以很方便地设置对象的叠放次序。

选中要改变叠放次序的对象，选择菜单栏"修改"|"排列"命令，从子菜单中选择改变叠放次序的方式即可。用户也可以使用 Fireworks CS6 修改工具栏上的 4 个叠放次序按钮，如图 3-10 所示，其功能与"修改"|"排列"子菜单相同。

例如，对图 3-11 中的对象"天称"设置叠放次序，具体操作如下：

图 3-10　修改工具栏上的 4 个叠放次序按钮

01 选择设置叠放次序的对象，如图 3-11 左图左下角的天秤。

02 单击按钮，将选中对象下移一层。效果如图 3-11 中右图所示。

图 3-11　将叠放次序下移一层

3.2.6　组合与取消组合

有时需要操作多个对象，并且希望它们之间的相对位置保持不变。这时，可以将它们组合起来形成一个对象。操作完毕后，将其取消组合为相互独立的多个对象。

1．组合对象

选中需要组合的多个对象，选择菜单栏"修改"|"组合"命令，或单击修改工具栏的组合按钮，选中的多个对象就会组合在一起，如图 3-12 所示。使用指针工具在组合后的对象上单击鼠标，就可选中组合的所有对象。在进行编辑时，这些组合对象被作为一个整体进行处理。

移动组合对象，可以同时改变组合对象中所有对象的位置，但是其相对位置保持不变，它们的叠放次序也是不变的。

2．取消组合对象

选中组合对象，选择菜单栏"修改"|"取消组合"命令，或单击修改工具栏上的取消组合按钮，即可使组合对象中的各个对象脱离组合，成为相互独立的多个对象。

图 3-12　组合前后的多个对象

3．选择组合对象

组合对象主要有下面几种选择方法：

- 使用"指针"工具可以选中整个组合对象，此时组合对象作为一个整体出现。
- 使用"部分选定"工具可以选中组合对象中的单个对象，并对其进行编辑和修改。编辑完毕后，这些对象继续保持组合状态。
- 在选中组合对象中的单个或部分对象时，选择菜单栏"选择"|"整体选择"命令，可以选中整个组合对象。
- 在选中整个组合对象时，选择菜单栏"选择"|"部分选定"命令，可以分别选中该组合中的所有对象。

3.2.7 对象的变换

使用 Fireworks CS6 的变换功能，可以将对象或组合对象进行各种变换，例如旋转、缩放、扭曲、翻转等。

Fireworks 的变换工具位于工具箱的"选择"栏内，单击变换工具组按钮，即可看到变换工具选单，如图 3-13 所示。

下面介绍这 4 个变换工具的功能和使用方法：

- "缩放工具"：用于缩放对象，改变对象的大小。
- "倾斜工具"：将对象沿指定轴倾斜。
- "扭曲工具"：以拖动选择手柄的方向移动对象的边或角。
- "9 切片缩放工具"：缩放矢量和位图对象而不扭曲其几何形状，并且能保留关键元素（如文本或圆角）的外观。

通过 9 切片缩放工具可以智能缩放矢量或位图图像中的按钮与图形元件。将 9 切片缩放与自动形状库结合在一起可以加快网站和应用程序原型构建。

无论进行何种变换，都可以采用如下的基本操作方法：

（1）选中想要进行变换的对象。

（2）选择工具箱中相应的变换工具，对象四周出现变换框，其中有 8 个变换控点和一个中心点。如果选择的是 9 切片缩放工具，还将显示两条平行的水平辅助线和两条平行的垂直辅助线，将选中的对象分为 9 个切片。

（3）用鼠标拖动控点到合适位置。释放鼠标，即可看到变换后的效果。如果不满意，可以单击 Esc 键取消。

（4）变换完毕后，在文档编辑窗口的任意位置双击鼠标，确定操作。

1．缩放对象

缩放对象将以水平、垂直方向或同时在两个方向放大或缩小对象。

（1）选中需缩放的对象。

（2）单击工具箱变换工具组中的缩放工具按钮，或选择菜单栏"修改"|"变形"|"缩放"命令。此时对象四周出现变换框，如图 3-14 所示。

（3）拖动对象四周的变换框，即可缩放对象。拖动左右两边的控点，可在水平方向上改变对象的大小，如图 3-15 所示；拖动上下两边的控点，可以在垂直方向上改变对象的大小，如图 3-16 所示；拖动 4 个角上的控点，可以同时改变宽度和高度，如果在缩放时按住 Shift 键，可以约束比例，如图 3-17 所示。

✔ ◻ "缩放"工具 (Q)
◻ "倾斜"工具 (Q)
◻ "扭曲"工具 (Q)
◻ "9 切片缩放"工具 (Q)

图 3-13　变换工具组　　　图 3-14　变换框　　　图 3-15　在水平方向上改变对象大小

图 3-16　在垂直方向上改变对象大小　　　图 3-17　同时改变对象的宽度和高度

　　此外，利用 Fireworks CS6 属性面板上的"限制比例"按钮 ，也可以约束比例地缩放对象。在画布上选择要缩放的对象，并单击属性面板上宽、高设置框左侧的限制比例按钮之后，设置对象的宽、高值，可以约束比例缩放对像，这与按住 Shift 键缩放物体的效果是一样的。再次单击"限制比例"按钮，则取消约束比例缩放。

　　若要从中心缩放对象，则在拖动任何手柄时按 Alt 键。

　　2．倾斜对象

　　在 Fireworks CS6 中，常使用倾斜操作来制作透视效果。倾斜操作是使用倾斜工具完成的，基本步骤如下：

　　（1）选中需倾斜的对象。

　　（2）单击工具箱变换工具组中的倾斜工具按钮，或选择菜单栏"修改"|"变形"|"倾斜"命令。此时对象四周出现变换框。

　　（3）拖动变换框上的控点，即可实现对象的倾斜操作。在窗口内双击或按 Enter 键去除变形控点。拖动变换框左右两边的控点，可在垂直方向上倾斜对象，左右边缘的长度不会改变，如图 3-18 所示；拖动变换框上下两边的控点，可在水平方向上倾斜对象，上下两边的长度不会改变，如图 3-19 所示；拖动变换框 4 个角上的控点，可以将对象倾斜为梯形状，如图 3-20 所示。

　　（4）释放鼠标，即可完成倾斜操作。

　　3．扭曲图像

　　扭曲变换集中了缩放和倾斜变换，并能根据需要任意扭曲对象。下面介绍基本操作：

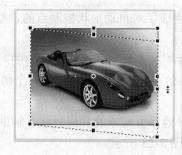

图 3-18　在垂直方向上倾斜对象

图 3-19　在水平方向上倾斜对象

（1）选中需扭曲的对象。

（2）单击工具箱变换工具组中的扭曲工具按钮，或选择菜单栏"修改"|"变形"|"扭曲"命令。此时，对象四周出现变换框。

（3）拖动变换框上的控点到合适位置。其中，左右和上下四边的变换点用于倾斜对象；4个角上的变换点用于扭曲对象。

（4）释放鼠标，即可实现对对象的扭曲操作，如图 3-21 所示。

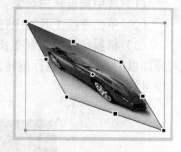

图 3-20　将对象倾斜为梯形　　　　　　　图 3-21　扭曲对象

4.9 切片标准对象

Fireworks 提供两种 9 切片缩放方法：利用可重新调整的永久切片辅助线进行的元件缩放；以及使用应用一次的临时辅助线进行的标准缩放。元件缩放适合于打算多次重复使用的对象。标准缩放适合于对要合并到设计模式的位图对象或基本图形进行的一次性快速调整。本节仅介绍 9 切片标准对象的方法。

9 切片缩放工具创建临时的切片辅助线，帮助用户缩放对象而不扭曲其几何形状。对于快速缩放用于设计原型和模式的位图对象或基本形状，此工具很有帮助。操作步骤如下：

（1）在画布上，选择需要缩放的位图对象或矢量形状。如果选中的是自动形状，则使用9切片缩放之前需要先取消组合。仅当完成了对自动形状控制点的调整后，才可执行以下操作。

（2）单击工具箱变换工具组中的9切片缩放工具 。画布上选中的对象上将显示两条平行的水平辅助线和两条平行的垂直辅助线，将选中的对象分为9个切片，如图3-22所示。

（3）在画布上，拖动切片辅助线以最好地保留对象的几何形状，辅助线之外的部分（如对象的4个角）在缩放时不会变形。如图3-23所示。

（4）通过拖动角或边手柄使对象变形。

图 3-22　显示切片辅助线　　　　　　　　　　　图 3-23　排列切片辅助线

使用9切片缩放工具创建的辅助线在使用一次后即在画布上消失。

5．旋转对象

使用变换工具组中的任何一样工具，都可以旋转对象。旋转对象时，对象绕中心点转动。操作步骤如下：

（1）选中需旋转的对象。

（2）单击变换工具组中任意一种变换工具按钮，此时对象四周出现变换框。

（3）将鼠标指针移到变换框之外的区域，鼠标指针变成弯曲的箭头 。拖动鼠标，对象即以中心点为轴进行旋转，如图3-24左图所示。如果按住Shift键，对象会以15°为单位进行旋转。

图 3-24　旋转对象

（4）利用鼠标可以拖动变换框中心的轴心点，将其移动到合适位置，如图3-25左图所示，执行旋转操作时，对象即会以新轴进行旋转，如图3-25中图所示。双击轴心点，可以使其恢复到原来的中心位置。

（5）释放鼠标，即完成了对象的旋转变换。图 3-24 右图显示了旋转操作，图 3-25 右图显示了移动轴心点后旋转的效果。

如果要对对象旋转 90º 或 180º，可以使用修改工具栏上的旋转按钮![旋转按钮图标]。"修改"|"变形"子菜单中也有 3 个旋转命令：

- "旋转 180º"：将对象旋转 180º。
- "旋转 90º 顺时针"：将对象顺时针旋转 90º。
- "旋转 90º 逆时针"：将对象逆时针旋转 90º。

图 3-25　按照新轴心点旋转对象

6．翻转对象

可以沿垂直轴或水平轴翻转对象，而不移动对象在画布上的相对位置。操作步骤如下：

（1）选中需要翻转的对象。

（2）即可将对象水平翻转。

（3）单击修改工具栏的垂直翻转按钮，或选择菜单栏"修改"|"变形"|"垂直翻转"命令，即可将对象垂直翻转。

图 3-26 显示的是翻转变换的效果。

图 3-26　原始图像、水平翻转、垂直翻转的效果

7．任意变形

选择菜单栏"修改"|"变形"|"任意变形"命令，可以对对象进行任意变形。用户可以根据需要自主调整对象的大小、方向，还能对对象进行扭曲、旋转等变换。

8．数值变形

利用工具箱的变换工具可以很方便直观地实现对象的变换操作。有时需要精确控制对象的变换程度，例如旋转的角度值、缩放的白分比等，就可以使用数值变形功能。操作步骤如下：

（1）选中需要变换的对象。

（2）选择菜单栏"修改"|"变形"|"数值变形"命令，此时会弹出"数值变形"对话框。在"数值变形"对话框的下拉列表中选择需要进行的变换类型，对话框的项目也会不同。供选择的变换类型有"缩放"、"调整大小"和"旋转" 3 种，如图 3-27 所示。

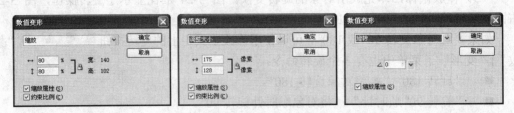

图 3-27 "缩放"、"调整大小"、"旋转" 3 种变换的"数值变形"对话框

（3）设置完毕，单击"确定"按钮，即可使用数值变形功能精确变换对象。

通过"信息"面板可以查看当前所选对象的数值变形信息。对于缩放和任意变形，"信息"面板显示原对象变形前的宽度和高度，以及变形过程中宽度和高度增减的百分比。对于倾斜和扭曲，"信息"面板以 1° 的增量显示倾斜角度并在变形过程中显示 X 和 Y 指针坐标。

3.3　颜色管理

Fireworks 是一个面向 Web 的图像处理程序，因此颜色在 Fireworks 中有举足轻重的地位。本节首先介绍一些颜色的基本知识，然后介绍 Fireworks 中的颜色按钮和混色器。

📖 3.3.1　颜色

以红（Red）、绿（Green）、蓝（Blue）三色为基本色的颜色模型称作 RGB 模型。红、绿、蓝是三原色，所有其他颜色都可以由这 3 种颜色组合而成。计算机就是通过改变每个像素点上的每个基色的亮度，将这 3 种颜色调成成千上万种颜色。还有一种以青色、品红、黄色和黑色为基色的颜色模型，称作 CMY 模型，主要用于出版印刷行业。Fireworks CS6 提供了在这两种模型之间的转换功能。

计算机中一般用颜色位数来表示颜色。由于计算机采用二进制，要表示两种颜色，就要用 1 位二进制数来表示。通常 24 位色就能逼真显示现实世界的真实情况，因此 24 位色也称为"真彩色"。现在计算机的很多显卡支持很复杂的 32 位颜色，总共有 40 多亿种颜色，它主要由 24 位真彩色和 8 位灰度组成。灰度值就像滤光镜一样，主要用来对其他的颜色起遮光作用。

24 位 2 进制数正好能转化为 6 位 16 进制数，因此 Fireworks CS6 采用 6 位 16 进制数表示 24 位真彩色。颜色的 16 制数按 RGB 顺序排列，6 位数共分成 3 段，每 2 位表示一种基色，取值范围是 00～FF，可以表示 256 种基色的亮度。例如：FF0000 表示红色，00FF00 表示绿色，0000FF 表示蓝色，FFFFFF 表示白色，000000 表示黑色。

现实世界的颜色千变万化，但在网页设计中很少使用这么多的颜色。这是因为真彩色的图片文件体积大、下载速度慢；并且因为网页兼容性的原因，对同一种颜色有些浏览器不能正确显示。我们将所有浏览器都能正确显示的颜色称作 Web 安全色（Web-safe 颜色），共有 216 种，从颜色的 16 进制数上可以辨认其是否为 Web 安全色。如果颜色的 16 进制数由 00、33、66、99、CC 和 FF 组成，则该颜色即为 Web 安全色。

3.3.2 颜色选择板

颜色选择板是 Fireworks 中选择颜色的基本工具，它存在于几乎所有需要颜色设置的地方，例如工具箱、混色器面板、属性设置面板等，如图 3-28 所示。

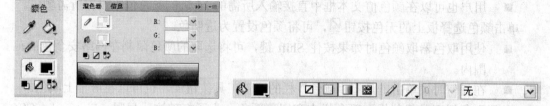

图 3-28　工具箱、混色器面板和属性设置面板上的颜色选择板按钮

Fireworks CS6 有两种不同的颜色设置：

- 笔触颜色：当用铅笔工具描绘位图对象时采用笔触颜色；当用矢量工具创建矢量对象时，对象路径采用笔触颜色。
- 填充颜色：当用油漆桶工具填充位图对象或矢量对象内部时采用填充颜色；当用矢量工具创建矢量时，其内部也采用填充颜色。

1. 使用颜色选择板设置颜色

在 Fireworks CS6 中设置颜色十分简单，选择需要设置颜色的对象，单击颜色选择板按钮，打开颜色选择板，如图 3-29 所示。

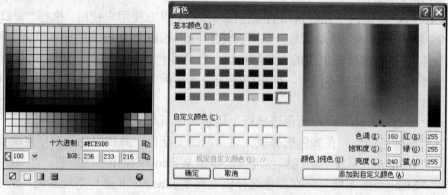

图 3-29　颜色选择板和系统取色器

网页设计师在进行网页布局时往往要从效果图中取色，在早期的版本中，只能在色值的文本框中复制所选颜色的色值，这种操作比较麻烦。Adobe 在 CS5 系列软件中增加了一种新的颜色交换格式.ase（Adobe Swatch Exchange）。利用 Adobe 色板交换功能，用户在图 3-29 所示的颜色选择板中单击 按钮，即可直接复制所选颜色的色值到剪贴板，并且把色值应用到 Dreamweaver 或者其他文本编辑软件中，在不同的软件工具中使用到同样的配色方案。

单击颜色选择板按钮 ，即可打开颜色选择板，此时鼠标指针会变成滴管形状 ，表示已经激活取色器功能。

用户可以使用下述方法之一来提取颜色：

- 在颜色样本上移动取色器指针，该样本的颜色会显示在色片区域中，同时，颜色值一栏也会显示该颜色的 16 进制颜色值。在合适的颜色样本上单击鼠标,即可取得该颜色。

■ 如果要取颜色样本以外的颜色,可以移动取色器指针到屏幕的相应位置,单击鼠标,该位置的颜色也能被取得。

■ 用户也可以在颜色值文本框中直接输入所需的 16 进制颜色值来设置所需颜色。单击颜色选择板上的无色按钮 ,可将颜色设置为透明色。

■ 使用取色器取颜色时如果按住 Shift 键,可将选取的颜色限制在网络安全色的范围内。

■ 在任何时候单击工具箱"颜色"栏的滴管工具按钮 ,也可以在屏幕上取色。

使用取色器工具只能提取颜色样本和屏幕颜色。为了打破这一局限,Fireworks CS6 允许用户使用系统取色器,提取任意颜色。系统取色器的使用方法如下:

(1)单击颜色选择板上的系统取色按钮 ,弹出系统取色器,如图 3-29 所示。

(2)单击系统取色器中需要的基本颜色,选中该颜色。

(3)拖动系统选择器右方的黑色滑块,调节选中颜色的亮度和基本色亮度。用户也可以在右方的文本框中设置颜色的各项参数来设置颜色。

(4)单击"添加到自定义颜色(A)"按钮可将设置好的颜色添加到自定义颜色样本中。

(5)单击确定按钮,即可取得自定义的颜色。

2.选择样本组合

Fireworks CS6 提供了几种常用的颜色样本组合,以方便用户使用。执行"窗口"|"样本"命令,打开"样本"浮动面板,该面板使用 Fireworks 默认的颜色样本组合,通常是"彩色立方体"。单击面板右上角的三角形按钮,打开颜色选择板菜单,如图 3-30 所示。在菜单中选择需要的颜色样本组合,即可改变颜色选择板上的颜色样本。Fireworks CS6 提供下面 5 种颜色样本组合:

■ "彩色立方体":在颜色选择板上显示属于网络安全色的颜色样本。

■ "连续色调":在颜色选择板上显示网络安全色,并按照色调顺序自动排列。

■ "Windows 系统":在颜色选择板显示 Windows 操作系统颜色。

■ "Macintosh 系统":在颜色选择板上显示 Macintosh 操作系统颜色。

■ "灰度等级":在颜色选择板上显示 256 级灰度的颜色样本。

图 3-30 颜色选择板菜单

3.3.3 混色器

在 Fireworks CS6 中，还可以根据需要创建自己的颜色并将其应用到选择的对象上，这些都是通过混色器实现的。

1. 颜色模型

选择菜单栏"窗口"|"混色器"命令即可调出混色器面板，如图 3-31 所示。

使用混色器创建颜色时，首先要指定颜色模型。因为不同的颜色模型对颜色的定义方式也不尽相同。单击混色器面板右上角的面板菜单按钮，打开混色器面板菜单，如图 3-32 所示，即可选择需要的颜色模型。

Fireworks CS6 提供下面 5 种颜色模型：

- "RGB"：RGB 模型是一种加色模型，以红、绿、蓝三色作为基本颜色。每种基本颜色形成一个独立的色彩通道，再由这 3 个单色通道组合成复合通道——RGB 通道。每种基本颜色都有 256 个亮度级，通过将这 3 种颜色的不同亮度级叠加在一起，可以形成成千上万种颜色。RGB 颜色模型的颜色数值是十进制数，范围是 0～255。

图 3-31　"混色器"面板	图 3-32　选择颜色模型

- "十六进制"：十六进制是 Fireworks 默认的 16 进制颜色模型，原理与 RGB 颜色模型相同。不过"十六进制"颜色模型采用 16 进制数表示 3 个基色的亮度值，数值范围是 00～FF。选中"十六进制"颜色模型时，混色器色谱中显示的是 216 种 Web 安全色。

- "CMY"：CMY 模型是减色模型，通常在印刷行业中使用。它以青色（Cyan）、品红（Magenta）、黄色（Yellow）、黑色（Black）为基色，因此又叫 CMYK 模型。CMY 模型的数值以十进制表示，同时色谱图上显示的是全彩图。

- "HSB"：HSB 颜色模型是以色调（Hue）、饱和度（Saturation）和亮度（Brightness）的值来表示颜色。选中 HSB 模型后，在色谱图上显示全彩图。色调：即纯色，它是组成可见光光谱的单色，单位为度，范围是 0～360。红色是 0 度；绿色是 120 度；蓝色是 240 度。饱和度：即色彩的纯度，单位是%，范围是 0～100。当值为 0 时，表示灰色。饱和度最大时表示某种色调颜色最纯。亮度：即色彩的明亮度，单位是%，范围是 0～100。当值为 0 时，表示全黑。亮度最大时表明色彩最鲜明。

- "灰度等级"：灰度颜色模型拥有 256 级灰度，色彩饱和度为 0，只有亮度能够影响灰度。选中灰度模型，混色器中只显示用于调节黑白百分比的区域，色谱图中显示的是灰度。灰度的单位是%，当数值为 0 时表示纯白色；当数值为 100 时表示纯黑色；在黑白之间的颜色都是灰度。

2．选择颜色

在混色器的色谱图上单击鼠标，可以直接选择需要的颜色，方法如下：

（1）选中填充或画笔的颜色框■·。

（2）将鼠标移到混色器的色谱图上，鼠标指针变成滴管形状。

（3）如果需要快速切换色谱图类型，可以按住 Shift 键，单击色谱图。此时，色谱图在网络安全色、全彩色和灰度之间循环切换。

（4）用鼠标单击需要的颜色，选中的颜色即可显示到颜色框中。

3．创建新颜色

如果所需颜色在色谱图上找不到，可以利用混色器创建新颜色，方法如下：

（1）在混色器面板菜单中选择合适的颜色模型。

（2）在混色器面板菜单中设置颜色的各个参数值，也可单击文本框右侧的箭头按钮，拖动标尺上的滑块调节颜色参数值。

（3）设置完毕后，在填充或画笔颜色框中会自动显示新创建的颜色。

在混色器面板上还有 3 个按钮，其功能和使用方法如下：

■ ◨默认颜色：将笔触颜色变成黑色，填充颜色变为白色。

■ ◪不使用颜色：将当前选中的颜色框变为无色，标志是一条斜线。

■ ◩交换颜色：将当前笔触色和填充色对换。多次单击该按钮，可以多次对换颜色，但颜色框的选中状态不会改变。

3.4　思考题

1．简单介绍颜色混合器的作用。

2．对象的旋转和扭曲有什么不同？

3．简单介绍混色器的作用。

4．如何对选中对象进行 9 切片缩放？

3.5　动手练一练

1．自己找一幅图，将其中的多个对象复制粘贴到一个新建画布中。

2．设置对象的层的关系。

3．选定一个对象，分别将对象进行翻转和自由扭曲。

第4章 矢量图像和位图图像

本章导读

本章主要介绍了 Fireworks 中常用的两大对象（矢量对象和位图对象）的基本概念和主要操作，在对矢量对象进行操作时主要理解路径在矢量图中的重要作用，此外还介绍了矢量对象的笔触填充效果和内部颜色填充。对于位图图像，介绍了使用"套索"和"魔术棒"等工具对位图的像素进行编辑。

- 矢量图像和位图图像的不同点
- 矢量图像的绘制和编辑
- 改变矢量对象的路径属性
- 在位图图像中选取需要的像素

4.1 矢量图像和位图图像的基本概念

计算机图像主要存在矢量图像（矢量）和位图图像（位图）两种类型。它们可以由不同的应用程序创建，如 Macromedia Freehand 可以创建矢量图像，Adobe Photoshop 可以创建位图图像。Fireworks 可以编辑这两类图像，并能够在两种图像类型之间平滑过渡。

📖4.1.1 矢量图像

矢量图像是用包含颜色和位置属性的线条来描述图像属性。对于矢量图像来说，路径（Path）和点（Point）是其中最基本的元素。路径是矢量图像上的线条，点是确定路径的基准。矢量图像的颜色由轮廓曲线的颜色和轮廓曲线封闭区域的填充颜色决定，与区域内单独的点无关。可以通过修改路径和路径点改变矢量图像，也可以移动、缩放、变形矢量图像，改变矢量图像的颜色。

由于矢量图像中记录的图像信息是路径点及各个路径点之间的关系。在缩放矢量图像时，实际上仅改变了路径点的坐标位置。当操作完成后，计算机会重新计算新坐标下的路径，并绘制相应的矢量图像。因此，矢量图像可以任意缩放，不会影响图像效果，如图4-1 所示。

图 4-1 放大矢量对象

📖4.1.2 位图图像

位图图像是对区域中每个像素点的信息进行描述，一个位图图像实际上记录了所有像素点的位置和颜色信息，这种方式是"一对一"的，可以如实地反应需要的任何画面。

位图图像的分辨率不是独立的，缩放位图图像会改变其显示效果。例如在放大位图图像时，由于增加了未定义的像素点个数，因此会出现马赛克效果，如图 4-2 所示。

图 4-2 放大位图图像

4.2　矢量对象

矢量对象的绘制和操作是 Fireworks CS6 工作的重点。和位图图形不同的是，矢量图形对象具有一些特殊的概念，如矢量图形对象的基本组成元素是路径，并且路径又具有中心点和方向等属性。在编辑矢量对象时，Fireworks CS6 会自动生成路径和路径点。

4.2.1　基本矢量对象

使用矢量工具可以很方便地创建一些基本矢量对象，如矩形、圆形、椭圆、多边形等，并能对这些矢量对象的进行编辑和处理。

矢量工具位于工具箱的"矢量"栏内，如图 4-3 所示。其中，矩形工具组、钢笔工具组和自由路径工具组内包含了多个矢量工具，如图 4-4 所示。

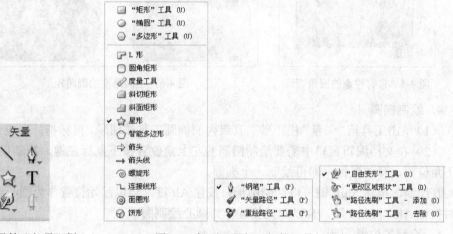

图 4-3　工具箱"矢量"栏　　　　图 4-4　矩形工具组、钢笔工具组和自由路径工具组

1．绘制直线

在 Fireworks 中，可以使用直线工具来绘制一条直线，具体方法如下：

（1）单击工具箱"矢量"栏内的直线工具按钮，鼠标指针变成十字形＋。

（2）在文档编辑窗口中需要绘制直线的起始端点处按下鼠标左键，拖动鼠标到终点位置，释放鼠标，即可绘制一条直线。

在画布上移动鼠标时，将实时显示当前鼠标指针所在位置的坐标。

> **注意：**
> 如果要绘制水平、垂直、与水平或垂直方向成 45° 的直线，则在绘制时按住 Shift 键即可。

2．绘制矩形

（1）单击工具箱"矢量"栏矩形工具组内的矩形工具按钮，鼠标指针变成十字形＋。

（2）在文档编辑窗口中需要绘制矩形的左上角位置按下鼠标左键，拖动鼠标到矩形右下角位置，释放鼠标，即可绘制一个矩形。

在绘制时按住 Shift 键可以绘制正方形；按住 Alt 键，会以起始位置作为矩形的中心；同时按住 Alt 和 Shift 键，会以起始位置作为中心绘制一个正方形。

3．绘制圆角矩形

（1）单击工具箱"矢量"栏矩形工具组内的圆角矩形工具按钮，鼠标指针变成十字形。

（2）在文档编辑窗口拖动鼠标绘制一个圆角矩形。

（3）此时圆角矩形的轮廓线上会出现黄色的控点，如图 4-5 所示。

（4）单击这些控点，移动鼠标，控制绘制出的圆角矩形的角度。如图 4-6 所示，为两个不同角度的圆角矩形。

"矩形"工具将矩形作为组合对象进行绘制。如果要单独移动矩形的各个控点，必须取消组合矩形或使用"部分选定"工具。

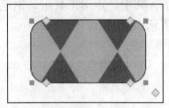
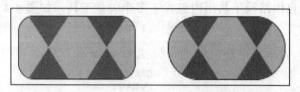

图 4-5　带有控点的圆角矩形　　　图 4-6　不同角度的圆角矩形

4．绘制椭圆

（1）单击工具箱"矢量"栏矩形工具组内的椭圆工具按钮，鼠标指针变成十字形。

（2）在文档编辑窗口中需要绘制椭圆的左上角位置按下鼠标左键，拖动鼠标到椭圆右下角位置，释放鼠标，即可绘制一个椭圆。

在绘制时按住 Shift 键可以绘制圆形；按住 Alt 键，会以起始位置作为圆心绘制椭圆；同时按住 Alt 和 Shift 键，会以起始位置作为圆心绘制圆。

5．绘制多边形|星形

（1）单击工具箱"矢量"栏矩形工具组内多边形工具按钮，鼠标指针变成十字形。

（2）选择菜单栏"窗口"|"属性"命令，调出属性设置面板，如图 4-7 所示。

图 4-7　多边形工具的属性设置面板

（3）在多边形工具的属性设置面板内设置多边形|星形的参数。

■ "形状"：在多边形|星形之间切换。

■ "边"：设置多边形|星形的边数。

■ "角度"：当在"形状"栏内选择"星形"时，此项参数有效，表示星形边线的角度。

如果选中后面的"自动"复选框，Fireworks 会根据用户选择的星形边数自动计算合适的角度。

（4）在文档编辑窗口按下并拖动鼠标，即可绘制响应的多边形|星形。

如果在绘制多边形时按住 Shift 键，可使多边形边线以 45° 为单位变换方向。

6. 度量工具

度量工具是 Fireworks CS6 中用于测量对象实际尺寸的一个工具。在网页效果图设计中，我们经常需要测量某些对象的尺寸，或者是某些对象一部分的尺寸，在以前的版本中可以通过使用辅助线来测量，但是比较麻烦，现在则可以使用度量工具快速测量对象的尺寸。具体使用方法如下：

（1）打开需要测量的图像素材。在这里需要测量图像中花盆的大致高度。

读者需要注意的是，这是一张位图，对于 Fireworks 以往的版本而言，在没有去掉图像背景并且把图像选取下来之前，测量其宽/高是非常麻烦的。

（2）在矩形工具组中选择度量工具，在花盆的最顶端位置开始按住鼠标左键，垂直向下拖拽鼠标到最底点，如图 4-8 左图所示。拖拽过程中，属性面板上实时显示宽度和高度。

（3）释放鼠标。此时，位图上将显示一条红色的测量线，并标注高度，如图 4-8 右图所示。

图 4-8　度量工具的测量值

7. 箭头线工具

事实上，箭头线工具在以前的各个版本的 Fireworks 中都存在。执行“命令”|“创意”|“添加箭头”菜单命令，即可在画布上添加箭头线。Fireworks CS6 则将这个命令集成到了 Fireworks 的工具面板中，作为 Fireworks CS6 的自动形状工具出现在矢量工具栏中。

使用箭头线工具可以快速绘制各种箭头线条效果。在“自动形状属性”面板中既可以给线条的一侧添加箭头，也可以加到两头，甚至是不要箭头的直线。只需要单击线条两侧的黄色控制点，即可对箭头样式进行调整。

8. 其他工具

利用矢量面板中的工具可以直接绘制的所有图形如图 4-9 所示：

图 4-9　基本矢量对象

利用矩形工具组中的工具绘制需要的形状后，通过选择“窗口”|“自动形状属性”

命令，可以在打开的"自动形状属性"面板中进一步设置形状的属性。

4.2.2 自由路径

Fireworks 将任意形状的路径称为自由路径，它也是矢量图的基本组成部分。通常我们使用铅笔、刷子、钢笔工具来绘制自由路径。

1. 铅笔工具

使用铅笔工具可以绘制一个像素宽的矢量路径，并能编辑和修改已绘制路径的笔触和填充颜色。用铅笔工具绘制自由路径的方法如下：

（1）单击工具箱"位图"栏的铅笔工具按钮 ✏ 。

（2）在文档编辑窗口按住并拖动鼠标，即可绘制出任意形状的路径。如果按住 Shift 键，可使绘制的线条为水平或竖直状态。

（3）在路径结束位置释放鼠标，即可完成路径的绘制。如果希望绘制闭合路径，则将鼠标指针移动到起始点附近，当指针右下角出现黑点时释放鼠标即可。

2. 刷子工具

使用刷子工具可以绘制任意宽度、任意形状的自由路径，方法如下：

（1）单击工具箱"位图"栏的刷子工具按钮 ✏ 。

（2）在属性设置面板设定刷子工具的属性参数，如图 4-10 所示。

图 4-10　刷子工具的属性设置面板

其中需要设置的属性主要由：

■ ✏ ■,1 ∨ 实线 ∨ ：在最左侧的颜色选择板中设置路径的颜色；在第 1 个下拉列表中设定自由路径的宽度，单位是像素；在第 2 个下拉列表中设定自由路径的样式，单击右侧的下拉列表按钮，从下拉列表中选择需要的路径样式。

■ "边缘"：设置笔尖的柔和度。单位是%，范围是 0～100。

■ "纹理"：设置路径的纹理。单击右侧的下拉列表按钮，从下拉列表中选择需要的路径质地。

■ "保持透明度"：选中该项可以限制刷子工具只在有像素的区域绘制路径，不能进入图像中的透明区域。

（3）在文档编辑窗口按住并拖动鼠标，即可绘制出任意形状的路径。如果按住 Shift 键，可使绘制的线条为水平或竖直状态。

3. 钢笔工具

使用钢笔工具可以很方便地绘制各种矢量路径。

（1）单击工具箱"矢量"栏钢笔工具组的钢笔工具按钮 ✎ 。

（2）在属性设置面板设定钢笔工具的属性，各属性的含义与刷子工具相同。

（3）在文档编辑窗口中绘制路径，先在路径的起始位置单击鼠标，添加第一个路径点。

（4）将鼠标移到下一个路径点的位置，按住鼠标添加新路径点，此时会出现一条连接两个路径点的曲线。拖动鼠标调整曲线形状，调整完毕释放鼠标即可。释放鼠标前在路径点上还有一条直线，该直线表示曲线在该点位置的切线。

（5）为自由路径添加新路径点。

（6）在路径的终点处双击鼠标，完成路径的绘制。如果绘制的是闭合路径，则将鼠标移到路径的起始位置单击即可。

对于已绘制好的自由路径，使用钢笔工具还可调整其形状。将鼠标移到自由路径的路径点上，按住并拖动鼠标，即可调整路径的形状。

4.2.3 笔触

绘制路径时，可以在工具的属性设置面板中设置路径的笔触和填充效果。对于绘制完毕的路径，选中后也可在属性设置面板中修改其笔触和填充效果。

笔触的设置是在属性设置面板中完成的。选中需要设置笔触的对像，可以在属性设置面板中看到用于笔触设置的各项属性，如图 4-11 所示。不同的对象对应的笔触设置选项略有不同。

图 4-11　设置笔触的区域

下面介绍各项属性的含义：

■ 　：在前面的颜色选择板中设置笔触颜色；在第 1 个下拉列表中设定笔尖宽度，单位是像素；在第 2 个下拉列表中设定笔触类型，单击右侧的下拉列表按钮，从下拉列表中选择需要的笔触类型。

■ 　：在第 1 栏内显示当前笔尖的预览。第 2 栏用于设置笔尖的柔和度，单位是%，范围是 0～100。

■ 　：在第 1 栏下拉列表中选择路径的纹理，选择时 Fireworks 会给出纹理的预览图。在第 2 栏下拉列表中设置纹理填充量，单位是%，范围是 0～100。

在 Fireworks CS6 中，共有 13 种笔触类型可供选择。

1．"无"

表示不设置笔触。

2．"铅笔"

铅笔笔触没有任何修饰，是 Fireworks 默认的笔触类型，有 4 种，效果如图 4-12 所示。

■ "1 像素"：绘制硬线条时使用，有可能产生锯齿。

■ "1 像素柔化"：绘制软线条时使用，不会产生锯齿效果。

■ "彩色铅笔"：绘制 4 像素宽的彩色线条会根据压力和速度调整线条粗细和色　泽。

■ "石墨"：绘制 4 像素宽具有石墨纹理的线条。

3．"基本"

基本笔触默认宽度为 4 个像素，共有 4 种，显示效果如图 4-13 所示。

■ "实线"：绘制线条端点处为直角的硬线。

■ "实边圆形"：绘制线条端点处为圆角的硬线。

- "柔化线段"：绘制端点处为直角的平滑软线。
- "柔化圆形"：绘制端点处为圆角的平滑软线。

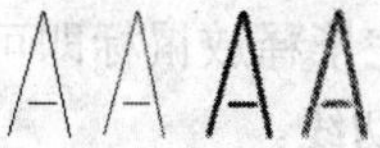

图 4-12 "铅笔"笔触效果 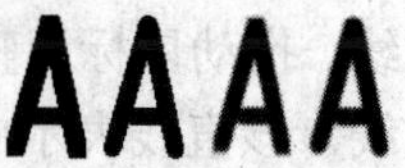   图 4-13 "基本"笔触效果

4. "喷枪"

使用喷枪笔触，可以显示出绘制速度和压力大小，共有两种喷枪笔触，效果如图 4-14 所示。

- "基本"：使用单一喷枪颜色。
- "纹理"：使用单一喷枪颜色，喷绘的笔触中带有纹理图案。

5. "毛笔"

使用书法笔触，在弯曲处会自动调节笔触宽度，并能根据速度和压力调节笔触颜色深度，很像美工笔绘制的效果。书法笔触共有 5 种，效果如图 4-15 所示。

- "竹子"：普通毛笔效果。
- "基本"：排笔效果。
- "羽毛笔"：羽毛效果。
- "缎带"：飘带效果。
- "湿"：与飘带效果很类似，颜色较浅。

图 4-14 "喷枪"笔触 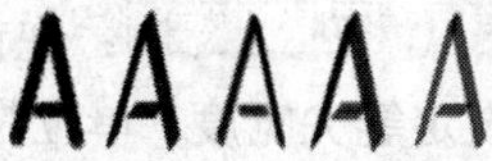   图 4-15 "毛笔"笔触

6. "炭笔"

炭笔笔触，带有颗粒状纹理，有油脂效果。碳笔笔触共有 4 种，效果如图 4-16 所示。

- "乳脂"：油脂效果。
- "彩色蜡笔"：油蜡效果。
- "柔化"：柔和的油脂效果。
- "纹理"：具有纹理的碳笔笔触。

7. "蜡笔"

蜡笔笔触，边缘有蜡笔效果。共有 3 种，效果如图 4-17 所示。

- "基本"：基本的蜡笔效果。
- "加粗"：生成明显的断裂边缘，给人以粗陋的感觉。
- "倾斜"：比"基本"效果粗厚些。

图 4-16 "炭笔"笔触    图 4-17 "蜡笔"笔触

8. "毛毡笔尖"

轻柔的毡尖笔效果，共有 4 种，效果如图 4-18 所示。

- ■ "加亮标记"：用于标记背景，不柔化边缘。
- ■ "荧光笔"：高亮度标记，可以看到背景图案，笔尖为矩形。
- ■ "暗色标记"：高亮度标记，可以看到背景图案，笔尖为斜线形。
- ■ "变细"：用于勾画背景，笔触很细。

9. "油画效果"

油彩效果笔触，共有 5 种，效果如图 4-19 所示。

- ■ "毛刷"：笔触粗厚，使用颗粒纹理填充。
- ■ "大范围泼溅"：广阔泼溅效果，四周有很多斑点，范围较大。
- ■ "泼溅"：泼溅效果，范围较小。
- ■ "绳股"：绳索效果。
- ■ "纹理毛刷"：羽毛效果，笔触中带有纹理。

图 4-18 "毛毡笔尖"笔触

图 4-19 "油画效果"笔触

10. "水彩"

水彩笔触，根据绘制时的速度自动调节线条颜色和亮度。共有 3 种，效果如图 4-20 所示。

- ■ "加重"：笔触浓且厚重，颗粒感较强。
- ■ "加粗"：与"加重"相似，具有柔化的边缘。
- ■ "变细"：笔触细微。

11. "随机"

模拟现实生活中物品效果，共有 5 种，效果如图 4-21 所示。

- ■ "五彩纸屑"：模拟纸屑效果。
- ■ "点"：模拟像素点效果。
- ■ "毛皮"：模拟动物绒毛效果。
- ■ "正方形"：笔触由一些矩形方块组成。
- ■ "纱线"：模拟纱线效果。

12. "非自然"

非自然笔触效果，共有 9 种，效果如图 4-22 所示。

- ■ "3D"：三维效果。
- ■ "3D 光晕"：三维发光效果。
- ■ "变色效果"：变色效果。
- ■ "流体泼溅"：带有颜色反差的泼溅效果。
- ■ "轮廓"：空心轮廓效果。
- ■ "油漆泼溅"：油漆泼溅效果。
- ■ "牙膏"：牙膏效果。
- ■ "有毒废物"：污染物效果。

- "粘性异己颜料"：黏稠油漆效果。

图 4-20 "水彩"笔触

图 4-21 "随机"笔触

13."虚线"

虚线效果，共有 6 种，效果如图 4-23 所示。

- "三条破折线"：由一条短折线和两点的组合形成的破折线效果。
- "加粗破折线"：由短折线组成的破折线效果。
- "双破折线"： 由短折线和点交替形成的破折线效果。
- "基本破折线"： 与"加粗破折线"相似，短折线更密集。
- "实边破折线"：与"基本破折线"相似，笔触更厚重。
- "点状线"：点状破折线效果。

图 4-22 "非自然"笔触

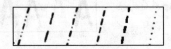

图 4-23 "虚线"笔触

4.2.4 填充

对象的填充效果也是在属性设置面板中设置的，如图 4-24 所示。

各项属性的含义如下：

- ⬛⬛ ⬛⬛⬛⬛⬛：前面的颜色选择板用于设置填充色，后面的 4 个按钮用于设置填充类型：无填充、实色填充、渐变填充和图案填充。
- ⬜ "实色填充"：单击该按钮弹出颜色选择板，使用单一填充色进行填充，如图 4-25 所示。

图 4-24 设置填充效果的区域

图 4-25 "实心"填充

- ⬛ "渐变填充"：使用渐变效果填充。单击该按钮打开的颜色选择板如图 4-26 所示。
- 在这里可以设置渐变方式，并选择渐变色。拖动色带上方的黑色游标，可以设置颜色的透明度；拖动色带下方的游标，可以设置颜色的分布范围，此时 ✛ 右侧的文本框中将实时显示游标的停止位置；单击色带下方的游标打开颜色选择板，可以设置填充色。

将鼠标指针放置在色带下方，当鼠标指针变为 ▶✛ 时，单击鼠标，即可在色带上添加一个颜色游标；在颜色游标上按下鼠标左键，将其拖离色带，即可删除游标。

Fireworks CS6 在渐变色工具的应用上还有一个比较实用的工具，即"反转渐变"。在如图 4-26 所示的面板上单击按钮 ，可以快速更改渐变色的填充方向。例如，可以很方便地将"黑-白"渐变改成"白-黑"渐变。

- ■ "图案填充"：使用图案填充，如图 4-28 所示。

图 4-26　设置渐变　　　　图 4-27　渐变填充　　　　图 4-28　"图案"填充

- ■ ：在第 1 个下拉列表中选择填充的边缘效果。如果选择了"羽化"，则右侧的下拉列表变为可编辑状态，用于设置边缘的羽化程度。
- ■ ：在第 1 个下拉列表中选择填充的纹理，选择时 Fireworks 会给出纹理的预览图。在第 2 个下拉列表中设置纹理填充量。
- ■ "透明"：可以进行透明填充，但当纹理填充量为 0 时，无法进行透明填充。
- ■ ：渐变抖动，可以提升填充的渐变平滑度，使色彩更柔和。当填充类型为"渐变填充"，且纹理的填充量为 0 时，该选项可用。

> **提示：** 通常在矢量绘图软件中以矢量方式填充渐变色，会出现色彩分层。以前唯一可以在编辑位图时考虑到渐变抖动的是 Photoshop，所以 Photoshop 处理的位图色彩更柔和。现在 Fireworks 也加入了这种功能，渐变平滑度将得到改观！需要注意的是，使用了渐变抖动填充的对象边缘会出现非网络安全色。

4.2.5　编辑路径

绘制完路径后，有时还需进行编辑，这可以通过调节路径点或使用自由路径工具实现。

1. 移动路径点

要调节路径点，首先应将其选中。选中路径点的方法为：

（1）单击工具箱"选择"栏的部分选定工具按钮 。

（2）选中路径点所在的对象。在对象的路径点上单击鼠标，即可选中该点。

（3）使用部分选定工具拖动鼠标，可以同时选取多个路径点。默认状态下，未选中的路径点是蓝色实心的点；选中的路径点是蓝色空心的。

（4）使用部分选定工具拖动路径点即可将其移动。由于路径是由路径点控制的，因此在移动了路径点后，整个路径的形状也会发生改变，如图 4-29 所示。

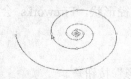

图 4-29　移动路径点

Fireworks CS6中文版入门与提高实例教程

2．角点与曲线点

选中路径点后，可以很方便地将其在角点和曲线点之间切换：

- 使用钢笔工具单击路径上的曲线点即可将其转换为角点，如图 4-30 所示。
- 使用钢笔工具单击并拖动路径上的角点，即可将其转换为曲线点，如图 4-31 所示。

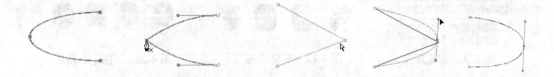

图 4-30　曲线点转换为角点　　　　　　图 4-31　角点转换为曲线点

此外，利用 Fireworks CS6 的"路径"面板中的工具图标可以便捷地编辑、选择路径点，如图 4-32 所示。

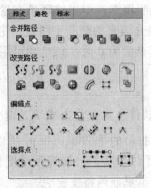

图 4-32　"路径"面板

3．添加|删除路径点

在制作复杂路径时，可以通过添加路径点来增加对路径的控制；有时也需要删除路径中多余的路径点，简化路径。

- 添加路径点：选中需添加路径点的对象，使用钢笔工具单击路径中没有路径点的地方即可在该处添加一个新的路径点。新添加的路径点不会改变原来路径的形状。
- 删除路径点：选中需删除路径点的对象，使用钢笔工具单击路径中的角点即可将其删除，两边的线段会直接连在一起；使用钢笔工具双击路径中的曲线点可将该点删除。

此外，使用部分选定工具选中路径点后按 Delete 键或 BackSpace 键也可删除该点。

4．推拉路径

使用自由路径工具可以在不改变路径点的情况下自由改变路径形状，Fireworks 会根据生成的路径自动添加|删除、移动路径点。

（1）选中想要变换路径的对象。

（2）单击工具箱"矢量"栏自由路径工具组中的"自由变形"按钮 🖌。

（3）移动鼠标到路径上需要修改的地方，指针右下方出现了一个"S"形曲线。拖动

Chapter 04

鼠标，即可直接修改路径形状，如图 4-33 所示。

（4）将鼠标指针移到需修改路径的附近，指针右下方出现一个空心圆圈。按下鼠标左键，会生成一个红色的圆圈。拖动鼠标，路径即会被圆圈所推动，达到推拉路径的效果，如图 4-34 所示。修改自由路径工具属性设置面板上的"大小"值可以设定红色圆圈的大小。

图 4-33　修改路径

图 4-34　推拉路径

5. 扭曲路径

使用自由路径工具还可以扭曲整个路径，而不是用来改变局部路径。

（1）选中需改变的路径。

（2）单击工具箱"矢量"栏自由路径工具组中的"更改区域形状"按钮 。

（3）在需修改路径的附近按下鼠标，会生成两个红色的同心圆。

（4）拖动鼠标即可扭曲整个路径，如图 4-35 所示。修改整形区域工具属性设置面板上的"大小"值可以设置同心圆的大小。

图 4-35　扭曲路径

6. 切割路径

使用刻刀工具可以将一个路径切割为多个路径。

（1）选中需切割路径的对象。

（2）单击工具箱"矢量"栏的刻刀工具按钮 ，鼠标指针变成刻刀的形状。

（3）按下鼠标，拖动鼠标穿过需要切割的路径即可。

路径被切割开后，会自动添加相应的边界点。使用选取工具，可以将切割后的路径分开，如图 4-36 所示。

图 4-36　切割路径

7. 连接路径

与切割路径相对应，也可以将两个路径连接起来，这是通过连接路径点实现的。

（1）使用部分选定工具选中两条路径中需要连接的路径点。

（2）选择菜单栏"修改"|"组合路径"|"接合"命令，或单击修改工具栏上的按钮，两条路径点之间会生成一条新路径，将两条路径连接起来。

使用连接路径操作还可将多个对象复合成一个对象。这与前面介绍的组合对象不同，复合后的对象是真正意义上的整体，无法选取当中单个对象，也无法修改单个对象的属性。

对于复合后的对象，选择菜单栏"修改"|"组合路径"|"拆分"命令可将其拆分为单个对象。

4.2.6 联合、交集、打孔、裁切

Fireworks 对路径运算的功能进行了改进，在早期版本中，用户只能够在创建了路径形状后选择所需要的路径运算命令，而现在，可以在创建路径形状之前就选择所需要进行的运算，这样创建了路径形状以后，就会自动根据所选择的运算命令来实现所需的效果，这样用户创建基于矢量的原型将会更加得心应手。

1．联合

使用联合可以将多个对象合并为一个对象，其中重叠的部分完全融合。在执行联合操作时，所有的开放路径都将自动转化为闭合路径。

（1）选中需要联合的多个对象。

（2）选择菜单栏"修改"|"组合路径"|"联合"命令，或直接单击路径面板上"组合"类别下的功能图标。此时，选中的所有对象即会融合为一个对象，如图4-37所示。

2．交集

使用相交操作可从多个相交对象中提取重叠部分。如果对象应用了笔触或填充效果，则保留位于最底层对象的属性。

（1）选中需进行相交操作的多个对象。

（2）选择菜单栏"修改"|"组合路径"|"交集"命令，或单击路径面板中的功能图标。此时，选中对象的重叠部分将会保留，其它部分则被删除，如图4-38所示。

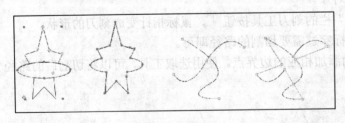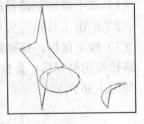

图4-37 联合　　　　　　　　　　　　　　图4-38 交集

3．打孔

打孔操作可在对象上打出一个具有某种形状的孔。

（1）制作一个具有孔形状的对象，并将其重叠放在需打孔对象的上层。如果是多个对象，应放于多个对象的最上层。

（2）选中需进行打孔操作的对象。选择菜单栏"修改"|"组合路径"|"打孔"命令，或单击路径面板上的功能图标。此时，下层对象将会删除与最上层对象重叠的部分，达到"打孔"的效果，如图4-39所示。

4．裁切

与打孔操作正好相反，裁切操作可以保留与上层对象重叠的部分。前面或最上面的路径定义修剪区域的形状。

（1）制作一个裁切形状的对象，并将其重叠放在需裁切对象的上层。如果是多个对象，应放于多个对象的最上层。

（2）选中需进行裁切操作的对象。选择菜单栏"修改"|"组合路径"|"裁切"命令，或单击路径面板上的功能图标 。此时，下层对象将会删除与最上层对象不重叠的部分，达到"裁切"效果，如图 4-40 所示。

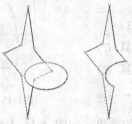

图 4-39 打孔

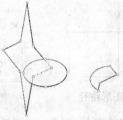

图 4-40 裁切

Fireworks CS6 针对基于屏幕的设计，将以往的 Fireworks 版本中就已经存在、用户经常使用的路径修改功能提取出来，集中在路径的属性面板中，例如路径描边、快速组合路径，方便用户的选择和使用，如图 4-41 所示。

图 4-41 描边路径和图形复合按钮

与路径的复合操作不同（譬如路径打孔、路径交集、联合路径），这几个按钮是对图形进行操作的，而且会保留图形的原始状态，所以用户可以很轻松地进行反复编辑。例如，仍旧可以使用部分选择工具，对每个单独的路径进行调整，如图 4-42 右图所示。如果用户满意得到的效果，就可以在属性面板中单击"组合"按钮，进行最终的运算，这样就能够得到一个完整的路径形状。

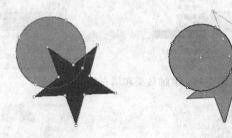

图 4-42 对每个单独路径进行调整

📖 4.2.7 建立路径

01 打开 Fireworks CS6 编辑器，新建文件。选择"文件"|"打开"打开一个图形文件。

02 在绘图工具箱中选择矩形工具，在属性面板上设置无填充颜色，笔触颜色为黑色。

03 在画布中按住鼠标左键并拖动鼠标，建立一个矩形。释放鼠标后，将看到以淡蓝色显示的矩形路径。这时的路径处于高亮度显示状态。

04 使用其他工具在画布上的其他区域单击，处于非选中状态下的路径将变得不可见。

05 如果移动光标经过路径上方。路径以红色的方式显示。效果如图 4-43 所示。

06 单击"钢笔"工具下拉按钮，在弹出的如图 4-44 所示的菜单选项中选择"矢量路径"工具，在画布上绘制任意形状的曲线，绘制曲线如图 4-45 所示。

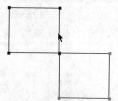

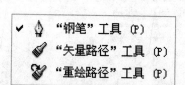

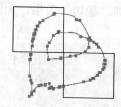

图 4-43　图形路径　　　　　图 4-44　"矢量路径"工具　　　　图 4-45　绘制曲线路径

07 选中绘制的曲线，在属性面板上选择笔触的效果，如图 4-46 左图所示，设置笔触颜色为绿色，笔尖大小为 5，边缘大小为 100，填充方式为"非自然"|"流体泼溅"选项。

08 保持矩形的选中状态，在属性面板上设置填充方式，选择填充效果为"渐变填充"，填充方式为"渐变"|"轮廓"，如图 4-46 右图所示。填充后的效果如图 4-47 所示。

09 同理，选中两个矩形，在属性面板上设置填充方式为"渐变填充"|"星状放射"；笔触颜色为橙色，笔尖大小为 2，笔触样式为"随机"|"毛皮"。最后的效果图如图 4-48 所示。

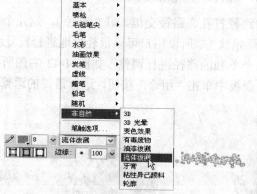

图 4-46　笔触效果和填充效果的设定

图 4-47　填充效果　　　　　　　　　图 4-48　最后的效果图

在 Fireworks CS6 中，所有的矢量图形都具有中心点。中心点不仅精确地确定了矢量图形的位置，同时在对矢量图形进行操作时，是其基准点。一般情况下其中心点是不可见的，而开放路径的中心点就位于路径上。闭合路径的中心点则位于路径对象内部中心。

另外，所有的矢量路径曲线都是有方向的。路径的方向就是路径建立时的顺序，也就是说路径上的节点是有先后次序的，有起点和终点的区别。对于本例来说，曲线路径的方向就是读者绘制曲线的节点顺序。而闭合路径的方向则是顺时针方向的。

📖4.2.8 实例1：绘制抽象标志

❶选择"文件"|"新建"创建一个新的 Fireworks CS6 文件。

❷设置参数如下：宽度为 400 像素、高度为 320 像素、分辨率为 72 像素/英寸、画布颜色设置为透明，点击"确定"按钮关闭对话框。

❸选择"钢笔工具" ✎ ，在画布上绘制如图 4-49 所示的路径效果图。

❹保持路径的选中状态，在属性面板上按图 4-50 进行设置。

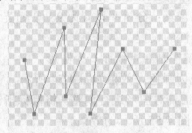

图 4-49　路径效果图

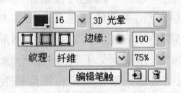

图 4-50　属性设置框

颜色选择蓝色；笔触大小设为 16；"纹理"选择为"纤维"选项，纹理总量为 75%。笔触样式选择"非自然"|"3D 光晕"选项。图形效果如图 4-51 所示。

图 4-51　抽象标志效果图

❺选择文本输入工具，调整下面的"属性"对话框，在其中按照如图 4-52 所示的效果进行设置。字体选择为"华文彩云"选项；大小为 36；颜色设置为实心褐色；字体加粗；字体水平缩放设置为 98%；选择"平滑消除锯齿"选项。

图 4-52　文本属性设置

❻在画布上输入"Fireworks DIY"字符串。最后效果如图 4-53 所示。

图 4-53　最后效果图

4.2.9　实例 2：绘制直线型分割条

❶选择"文件"|"新建"命令创建一个新的 Fireworks 文件。

❷设置画布宽度为 450 像素；高度为 100 像素；分辨率设置为 96 像素|英寸；画布颜色设置为白色，选择"确定"按钮完成画布属性的设置。

❸用鼠标点击椭圆绘图工具，按住 Shift 键在画布上绘制一个圆形。

❹选择颜色填充工具，将绘制的圆形填充为绿色。效果如图 4-54 所示。

❺选择"自由变形"工具或"部分选取"工具对图形进行调整。将鼠标指针移动到图形上端，拖动鼠标向下移动，将图形拖放成如图 4-55 所示的效果。

图 4-54　颜色填充效果图

图 4-55　修改圆形的效果图

❻选择该内容，选择"编辑"|"复制"命令对其进行复制。并用"编辑"|"粘贴"命令进行粘贴。选择其中的一个图形，选择"修改"|"变形"|"旋转 180"命令将其旋转 180º，并移动它到另外一个图形的下方，效果如图 4-56 所示。

❼选择这两个图形，选择"编辑"|"复制"命令对其进行复制。并用"编辑"|"粘贴"命令进行粘贴。拖放一个到另一边，并执行"修改"|"变形"|"顺时针旋转 90"命令将其旋转，并拖放到如图 4-57 所示的位置。

图 4-56　复制并旋转后的效果图

图 4-57　复制效果图

❽选择"修改"|"组合路径"|"联合"命令将所有图形联合。效果如图 4-58 所示。

❾选择油漆桶工具，在属性面板上单击"渐变填充"按钮 🔲，然后单击颜色选择按钮 🔲，在如图 4-59 所示的颜色选择面板中选择"渐变"|"放射状"，并设置第一个游标为红色，第二个为黄色，第三个为蓝色。"边缘"设置为"消除锯齿"选项。

❿对图形进行填充，效果如图 4-60 所示。

图 4-58　组合后的效果图　　　　　　　　图 4-59　油漆桶属性设置

⓫选择椭圆绘制工具，按住 Shift 键，在该图形的中心部分绘制一个圆形，在属性面板上单击"渐变填充"按钮 ，在如图 4-59 所示的颜色选择面板中选择"渐变"|"放射状"，并设置第一个游标为红色，第二个为黄色，效果如图 4-61 所示。

图 4-60　颜色填充效果图　　　　　　　　图 4-61　单独的图形效果

⓬选择所有的图形，执行"编辑"|"复制"命令将其复制，并用"编辑"|"粘贴"命令将其粘贴。拖放该图形到其他的位置，效果如图 4-62 所示。

⓭让整个画布的横向充满该图形，直线型分割条制作完成。最后效果如图 4-63 所示。

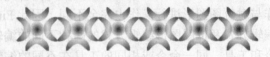

图 4-62　图形拖放效果　　　　　　　　图 4-63　直线分割条幅效果图

📖4.2.10　实例 3：绘制曲线型分割条

❶选择"文件"|"新建"命令创建一个新的 Fireworks 文件，画布颜色设置为透明。

❷选择矩形绘制工具在画布上绘制一个矩形，选择该矩形，选择"编辑"|"复制"命令将其进行复制，选择"编辑"|"粘贴"命令将其进行复制。

❸选择该矩形，将其拖到旁边，点击顺时针旋转 90º 按钮 ，将该图形旋转 90º。

❹拖放旋转后的矩形到原图形的旁边，完成十字图形的制作。

❺选择"修改"|"组合路径"|"联合"将所有的图形组合。效果如图 4-64 所示。

❻选择油漆桶工具，在属性面板上单击"渐变填充"按钮 ，然后单击颜色选择按钮 。

❼在弹出的颜色选择面板中选择"渐变"|"放射状"选项，然后在色带上设置颜色游标分别为#0038FF、#0029A7、#00B6FF、#0029A7、#00B6FF、#0038FF，如图 4-65 所示。

❽选择完成的图形。选择"编辑"|"复制"命令将其进行复制，选择"编辑"|"粘贴"命令进行复制。复制 20 次，并拖动图形形成如图 4-67 所示的效果图。

单一图形完成填充的效果如图 4-66 所示。

图 4-64 组合效果图

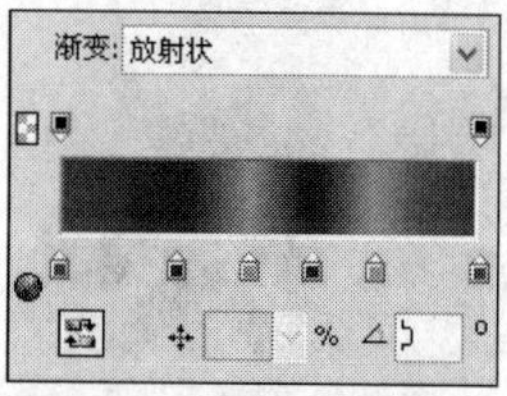

图 4-65 颜色编辑菜单

图 4-66 单一图形效果图

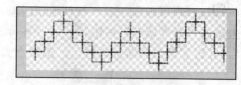

图 4-67 最后效果图

4.3 位图的操作

📖 4.3.1 位图编辑模式

由于编辑矢量图形对象和位图图形是两种完全不同的方式，对于矢量图形对象进行的操作与对位图图形进行操作也完全不同，因此 Fireworks CS6 提供了分别应用矢量图形对象编辑方式和位图图形编辑方式的两种不同的编辑模式。不同的编辑模式都有自己的一套命令和工具。同一命令或相同的工具在不同的编辑模式下功能可能完全不同。

在创建一个新的 Fireworks CS6 画布的时候，默认的状态是矢量编辑模式。与 Fireworks 的早期版本不同，Fireworks CS6 提供了便捷的模式切换方式，用户不需要特意在位图模式和矢量模式之间切换，就可以使用位图、矢量对象和文本。从工具箱中选择矢量或位图工具就可以切换到相应的模式进行编辑。

📖 4.3.2 像素的选取

在位图的处理操作当中，选择像素是最基本的操作，在 Fireworks CS6 中提供了多种选择工具，可以很方便地选择位图像素。选择像素的工具主要有"选取框"、"椭圆选取框"、"套索"、"多边形套索"和"魔术棒"工具。

当选中某一像素区域后，在选中的区域四周会出现一个闪烁的虚线边框，称之为选取框，可以通过拖动被选中的像素区域来改变它在图像中的位置。由于位图对象同矢量对象不同，所以在移动操作时要十分小心。

1. 规则区域的选取

用户可以通过矩形选取工具和椭圆选取工具 📱 对图像进行选取。值得注意的是，按住 Shift 键可以选择正方形和圆形的图形区域。而且按住 Shift 键可以使多个选择区域进行叠加，而如果不按住 Shift 键，在选择新的区域的时候，将会使原来所选的区域取消。多重选取的效果如图 4-68 所示。

在选取的过程当中，用户可以通过"属性"面板设置选取框的属性。如图 4-69 所示。

图 4-68　多重选择效果图

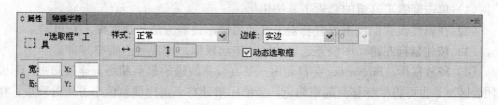

图 4-69　"属性"面板

其中在该属性设置当中主要是对"样式"和"边缘"两个属性进行设置。"样式"设置可以控制选取框中像素内容的大小；而"边缘"可以设置选取框中选中像素区域的边界效果。在"样式"下拉列表当中，既可以定义矩形选取框的属性，同时可以定义椭圆选取框的属性。对于矩形选取框，它定义的是选取框的高度和宽度，而对于椭圆选取框，它定义的是椭圆外切矩形的高度和宽度。在"样式"下拉菜单中包含 3 个选项，如图 4-70 所示。

■ "正常"：在图像中拖动鼠标生成的矩形或椭圆的外切矩形的高度和宽度是互不相关的，所有使用该命令创建的矩形是自由的矩形，其高度和宽度不受任何限制。

■ "固定比例"：选中该项，则在拖动鼠标生成选取框时，选取框对应的矩形或椭圆外切矩形的高度和宽度约束为已定义的比例。

■ "固定大小"：选中该选项，则在图像中选中的选取框大小是固定的，高度和宽度设置为在"样式"下边的文本框中定义的尺寸。需要注意的是其单位为像素。

在"边缘"下拉菜单中可以设置选取框的边界效果，如图 4-71 所示。

■ "实边"：该选项表示选取框所包含的区域边界不经过平滑处理，尤其是对于椭圆选取框来说可能会产生锯齿。

■ "消除锯齿"：选择该选项，则对选取框所包含的区域边界进行抗锯齿处理，这将会使选中的区域边界更加平滑。

■ "羽化"：选择该选项，则对选取框所包含的区域边界进行柔化处理，而且可以在右边的方框中设置羽化量。

用户也可以通过选择"动态选取框"来羽化现有选区。

注意：

值得注意的是，"边缘"下拉菜单中的 3 种选择效果必须在画布上创建选区之前进行，否则不能起到其特殊的作用。

2．不规则区域的选取

选取不规则的像素区域的工具包括：套索工具、多边形套索工具和魔术棒工具。其中，利用套索工具可以在位图图像上选中任意形状的像素区域；利用多边形套索工具可以在位图图像上选择多边形的像素区域；利用魔术棒工具可以在位图图像上选中带有相同颜色的区域。

■ 套索工具组：可以在位图图像上选取不规则的区域。套索工具组有两种工具：套索工具和多边形套索工具。

使用套索工具可以在位图图像上选取任意形状的区域，方法如下：

（1）单击套索工具组的套索工具按钮 。

（2）在属性设置面板内设置套索工具的属性，设置方法与选取框工具相同。

（3）按住鼠标左键，围绕需选取的区域拖动鼠标，出现蓝色轨迹。

（4）释放鼠标，Fireworks 会自动用一条直线将轨迹的起点和终点连接起来，形成一个闭合区域。也可将鼠标移到起点附近，当鼠标指针右下角出现蓝色小方块时释放。释放鼠标后，蓝色轨迹变成闪烁的虚线选取框。

使用套索工具选取位图区域的效果如图 4-72 所示。

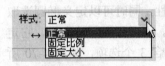
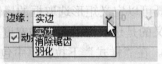

图 4-70 "样式"下拉菜单　　图 4-71 "边缘"下拉菜单　　图 4-72 套索工具选取位图区域

使用多边形套索工具可在位图图像上选取多边形区域，效果如图 4-73 所示。方法如下：

（1）单击套索工具组的多边形套索工具按钮 。

（2）在属性设置面板内设置多边形套索工具的属性，设置方法与选取框工具相同。

（3）在位图图像上多边形起始点位置单击鼠标，移动鼠标，可以看见一条蓝色直线。

（4）在多边形的其他顶点位置单击鼠标，设置完毕后双击鼠标。蓝色轨迹变成闪烁的选取框。

图 4-73 使用多边形套索工具选取位图区域

■ 魔术棒工具：可以选取位图图像中颜色相同的区域，使用方法如下：

（1）单击工具箱"位图"栏的魔术棒工具按钮 ，鼠标指针变成魔术棒形状 。

（2）在属性设置面板上设置魔术棒工具的属性值，如图 4-74 所示。

图 4-74　魔术棒工具的属性设置面板

　　"边缘"属性与选取框工具的"边缘"属性含义相同。"容差"属性值用于设置魔术棒工具选取像素点时相似颜色的色差范围。

　　(3) 在位图图像上相应位置单击鼠标，即可选中相似颜色的区域。

　　(4) 选择菜单栏"选择"|"选择相似颜色"命令，可选取位图上该颜色的所有区域。使用魔术棒工具选取位图区域的效果如图 4-75 所示。

图 4-75　使用魔术棒工具选取位图区域

4.3.3　羸化位图

　　❶打开 Fireworks CS6 编辑器，打开一个已有的位图文件，选择"魔术棒"工具。选择下面的"属性"对话框，设定效果如图 4-76 所示。设定"容差"为 58，"边缘"设定为"羽化"。后面的羽化值设定为 3。

　　❷用鼠标点选图像，选择位图中的红叶，效果如图 4-77 所示。

　　❸选择"编辑"|"剪切"命令，将选择的区域删除，观察羽化的边界效果。效果如图 4-78 所示。

　　❹执行"文件"|"打开"命令，打开一张绿叶的位图。执行"编辑"|"粘贴"命令，将剪切的红叶粘贴入新的画布，并利用变换工具调整大小位置，最终效果如图 4-79 所示。

图 4-76　"属性"对话框　　　　　　　　　　图 4-77　选择效果图

此外，利用羽化还可以实现渐变效果。下面以一个简单实例进行说明。

❶新建一个 Fireworks CS6 文件。

❷选择多边形绘制工具，绘制一个星形。效果如图 4-80 所示。

图 4-78　删除效果图

图 4-79　粘贴后的羽化效果图

❸在该图形上单击右键，从右键菜单中选择"平面化所选"命令将其转换成位图。

❹选择椭圆绘制工具，设定其边缘效果为"羽化"，数值为 40。在星形中间绘制一个椭圆。

❺选择油漆桶工具，选择红色对上一步指定的区域进行颜色填充，观察如图 4-81 所示的效果，发现该图形中的颜色变成渐变色，这就是羽化的效果。

图 4-80　四角形效果图

图 4-81　羽化的渐变色效果

4.4　思考题

1.　简单介绍什么是矢量对象，其特点是什么，与位图对象有什么不同。

2.　什么是路径？

4.5　动手练一练

1.　构造一个矢量对象，分别实现如图 4-12～图 4-28 所示的笔触和填充效果。

2.　请实现以下两个路径的联合、相交、打孔和裁切。如图 4-82 所示。

3.　对图 4-83 左图进行羽化处理，实现图 4-83 右图所示的效果。

图 4-82

图 4-83

第5章 文本对象和效率工具

本章导读

文字作为传播信息最便捷的载体，在 Web 中处于主导地位。本章将介绍文本的基本操作方法，包括创建文本、编辑文本、导入文本以及文本附加到路径，并介绍在 Fireworks CS6 中查找和替换、批处理等效率工具的使用。

- 掌握创建、导入文本的方法
- 使用文本编辑器编辑文本
- 掌握文本与路径的关系
- 查找和替换
- 在 Fireworks 中运行脚本文件

5.1 输入和编辑文本

Fireworks CS6 提供了丰富的文本功能，可以方便地创建不同字体和大小的文本，调整字距、间隔、颜色、标题、基线位移等。将 Fireworks 文本编辑功能同大量的笔触、填充、滤镜以及样式相结合，能够使文本成为图形设计中一个生动的元素。此外，还可以使用 Fireworks 的拼写检查程序纠正拼写错误。

可以随时编辑文本，如：修改同一副本里的文本，竖排文本、变形文本、文本附着到路径、文本转化为路径和图像。

可以在导入文本的同时保留丰富的文本格式属性。同时，当导入含有文本的 Photoshop 文档时，还可以对文本进行编辑。Fireworks 在导入时处理缺少字体的方法是要求您选择一种替换字体，或者允许您将文本作为静态图像导入。

Fireworks CS6 还具备了 Photoshop 和 Illustrator 用户熟悉的"Adobe 文字引擎"，用户可使用其增强的文字设置功能来制作高级的文字设计；可以从 Adobe Illustrator 或 Photoshop 导入或复制/粘贴双字节字符而不会失真；在紧凑的文本徽标路径内浮动文本。

5.1.1 输入和移动文本

1. 输入文本

所有文本显示在一个带有操作柄的矩形框中，这样构成一个文本框。

（1）打开 Fireworks 编辑器，新建一个画布。选择文本输入工具 **T**。

（2）在文本起始处单击左键，此时弹出一个小文本框，或者拖动鼠标绘制一个宽度固定的文本框。

（3）在其中输入字符串，效果如图 5-1 所示。

（4）单击文本框外的任何地方，或在工具面板中选择其他工具，或按下 Esc 键来完成文本的输入。

Fireworks CS6 具有自动命名文本功能。输入文本后，Fireworks CS6 自动以与文本内容匹配的名称保存文本对象。如果想为该文本对象选择另一个名称，可以方便地更改自动指定的名称。

2. 移动文本框

移动文本框很简单，只需选中所要移动的文本框并按住左键不放，拖动到目的位置即可。

除了直接拖动之外，还可以在创建的同时进行拖动，方法如下：

（1）按下鼠标绘制文本框，同时按下空格键，可以移动文本框。

（2）松开空格键，可以继续绘制文本框。

注意：

文本框在拖放状态下显示为红色边框，如图 5-2 所示。

图 5-1　文本输入效果图

图 5-2　拖动文本框

5.1.2　编辑文本

在一个文本框中，可以对文本的大小、字型、间距和基线变换参数进行修改。

在编辑文本时，Fireworks 自动修改相应的笔触、填充和效果特性。可以通过属性卡改变文本框的性质。也可以使用文本编辑器和文本菜单中的相关命令来编辑文本。

两者中属性卡速度更快，并能对细节进行操作。

1．变换文本

应用中需要不同的文本框的形式，文本的变换如下：

（1）在工具面板上选择变形工具，其中有 4 种不同的变形工具，分别代表 4 种不同的变形方式。

（2）点击文本框，发现文本框周围出现了如图 5-2 所示的黑色边框，这说明该文本框现在已经进入编辑状态，用户可以对其进行修改。

（3）使用 4 种不同的变换工具，用户可以自己尝试调整文本的形状，效果如图 5-3所示。

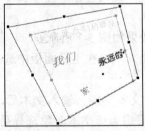

图 5-3　变形后的状态

2．设置文本的属性

单击工具面板中的文本工具，通过属性卡来设置文本的属性：

继续使用上例。为了让制作的文本效果更加美观，需要对文本的属性进行必要的设置。方法如下：

（1）选择该文本内容，设置如图 5-4 所示的"属性"对话框。

图 5-4　文本的"属性"对话框

（2）在如图 5-5 所示的菜单中设定合适的字体，并在后面的下拉列表中选择字体的样式；然后在字体大小文本框中键入字体的大小值。

Fireworks CS6 的文本属性面板中有一个用于设置字体样式的设置。读者可以在属性面板的"样式"下拉列表中选择已安装的样式。如果字体系列中不包括样式，可以单击 BIU 按钮来应用模拟样式。

（3）在如图 5-6 所示的颜色选择面板中选择字体的颜色。

（4）在如图 5-7 所示的属性面板中修改字的间距，以及文本的对齐方式。

用户可以按照自己的喜好和需要设定需要的文本模式，效果如图 5-3 所示。

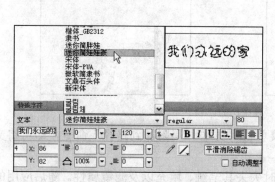

图 5-5　字体选择菜单

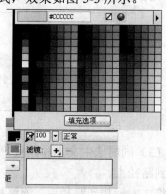

图 5-6　文本的颜色选择菜单

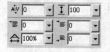

图 5-7　文本间距与对齐方式的修改工具

> **注意：**
> 文本编辑中的撤销操作将删除在最近双击文本框之后对文本的所有操作。

3．插入特殊字符

在 Fireworks CS6 中，可以直接在文本中插入特殊字符，而不必从其他源中复制那些字符，并粘贴至 Fireworks 文档中。

若要插入特殊字符，请按如下步骤进行操作：

（1）在创建完文本框后，在文本框内部要插入特殊字符的位置单击。

（2）在"特殊字符"面板中，选择要插入的字符。

如果在文档窗口中找不到"特殊字符"面板，可以选择"窗口"|"其他"|"特殊字符"菜单命令打开该面板。

5.2　文本与路径

通常输入的文本都是在矩形文本框中，这样的文本不是水平方向就是竖直方向。如果要将文本变为任意形状和方向，可以采用附加到路径的方法。首先绘制一条路径，然后将文本附加到路径上。这样，文本就能按照路径的走向排列，形成各种特殊效果。

5.2.1 将文本附加到路径

1. 将文本附加到路径

通过在路径上附加文本，可以实现许多不同的效果，具体操作如下：

（1）在文档编辑窗口绘制需要附着的路径。

（2）创建文本，并设置好文本的各项属性值，如图5-8所示。

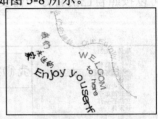

图 5-8　文本附着到路径

（3）同时选中文本和路径，选择菜单栏"文本"|"附加到路径"命令，即可将文本附加到路径上。

将文本附加到路径后，该路径会暂时失去其笔触、填充以及滤镜属性。随后应用的任何笔触、填充和滤镜属性都将应用到文本，而不是路径。如果之后将文本从路径分离出来，该路径会重新获得其笔触、填充以及滤镜属性。

注意：
如果将含有硬回车或软回车的文本附加到路径，可能产生意外结果。

（4）选择菜单栏"文本"|"方向"子菜单中的命令可以改变文本在路径上的方向，共有4种方向设置，效果如图5-9所示。

- "依路径旋转"：文本围绕路径旋转。
- "垂直"：文本垂直于路径。
- "垂直倾斜"：文本垂直倾斜，并垂直附着于路径上。
- "水平倾斜"：文本水平倾斜，并垂直附着于路径上。

（5）选择菜单"文本"|"倒转方向"命令，可以翻转文本附加到路径的方向，如图5-10所示。如果文本长度超出路径，则超出路径长度的文本自动隐藏，如图5-11左图所示。使用"部分选定"工具拖动路径端点，即可显示隐藏的文本，如图5-11右图所示。

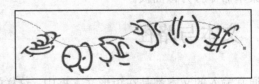

图 5-9　文本附着方向　　　　　　　　　　图 5-10　倒转文本

图 5-11　文本超出路径时产生折返效果

2．移动文本起点

文本附加到路径上时，是从路径起点开始附着的。使用属性设置面板可以调节文本起点的位置。

选中附加到路径的文本，在属性设置面板的"文本偏移"文本框中输入需要的偏移量，单位是像素，即可按照设置的起点附着文本，如图 5-12 所示。

图 5-12　移动文本起点

3．文本与路径分离

选中附加到路径的文本，选择菜单栏"文本"|"从路径分离"命令，即可将文本与路径分离。分离后的路径将恢复原来的属性。

📖 5.2.2　将文本附加到路径内

将文本附加到路径是将文本显示在路径上，使用"附加到路径内"命令，可以把文字显示到路径的形状内。具体操作步骤如下：

（1）在文档编辑窗口绘制需要附着的路径。

（2）创建文本，并设置好文本的各项属性值，如图 5-13 所示。

（3）同时选中文本和路径，选择菜单栏"文本"|"附加到路径内"命令，即可将文本附加到路径的形状之内，效果如图 5-14 所示。

图 5-13　文本和路径

图 5-14　附加到路径内

5.2.3 将文本转换为路径

选中文本，选择菜单栏"文本"|"转换为路径"命令，即可将文本转换为路径。转化为路径的文本不能进行文本编辑，但是可以进行路径相关的操作，例如编辑路径点、整形等，如图5-15所示。

图 5-15 将文本转换为路径

已转换为路径的文本会保留其所有的可视化属性，但只能将它作为路径编辑。可以将已转换的文本作为一组进行编辑，或者单独编辑已转换的字符。

5.3 导入文本

如果所有的文本都要在 Fireworks CS6 中手动输入，那么将是一件很麻烦的事情。实际上，Fireworks 允许从外部导入文本。然后，在其中进行编辑。

Fireworks 中可以导入多种形式的文本，例如，可以导入纯文本的 ASCII 码文件。也可以导入复文本格式的 RTF 文件，还可以直接从 Photoshop 的文档中导入文本。最新版的 Fireworks CS6 更是与 Photoshop 和 Illustrator 高效集成，导入 Photoshop（PSD）文件时可保持分层的图层、图层效果和混合模式，还可将 Fireworks（PNG）文件保存回 Photoshop（PSD）格式；导入 Illustrator（AI）文件时也可保持包括图层、组和颜色信息在内的图形完整性。

通常，文本的导入使用"文件"|"导入"命令或者是"文件"|"打开"命令。这两种方法对 ASCII 码的导入和 RTF 文本的导入效果是一样的。

5.3.1 导入 ASCII 码文本

利用常规的导入方法，可以直接导入现有的 ASCII 文本。如果使用"打开"命令导入文本，则会新创建一个文档，然后在文档中生成一个文本对象，并将文本文件中的内容放在其中。如果使用"导入"命令导入文本，则会在当前文档中生成新的文本对象，其中包含文本文件中的内容。具体操作如下：

（1）执行"文件"|"打开"或"导入"命令，出现文件显示对话框。

（2）选中要导入的文本文件，即扩展名为 txt 的文件。

（3）单击"打开"按钮，实现对文本的导入。

注意：
　　导入 ASCII 文本后生成的文本对象会使用默认的系统字体，高度为 12 像素，并使用当前的填充颜色。

利用复制和粘贴操作，也可以直接将位于剪贴板中的文本粘贴到当前文档中，同样，这会生成新的文本对象。如果应用程序支持拖放，也可以直接从包含文本的程序中将文本拖动到 Fireworks 中，例如，可以从一个 Word 文档中直接将选中的文本拖动到 Fireworks 文档中，生成新的文本对象。

5.3.2　导入 RTF 文件

在 RTF（Rich Text Format，复文本）格式的文本文件中包含了文本的字体、字型、字号等大多数格式化信息，但是这种文件仍然是纯文本类型的 ASCII 码文件，只是其中使用一些标记来定义文件的格式。这有些像 HTML，利用文本类型的标记语言，就可以实现各种格式文本的显示。

在 Fireworks 中，利用"文件"菜单中的"打开"或"导入"命令，同样可以导入 RTF 文件。

注意：
　　不能通过复制和粘贴操作来导入 RTF 文本，也不能通过拖放的方法导入 RTF 文本。

在导入 RTF 文件时，Fireworks 会保留文件中如下的一些格式和属性：
- 字体、字号以及字形（如粗体、斜体和下画线等）
- 对齐方式（如左对齐、居中、右对齐和分散对齐等）
- 行间距
- 基线移动
- 字间距
- 水平缩放
- 第一个字符的颜色
- 所有其他的 RTF 信息将被忽略。

5.3.3　从 Photoshop 导入文本

Fireworks 允许从 Photoshop 文档中导入文本。

Photoshop 文档可以保存文本的可编辑性，因此在导入 Photoshop 文本时用户可以选择导入真正的可编辑的文本，还是导入图像化的文本。若只想使用 Photoshop 文档中的部分文本，而不在乎是否丢失文本的可编辑性，则可以通过拖动操作或复制和粘贴操作来导入 Photoshop 文档中的文本，该操作将把 Photoshop 中的文本以像素形式导入到 Fireworks

文档中。该方法的优点是，不论当前计算机中是否安装有需要的字体，都能如实显示文本。而缺点是导入的文本不能重新编辑。

若希望导入后能够继续对文本进行编辑，则必须利用"打开"或"导入"的方法导入整个 Photoshop 文件。导入时，打开"导入"对话框，可以在该对话框中选择所需的导入方式。

5.3.4　处理丢失的字体

在导入包含文本化文字的图像文档，如 Photoshop 文档或 Fireworks 本身的 PNG 原生文档时，最大的困难在于处理丢失字体。

因为创建源文档的计算机中安装的字体可能和用户当前安装的字体不同，因此文本在导入之后可能变得失真。例如，在原始文档中为文本设置了"隶书"字体，而如果当前计算机中没有安装"隶书"字体，在导入文本时，文本会被显示为默认的"宋体"字体，造成失真。

Fireworks 提供了一些有力的手段，减少这种问题所带来的损失。

导入文件时，若源文档使用了当前计算机中没有安装的字体，则会出现一个"缺少字体"对话框。用户可以根据提示选择一种字体作为缺少字体的替换字体。

当下一次打开含有相同缺少字体的文档时，"缺少字体"对话框中会包含已选的字体。

5.4　文本特效处理

5.4.1　立体效果文字

文字的立体化处理会使得文字更加醒目，具体操作如下：

01 创建一个新的 Fireworks 画布，"宽度"为"300 像素"；"高度"为"150 像素"；"分辨率"为"96 像素/英寸"；"背景颜色"设置为"白色"。单击"确定"按钮，完成画布的创建。

02 选择文本工具，选择属性面板，设定字体为"Impact"，大小为 60，字体颜色设置为蓝色，选择字体加粗。选择"平滑消除锯齿"。

03 在画布上输入"FIREWORS 2012"文本对象。选中"2012"，在属性面板上设置其水平缩放为 240%。

04 选择属性面板上的笔触颜色选项 ✐□，在弹出的如图 5-16 所示的颜色选择面板上单击"描边外部对齐"按钮 □，并设置描边颜色为黄色；单击"高级笔触选项"按钮 ✐，在弹出的如图 5-17 所示的面板中设置线宽为 1 像素，效果如图 5-18 所示。

05 选择油漆桶工具 ■，在属性面板上为文本设置填充效果。"边缘"设置为"羽化"效果，羽化值设定为 10。"纹理"名称设定为"阴影线 2"，纹理总量为 20%，效果如图 5-19 所示。

06 选择"属性"对话框中的"滤镜"按钮，弹出效果菜单，如图 5-20 所示。

07 选择"斜角和浮雕"|"内斜角"命令。"斜角边缘形状"选择"平滑"，"宽度"

设置为 10；选择“凸起”模式。倒角的平衡化柔度为 75%；倒角的柔度为 3，角度为 135，如图 5-21 所示，效果如图 5-22 所示。

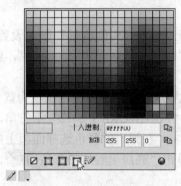

图 5-16 文本描边设置

图 5-17 设置笔触选项

FIREWORKS
2012

图 5-18 描边效果

FIREWORKS
2012

图 5-19 纹理填充效果

图 5-20 效果菜单

图 5-21 内斜角编辑框

08 选择“滤镜”|“阴影和光晕”|“光晕”，弹出该效果的设定对话框。“光的宽度”设置为 5；“颜色”设置为黄色；“不透明度”设为 65；“光的柔化度”设为 12；“光晕位移”设置为 0，如图 5-23 所示。最后效果如图 5-24 所示。

FIREWORKS
2012

图 5-22 斜角效果

图 5-23 发光编辑框

FIREWORKS
2012

图 5-24 立体效果

5.4.2 浮雕效果

浮雕处理可以给单调的文字增添亲切感，具体操作如下：

01 打开 Fireworks，新建一个画布，“宽度”为 300 像素；“高度”为 150 像素；“分辨率”为“96 像素/英寸”；“背景色”设置为“白色”。单击“确定”按钮，完成该画布的创建。

02 选择矩形绘制工具，在属性面板上设置矩形无笔触颜色，然后绘制一个和画布大小一样的矩形。

03 选择油漆桶工具，在属性面板上设置填充模式为"实色填充"，颜色设置为棕色。"边缘"选项设定为"羽化"，羽化值设定为 1。"纹理"选项设定为"旋绕"，纹理总量设定为 30%。

04 选择文本工具，设定字体为"Impact"，大小为 60，字体颜色设置为蓝色。选择字体加粗，选择"平滑消除锯齿"。在画布上输入"FIREWORKS 2012"字符串，效果如图 5-25 所示。选择属性面板上的笔触颜色选项✐□，在弹出的颜色选择面板上单击"描边外部对齐"按钮□，并设置描边颜色为黄色；单击"高级笔触选项"按钮✐，在弹出的面板中设置线宽为 1 像素。

05 选择工具栏中的油漆桶工具，为文本设定填充效果。"边缘"选项选择"羽化"效果，后面的数值设定为 10。"纹理"设定为"网格 3"，纹理总量设定为 20%，效果如图 5-26 所示。

图 5-25　输入文本对象　　　　　　　　　图 5-26　设置文本对象属性

06 选择"属性"对话框中的"滤镜"|"斜角和浮雕"|"外斜角"命令。设置"斜角边缘形状"为"平滑"，"宽度"为 8；对比度为 75%；柔度为 3。光源角度为 30，"按钮预设"选择"凸起"模式。设定颜色为棕色，效果如图 5-27 所示。

07 选择"属性"对话框中的"滤镜"|"斜角和浮雕"|"内斜角"命令。"斜角边缘形状"选择"平滑"，宽度为 13；对比度为 50%；柔度为 5；光源的角度为 130，"按钮预设"选择"凸起"模式，效果如图 5-28 所示。

08 选择"属性"对话框中的"滤镜"|"阴影和光晕"|"光晕"命令。设置光的宽度设置为 0；颜色设置为棕色；透明度设为 100；光的柔化度设为 3；光晕偏移设置为 0，最后效果如图 5-29 所示。

图 5-27　使用外斜角效果　　　图 5-28　使用内斜角效果　　　图 5-29　光晕效果

5.4.3　特殊造型文字效果

不同的网页对文字效果的需求不同，特殊造型的文字效果操作如下：

01 打开 Fireworks，新建一个画布，"宽度"设置为 600 像素；"高度"设置为 300

像素;"分辨率"为 96 像素/英寸;"背景色"设置为"白色";单击"确定"按钮,完成该画布的创建。

02 选择文本工具,设定字体为"Impact",大小为 60。字体颜色设为灰色,选择字体加粗,选择"平滑消除锯齿"。在画布上输入"FIREWORKS 2012"字符串,选中"2012",在属性面板上设置其水平缩放 240%,效果如图 5-30 所示。

03 选择工具栏中的"倾斜"工具,修改文本形状,如图 5-31 所示。

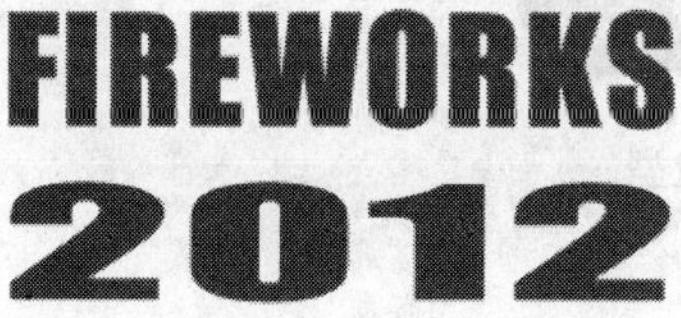

图 5-30　输入文本对象

图 5-31　变形后效果

04 执行"文本"|"转换为路径"命令,将文本转换为路径。执行"修改"|"取消组合"命令将其解组。

05 选择菜单"视图"|"网格"|"显示网格"命令,调出辅助线。效果图如图 5-32 所示。

06 选中工具箱中的"部分选定"工具,选择文本的路径点,对其进行变形修改,修改的最后效果如图 5-33 所示。

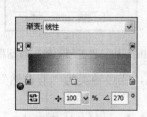

图 5-32　显示网格线效果

图 5-33　文字变形效果

07 选中所有路径,在属性面板上单击按钮🖊⬜,设置笔触颜色为蓝色,笔尖大小为 8,描边种类为"3D"。然后单击属性面板上的"渐变填充"按钮🔲,在弹出的面板中设置渐变类型为"线性",在色带上单击鼠标添加一个颜色游标,然后从左至右设置三个颜色游标分别为红色、黄色、绿色,如图 5-34 所示。文本路径填充后的效果如图 5-35 所示。

图 5-34　油漆桶参数设置

图 5-35　染色后的效果

08 选择"属性"面板上的"滤镜"|"斜角和浮雕"|"内斜角"命令。"斜角边缘

形状"选择"平滑",宽度设为 10，对比度设置为 75%，柔化度为 10。光源的角度为 135。最终效果图如图 5-36 所示。

图 5-36　特殊文字造型

📖 5.4.4　空心文字特效

在卡通和印刷中常常用到空心文字，空心效果的具体操作如下：

01 打开 Fireworks，新建一个画布，"宽度"为"600 像素"；"高度"为"200 像素"；"分辨率"为"96 像素/英寸"；"背景颜色"设置为"白色"。单击"确定"按钮，完成该画布的创建。

02 选择文本工具。选择属性面板，选择"字体"为"Arial Black"，大小为 80，"字体颜色"设置为"红色"，选择字体"加粗"。"字体的间距"设置为 10，选择"平滑消除锯齿"。

03 在画布上输入"FIREWORKS 2012"字符串，选中"2012"，在属性面板上设置水平缩放 250%，效果如图 5-37 所示。

04 执行"文本"|"转换为路径"命令，将文本转换为路径。执行"修改"|"取消组合"命令将其解散，效果如图 5-38 所示。

05 选择菜单"修改"|"改变路径"|"扩展笔触"命令，打开"扩展笔触"对话框，如图 5-39 所示。"宽度"选择 10，"角"选择第三种类型，"尖角限量"选择 10，"结束端点"选择第一种，效果如图 5-40 所示。

FIREWORKS FIREWORKS
2012 2012

图 5-37　输入文本对象　　　　图 5-38　将文本转化为路径　　　图 5-39　"扩展笔触"对话框

06 在属性面板上设置笔触填充色为绿色，笔尖大小为 3，描边种类为"非自然"|"流体泼溅"颜色模式，设置效果如图 5-41 所示。

07 选择"属性"|"滤镜"|"斜角和浮雕"|"内斜角"命令。"斜角边缘形状"选择"平坦"选项，宽度为 3；倒角的柔化度为 75%，光源角度为 135，"按钮预设"选择"高亮显示的"。按回车键完成该效果设置，最后的效果图如图 5-42 所示。

图 5-40 笔触扩充后的效果　　　　图 5-41 笔触填充效果　　　　图 5-42 空心文字效果

5.5 效率工具

对于文本很多的 Web 页制作，文字格式的编辑工作是必不可少的。Fireworks 提供了强大的效率工具，包括查找和替换工具、批处理工具以及脚本工具，帮助减轻重复任务所带来的烦躁和压力，以提高工作效率。

📖 5.5.1 概述

Fireworks 的效率工具包括查找和替换工具、批处理工具以及脚本工具等，每种工具专门针对某种特定的要求而进行设计，能够满足大多数情况下的需要。

查找和替换工具的主要对象是文档中的相关内容，此外，Fireworks 还允许对图像进行查找和替换。使用查找和替换工具，可以在一个文档或多个文档中对指定的元素进行搜索，并根据需要改变其属性。Fireworks 可查找和替换的目标包括文档中的文本、颜色、字体、URL、非 Web 安全色以及在"历史记录"面板中创建的命令等元素。

使用批处理工具，可以实现对多个图像文件的整体控制。例如，可以一次改变一组图像的导出优化方案，或是将一组图像的调色板改变为其他的类型。

使用批处理工具可以一次完成多次才能完成的工作，节约许多时间。例如，可以利用批处理工具一次改变多个图像的尺寸，从而生成图片的缩略图。

在处理历史面板中的操作步骤时，Fireworks 还允许将曾经执行过的历史步骤作为脚本保存，以便应用到其他的场合。Fireworks 能够理解这些脚本，并正确执行和处理。

Fireworks 还允许完全定制，这种定制不像传统的 Windows 程序那样，只是操作上的定制，而是功能上的定制。也就是说，可以自己编写相应的 JavaScript 代码，将之放入 Fireworks 中，从而增强或改变 Fireworks 的功能。这对于一些高级用户来说更实用一些。

📖 5.5.2 查找和替换

Fireworks 通过查找和替换面板可以很方便地实现对指定元素的查找和替换功能。具体操作如下：

（1）打开要查找和替换的文档。

（2）选择菜单"编辑"|"查找和替换"命令。打开"查找和替换"对话框，如图 5-43 所示。

（3）在"搜索文档"下拉列表中指定要搜索的目标，也即指定搜索源，如图 5-44 所示。其中有 4 个选项，分别是：

■ 搜索所选范围：在文档中当前被选定的文本和对象中进行查找和替换操作。

- 搜索状态：在文档的当前帧中进行搜索和替换操作。
- 搜索文档：在当前的活动文档中进行查找和替换操作。若文档中包含多个帧，则同时在这多个帧中进行查找和替换操作。
- 搜索文件：在多个文件中同时进行查找和替换操作。选中该项时，Fireworks 将打开"浏览搜索文件"对话框，允许浏览要搜索的文件，并将需要进行操作的文件添加到搜索和替换列表中。

（4）在"查找文本"下拉列表中，指定要查找和替换的元素类型。其中包含如下几种选项（如图 5-45 所示）：

- 查找文本：将文本对象中的文本作为查找和替换的目标。
- 查找字体：将文本对象中应用到字符上的各种字体属性作为查找和替换的目标。
- 查找颜色：将图像中的颜色作为查找和替换的目标。
- 查找 URL：将文档中梆定的 URL 链接地址作为查找和替换的目标。
- 查找非网页 216 色：从文档中找出那些非 Web 安全色的区域，并将之替换为最接近的安全色。需注意的是，该选项不查找或替换图像对象内的像素。

  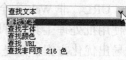

图 5-43　"查找和替换"对话框　　图 5-44　"搜索文档"下拉列表　图 5-45　"查找文本"下拉列表

（5）在"查找"和"更改为"区域进行相应的设置。不同的搜索目标和查找类型，相应的设置也不同。

如果需要更精确地查找和替换，则选择进一步定义搜索的选项：

- "全字匹配"：仅查找与"查找"选项中的文本形式相同的文本，不查找作为任何其他单词的一部分的文本。
- "区分大小写"：在搜索期间区分大写和小写字母。
- "正则表达式"：在搜索期间按条件匹配单词或数字的一部分。

（6）设置完毕后：

- 单击"查找"，则定位元素的下一个实例。找到的元素在文档中显示为选定状态。
- 单击"替换"按钮，将找到的元素改为"更改为"选项的内容。
- 单击"替换全部"则在整个搜索范围内查找和替换找到的每个匹配项。

注意:

　　　　不同的搜索选项和查找类型对应的对话框界面可能也不同。此外，在多个文档中完成了替换操作将自动保存这些文件，无法利用"撤销"操作来恢复改变前的状态，所以在进行查找和替换操作之前，应该对文档进行备份。

在进行查找和替换操作时，Fireworks 会跟踪文档中的改变，并将所有的操作保存在一个日志记录中，以便用户了解到底发生了什么事情。

注意：
查找和替换特性只能应用在 Fireworks 的 PNG 文档中，或是其他一些包含矢量对象的文件，如 FreeHand、解压缩的 CorelDraw 和 Illustrator 文档中。对于常见的 JPEG 和 GIF 等位图图像，不能进行这种查找和替换操作。

在多个文件中查找和替换时，可以确定搜索之后 Fireworks 如何处理多个打升的文件。单击查找和替换面板右上角的面板按钮，打开面板菜单，选择"替换选项"菜单项，如图 5-46 所示，打开"替换选项"对话框如图 5-47 所示。

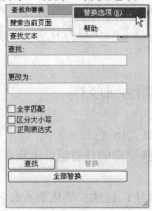

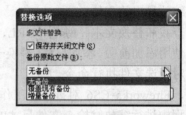

图 5-46　查找和替换面板菜单　　　　　　图 5-47　"替换选项"对话框

选中"保存并关闭文件"复选框，对多个文件进行替换操作时，会自动保存对文档的替换结果，并将文档关闭。只有最初的活动文档仍然处于打开状态。当选中该复选框时，可以从下方的下拉列表中选择文档在修改后的保存方式，其中包含如下选项：

■ 无备份：对文档中的内容进行替换后，直接将替换结果保存在文档中，并且不备份文档。因此，如果文档中出现错误替换的情形，例如误将某些需要的内容进行了替换，则无法恢复。

■ 覆盖现有备份：首先，生成文档的一个备份，然后再对文档中的内容进行替换。如果以前已经存在了这个备份文件，则覆盖它。这种特性的优点在于可以保证原始文档中的内容不会被误操作。

■ 增量备份：首先生成文档的一个备份，再对文档中的内容进行替换。若之前存在了这个备份文件，则根据其名称自动生成一个新的备份文件。这种特性的好处在于可以查看以往的每一步替换结果。如果指定了为文档提供增量备份，则进行了替换操作之后会自动在文档当前所在的文件夹中创建一个名为"原始文件"的子文件夹，然后将备份的文档移动到该文件夹中，同时在其文件名称之后添加一个增量数字。如果再次进行替换操作，替换前的文档也会被移动到"原始文件"文件夹中，同时再在其文件名后添加增量数字。这样，在"原始文件"文件夹中，可以看到历次进行查询和替换的结果。

若清除"保存和关闭文件"复选框，则在对多个文件进行替换操作，完成查找和替换后并不自动保存对文档的修改。具体是否保存文档，可以由用户决定。这种选项的好处在于可以由用户决定查找和替换操作是否正确，以及是否保存改变。

> **注意：**
> 如果已禁用"保存并关闭"，并且您正在对大量文件进行批处理，则 Fireworks 可能会因内存不足而取消批处理操作。

📖5.5.3 批处理

使用 Fireworks 的批处理特性，可以帮助用户一次对多个图像文件进行相同的设置和处理。例如，可以一次使用相同的优化设置导出图像，或是一次对所有导出的图像文件进行缩放等。下面是批处理特性可以完成的操作：

- 将选中的文件转换为其他的格式。
- 将选中的文件转换为带有不同优化设置的相同格式的文件。
- 缩放导出的文件。
- 查找和替换文本、颜色、URL、字体和非网页 216 色。
- 使用添加前缀、添加后缀、替换子字符串和替换空白的任意组合来重命名文件组。
- 对所选文件执行命令。

此外，Fireworks CS6 对批处理工作流程进行了优化，包括：简化的重命名功能，在批处理过程中进行缩放时检查文件尺寸的功能，以及增加了状态栏和日志文件等。

通常进行批处理的基本操作如下：

（1）选择菜单"文件"|"批处理"命令。打开"批次"对话框，如图 5-48 所示。

（2）在"文件名"文本框中输入进行批处理的文件。可以从不同的文件夹中选择文件，也可以选择"包含当前打开的文件"，在批处理中包括当前打开的所有文件。通过使用 Shift 键和 Ctrl 键可以选中多个文件。

如果仅希望保存批处理脚本供以后使用，可以不选定任何文件。

（3）单击"继续"按钮，进入下一步操作，打开"批处理"对话框，如图 5-49 所示。在批次选项栏中存在可以进行批处理的操作。

在"批处理"对话框中还有如下按钮：

- "添加"：将所选的文件和文件夹添加到要进行批处理的文件列表中。如果选定了一个文件夹，则将该文件夹中所有有效的、可读取的文件都添加到批处理中。

> **注意：**
> 有效文件为已经创建、命名并保存的文件。如果最新的文件版本尚未保存，系统会提示您保存它，然后就可以继续进行批处理。如果不保存该文件，整个批处理将结束。

- "添加全部"：将当前所选文件夹中的所有有效文件都添加到要进行批处理的文

件列表中。
- ■ "删除"：从要进行批处理的文件列表中删除所选文件。

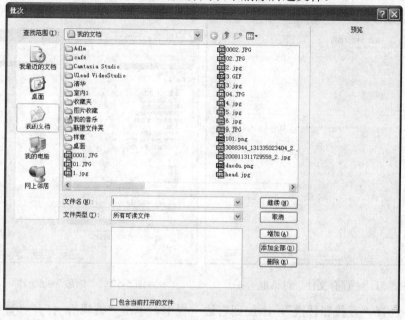

图 5-48　"批次"对话框

（4）选择"导出"，单击"添加"按钮添加到"在批处理中包含"栏中。在"设置"下拉列表中选择要导出的文件格式，如图 5-50 所示。单击"继续"按钮，打开"保存文件"对话框，如图 5-51 所示。

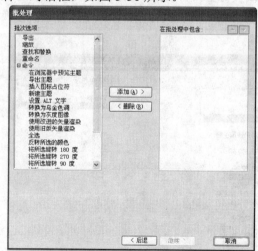

图 5-49　批处理对话框

图 5-50　导出批处理

注意：

　　在"在批处理中包含"列表中，任务出现的顺序就是它在批处理期间的执行顺序，但"导出"和"重命名"任务例外，这些任务总是在最后执行。

（5）选择"缩放"，添加到右边处理栏中，如图 5-52 所示。在"缩放"下拉列表中选择需要缩放的比例。单击"继续"按钮，到下一步。

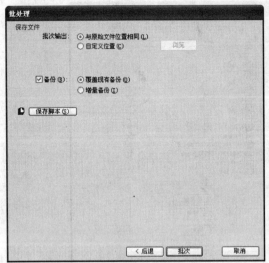

图 5-51　"保存文件"对话框　　　　　　图 5-52　"缩放"批处理

（6）选择"查找和替换"，添加到右边一栏中。单击"编辑"，打开"替换和查找"工具面板，如图 5-53 所示。在面板中设置需要的选项。单击"继续"按钮，到下一步。

（7）选择"重命名"，添加到右边一栏中，如图 5-54 所示。在"重命名"区域，选择"添加前缀"或"添加后缀"在原始文件名之前或之后添加缀。将要添加的缀名输入到"重命名"之后的文本框中。选择"替换为"或"将空白替换为"可以用指定的字符替换每个文件名中的字符或空白。对于每个更改的文件名，可以执行"替换"、"将空白替换为"、"添加前缀"和"添加后缀"的任意组合。

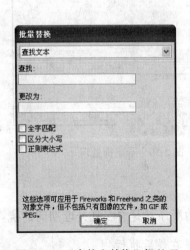

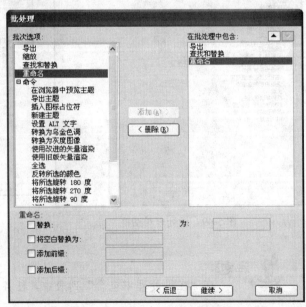

图 5-53　"查找和替换"批处理　　　　　图 5-54　"重命名"批处理

（8）单击"命令"前的层叠标记，展开命令选项，选择需要的命令，添加到右边一栏中。

（9）在图 5-51 所示的对话框中勾选"自定义位置"选项后，单击"浏览"按钮，打开"选择图像文件夹"对话框，如图 5-55 所示。选择处理后要保存的文件夹。

图 5-55　"选择图像文件夹"对话框

（10）单击"保存脚本"按钮，打开"另存为"对话框，如图 5-56 所示。将处理后对应的 JavaScript 脚本保存在 Fireworks 的 Commands 目录文件夹下。

注意：

　　Commands 文件夹的确切位置因系统而异，并且取决于您希望命令是仅对您的用户配置文件可用，还是对所有用户都可用。Commands 文件夹位于 Fireworks 应用程序文件夹中的 Configuration 文件夹内，并且同时位于特定于用户的 Fireworks 配置文件夹中。

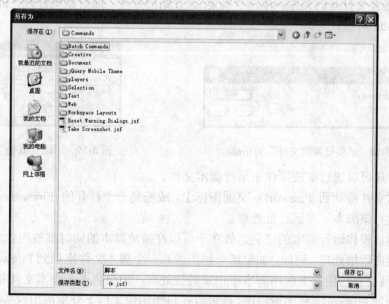

图 5-56　"保存脚本"对话框

若将批处理保存为脚本，可以在 Fireworks 中重新运行该脚本，具体操作如下：

（1）执行"命令"|"运行脚本"命令。打开如图 5-57 所示的"打开"对话框。

图 5-57 "打开"对话框

（2）选择要运行的脚本文件。通常该文件带有.jsf 的扩展名。

（3）单击"打开"按钮，打开"要处理的文件"对话框，如图 5-58 所示。

（4）在"要处理的文件"对话框中输入文件名，或者单击自定义按钮，打开"打开"对话框。

（5）选择要打开的文件，单击"确定"，开始批处理。此时系统打开"批处理"对话框，如图 5-59 所示。

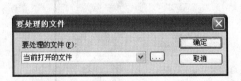

图 5-58 "要处理的文件"对话框

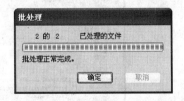

图 5-59 "运行成功"对话框

此外，还可以通过拖放操作来运行脚本文件。

将脚本文件拖动到 Fireworks 桌面图标上，或拖到一个打开的 Fireworks 文档中，就可以直接运行该脚本，并运行批处理。

使用拖放操作运行脚本的便利之处在于可以在拖放脚本的同时拖放图像，实现在这些图像上直接应用批处理。例如，如果将一幅图像和一个脚本文件拖动到 Fireworks 程序中，Fireworks 就会在该图像上应用脚本中记录的批处理；如果将多个脚本文件和多个图像文件一起拖动到 Fireworks 程序窗口中，就可以在每个图像文件上分别应用这些批处理操作。

默认状态下，批处理运行时是针对当前打开文档而进行的，所以会自动对当前打开的这些图像进行处理。

Chapter 05

5.6　思考题

1．图像化的文字可以进行编辑吗？为什么？
2．文本如何和路径进行拟和？
3．为什么有的文本内容在有些机器上不能浏览？

5.7　动手练一练

1．实现图 5-60 所示的文本效果。
2．实现图 5-61 所示的文本效果。

图　5-60

图　5-61

第 2 篇　Fireworks CS6 技能提高

第6章 元件、样式和图层

本章导读

　　本章主要介绍了 Fireworks 中重要的 3 个工具，元件、样式和层。通过元件和样式，用户可以方便地建立有自己特色的实例，并可以使用 Fireworks 内建的样式建立需要的对象效果。通过层面板的使用，用户可以方便地实现对不同对象的控制，对单个或多个对象分别进行编辑。另外，通过层面板还可以使用蒙版和混合技术，实现特殊的效果。

　　◉　创建元件

　　◉　创建插帧实例。

　　◉　创建新样式

　　◉　通过层面板编辑和移动对象

　　◉　使用合成和蒙版效果

6.1 元件与实例

Fireworks 提供 3 种类型的元件：图形元件、动画元件和按钮元件。实例是 Fireworks 元件的表示形式。当元件被编辑修改时，实例可以自动根据元件作相应的修改。使用元件和实例可以实现文档中对象的重复使用和自动更新。

元件和实例的操作是在文档库面板中完成的。选择菜单栏"窗口"|"文档库"命令，即可调出"文档库"面板。

6.1.1 概述

用过 Dreamweaver 的用户应该了解库项目。库项目就是将一组安排好的一个或多个对象作为一个整体保存起来，然后在多个文档中重复使用。一旦改变了库项目本身，则所有引用了库项目的文档都会自动发生变化，利用这种特性，可以快速更改文档风格，实现文档的自动更新。

在 Fireworks 中，库项目被称作元件。在文档不同区域中引用元件生成的对象，称作实例。利用元件，可以生成很多的实例复本，以便在文档中的多个地方重复使用。一旦更改了元件本身，则所有从元件派生而出的实例都会相应变化，从而可以实现文档中的自动更新。

元件和实例主要有如下几个特点：

（1）使用实例和元件可以在很大程度上简化操作。例如，如果一个图案的路径非常复杂，则可以在绘制完成后将它存储为元件，然后在多个需要使用该图案的地方创建该元件的实例。否则，每使用一次该图案，都需要重新绘制一次，这样工作量会很大。

（2）实例来自于元件，但却不是对元件的克隆。从元件生成实例时，在实例中仅仅继承了元件中的基本信息。例如，在实例中可能保持了元件的路径形状，但是却不会继承元件中的活动特效，因此，可以对实例进一步地处理，突出它同元件之间的区别，创造出多姿多彩的图像。

（3）实例和元件之间是相互关联的，修改了元件，实例会同时被修改。例如，从一个圆形元件中派生出多个实例后，将圆形元件修改为方形元件，这时所有的实例都会自动变为方形。利用这种特性，可以实现对文档中不同区域的同时更新。要注意的是，这种关联是有限的，元件中的一些属性，例如活动特效等，不会影响到实例。

（4）通过在实例之间添加插帧，可以创建动画效果。Fireworks 会自动根据实例和插帧的内容，自动模拟生成中间过程。

6.1.2 创建元件

1. 新建元件

（1）单击"文档库"面板底部的"新建元件"按钮 ，或选择菜单栏"编辑"|"插入"|"新建元件"命令，弹出"转换为元件"对话框，如图 6-1 所示。

在对话框的"名称"栏内输入元件名称，在"类型"区域选择元件类型，共有 3 种元件类型：

- "图形"：图形元件。
- "动画"：可包含多个状态的动画元件。
- "按钮"：按钮元件。

（2）如果需要确切指定元件每一部分的缩放方式，则要选中"启用 9 切片缩放辅助线"复选框。

在 Fireworks 早期的版本中，将缩放变形应用于元件时，整个对象作为一个单元进行变形。对于某些种类的对象，特别是具有样式角的几何形状，缩放变形会导致元件外观扭曲。利用 9 切片智能缩放功能，通过设置一组辅助线，可以智能地沿水平、竖直、两个方向同时缩放，或均不缩放矢量元件和位图元件的指定区域。

有关 9 切片缩放的区域请参见"帮助"中的相关说明。需要注意的是，9 切片智能缩放不能用于动画元件。

（3）设置完毕，单击"确定"按钮，Fireworks 自动打开一个文档编辑窗口，标题栏显示元件名称，表示该窗口为元件编辑窗口，如图 6-2 所示。其中蓝色的虚线是 9 切片缩放辅助线。

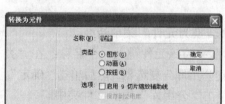

图 6-1 "转换为元件"对话框   图 6-2 元件编辑窗口

（4）在元件编辑窗口内编辑元件。若启用了 9 切片智能缩放辅助线，则移动辅助线，确保缩放时不希望扭曲的元件部分（例如元件的 4 个角）在辅助线之外。然后使用缩放工具根据需要调整元件大小，此时，元件会缩放，但不会扭曲 4 个角的形状。

如果要锁定辅助线，则切换到文档的属性面板中，并选中"9 切片缩放辅助线"右侧的"锁定"复选框。

（5）编辑完毕，单击编辑窗口左上角的页面图标□返回到包含页。

此时，可在文档库面板中看到该元件的名称、类型、创建时间，如图 6-3 所示。使用菜单栏命令创建元件后，文档编辑窗口内会自动插入该元件的一个实例。

此外，Fireworks 还引入了增强的元件功能——丰富元件。丰富元件是一种可以使用 JavaScript（JSF）文件对其进行智能缩放和指派特定属性的图形元件。通过将这些元件拖至文档并使用新增的"元件属性"面板编辑与这些元件相关的参数，可以快速创建用户界面或网站设计。

　　Fireworks 内置了预设计的丰富元件库。选择菜单栏"窗口"|"公用库"命令打开"公用库"面板，如图 6-4 所示。从中将需要的元件拖放到画布中，用户即可以轻松自定义这些元件以适应特定网站或用户界面的外观要求。

图 6-3　"文档库"面板　　　　　　　图 6-4　"公用库"面板

　　若要自定义丰富图形元件，请参见以下步骤：

　　（1）创建一个属性可能需要自定义的对象，如一个颜色和编号可自定义的项目符号。

　　创建对象时，可在"层"面板中键入名称，以自定义要使其成为可编辑的功能的名称。例如，可以将可编辑的文本字段命名为"label"，此名称将在 JavaScript 文件中使用。

　　读者还需要注意的是，在命名功能时，不要在名称中包含任何空格。这会导致 JavaScript 错误。因此，例如，不能将"first label"用作名称，但可以使用"first_label"作为名称。

　　（2）选择对象，然后选择"修改"|"元件"|"转换为元件"菜单命令。

　　（3）在"转换为元件"对话框的"名称"文本框中为该元件键入一个名称；在"类型"栏中选择"图形"作为元件类型，并选择"保存到公用库"复选框。然后单击"确定"。

　　在这里，读者需要注意的是，丰富元件必须保存在"公用库"内的文件夹中。

　　（4）选择"命令"|"创建元件脚本"菜单命令打开"创建元件脚本"面板。

　　（5）单击"创建元件脚本"面板右上角的浏览按钮找到元件 PNG 文件。

　　默认情况下，该文件保存在 <user settings>\Application Data\ Adobe\Fireworks 9\Common Library\Custom Symbols（Windows）或 <user name>/Application Support/Adobe/Fireworks9/Common Library/Custom Symbols（Macintosh）目录中。

　　（6）单击加号按钮添加要自定义的元素的名称。例如，如果要自定义名称为"label"的文本字段，请在"元素名称"字段中键入"label"。

　　（7）在"属性"字段中选择要自定义的属性的名称。例如，若要自定义标签中的文本，请选择 textChars 属性；若要自定义对象的填充颜色，请选择 fillColor 属性。

　　（8）在"属性名称"字段中键入可自定义属性的名称，例如"Label"。

　　（9）在"值"字段中键入属性的默认值，即首次将元件的实例放在文档中时的默认值。

（10）根据需要添加其他元素。

（11）单击"保存"保存所选的选项并创建 JavaScript 文件。

（12）从"公用库"面板的选项菜单中选择"重新加载"命令以重新加载新元件。

创建 JavaScript 文件后，可以通过将该元件拖至画布来创建该元件的实例，然后通过执行"窗口"|"元件属性"命令，在打开的"元件属性"面板中更改其属性值来更新属性。如果删除或重命名由该 JavaScript 脚本引用的元件中的对象，则"元件属性"面板将生成错误。

2．将已有对象转换为元件

（1）选中想要转换为元件的对象。

（2）选择菜单栏"修改"|"元件"|"转换为元件"命令。

（3）在弹出的"转换为元件"对话框中设定元件的名称和类型。设置完毕，单击"确定"按钮。这样即将该对象转换为一个元件。转换完毕后，原对象变为元件的一个实例。

若要将现有元件另存为丰富元件，则执行以下步骤：

（1）在"文档库"面板中选择一个元件。

（2）从"文档库"面板的选项菜单中选择"保存到公用库"命令。

（3）选择"命令"|"创建元件脚本"菜单命令，在打开的"创建元件脚本"面板中创建 JavaScript 文件以控制元件属性。

6.1.3 添加实例

创建元件后，就可以在文档中添加该元件的实例了。打开"文档库"面板，从元件列表中将元件拖到文档窗口中，即可在文档添加该元件的一个实例。

实例在显示时右下角有一个箭头标志，通过该标志可以区分实例与普通对象。

添加实例后，就可以像普通对象一样对实例进行操作。实例的笔触和填充效果是从元件处继承来的，因此不能被改变。

6.1.4 元件操作

1．重设元件名称和类型

双击库面板中该元件的名称，在弹出"元件属性"对话框中可重新设定元件名称和类型。

2．编辑元件

对于创建好的元件，可以通过元件编辑窗口修改编辑。

（1）可以通过下面任意一种方法打开元件编辑窗口：

■ 双击文档编辑窗口中该元件的任意一个实例。

■ 双击"文档库"面板中该元件的预览图像。

■ 选中该元件的一个实例，选择菜单栏"修改"|"元件"|"编辑元件"命令。

（2）在元件编辑窗口中编辑元件。编辑完毕后关闭元件编辑窗口，此时，文档中该元件的所有实例将被自动更新。

3．删除元件

在"文档库"面板中选中需要删除的元件，然后单击"文档库"面板底部的"删除元件"按钮 ⬛，即可将该元件删除。

删除该元件后，该元件和文档中与其关联的所有实例都将被删除。

4．切断元件与实例的关联

使用元件创建的实例与该元件始终有关联关系，修改元件，实例也将被自动修改。切断元件与实例的关联关系后，实例即成为一个普通的对象，可以任意修改其所有的属性，并且不会再被自动更新。

选中需要切断关联的实例，选择菜单栏"修改"|"元件"|"分离"命令，即可切断该实例与元件的关联。

6.1.5 元件的导出、导入

如果需要在其他文档中使用本文档的元件，就要将元件导出；类似的，如果需要使用其他文档的元件，就必须将其导入。

1．导出元件

（1）单击"文档库"面板右上角的选项菜单按钮，在弹出的面板菜单中选择"导出元件"命令，如图 6-5 所示。弹出"导出元件"对话框，如图 6-6 所示。

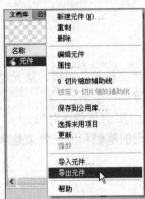   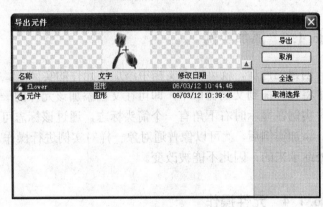

图 6-5　"文档库"面板的面板菜单　　　　　图 6-6　"导出元件"对话框

（2）在"导出元件"对话框中选中需导出的元件，按住 Ctrl 键或 Shift 键可以同时选取多个元件。

（3）单击"导出"按钮，在弹出的保存对话框中设定元件的保存路径和文件名，完成导出元件的操作。

2．导入元件

（1）单击文档库面板右上角的菜单按钮，在弹出的面板菜单选择"导入元件"命令。

（2）在弹出的"打开文件"对话框中选取需倒入的元件文件，单击"确定"按钮，即可将该元件导入到文档中。库面板中导入元件种类名称旁有一个"导入"标志，表示该元件是导入的。

3．更新导入的元件

如果元件是从其他文档导入的，则当修改其他文档中的元件后，本文档的实例不会自动更新。此时，需要手动更新导入元件的实例。

（1）在原文档中修改元件并保存。

（2）在本文档的"文档库"面板中选中需更新的元件。

（3）单击"文档库"面板右上角的选项菜单按钮，在弹出的面板菜单中选择"更新"命令。此时会跳出信息提示窗口，提示用户导入元件的实例已更新完毕。

📖6.1.6　创建插帧实例

插帧实例指的是两个实例之间的中间状态，可以由 Fireworks 根据两个实例当前的状态自行计算出来。利用插帧实例，可以生成普通具有动感的图像效果（但并不是动画，只是将动画的表现能力全部放到一幅静态的画面上），又可以真正生成动画图像。

实际上，利用插帧构建动画的原理就是在文档中将不同的实例设置为关键状态，然后利用 Fireworks 向其间进行插入，有时也称这种技术为插帧。通过将这些状态分发到不同的图帧中，就可以构建动画图像。

假如希望制作一个"心形"图案，并能完成水平移动和顺时针翻滚的动画效果，则动画中应该包含 0°、顺时针 90°、翻转 180°、顺时针 270° 以及 360° 等 5 个主要状态。制作的具体操作如下：

01 打开"文档库"面板，在画布上添加 5 个"心形"实例。

02 将实例移动到关键状态对应的位置，并修改其属性。本例中需要将各个实例沿着滚动的轨迹，均匀地放在一条水平线上，并分别改变各个实例的旋转角度，如图 6-7 所示。通常，将这种实例称作关键帧实例。

03 选中所有作为关键帧的实例。选择菜单"修改"|"元件"|"补间实例"命令，打开"补间实例"对话框，如图 6-8 所示。

图 6-7　将实例作为关键状态　　　　　图 6-8　"补间实例"对话框

04 在"步骤"文本框中，输入在两个实例之间由 Fireworks 插入的状态的数目。插入的状态的数目越多，动画就越细腻，当然，图像也就越大。本例选择 6。若希望构建 GIF 动画，可以选中"分散到状态"复选框。

05 单击"确定"按钮，完成插帧操作。若未选中"分散到状态"复选框，则 Fireworks 生成的中间过程都出现在同一个状态中，并且它们全部都以实例的形式存在，称作插帧实例。

每个插帧实例的位置和旋转角度都是由 Fireworks 根据两个关键状态实例之间的差别自动计算的，如图 6-9 所示，可以看到，Fireworks 生成的插帧实例同自行指定的关键状态实例本质上相同。

图 6-9 的效果并不是动画，所有的实例都存在于一个图帧中，因而形成了比较特异的动感效果，但并不能真正地"动"起来。如果希望真正构建动画，必须对话框中选中"分

散到状态"复选框,将各个实例分别放入不同的状态中。这时通过单击文档窗口状态栏上的"播放/停止"按钮,就可以看到这种动态的滚动效果。

图 6-9 插帧后的效果

通过插帧不仅能制作诸如旋转或移动这样的动画,还可以制作许多的动画效果,例如,通过设置各个关键状态实例的不透明性,从而生成淡入淡出的动画效果,或是改变各个关键状态实例的活动特效,生成更为奇特的动画效果。

6.2 样式

通过学习 Fireworks 中常规的对象编辑的主要方法,要完成一个图形的绘制,需要经过路径绘制、应用笔画、应用填充、设置文字属性以及应用特效等多个步骤。有时候这样显得很麻烦,因为在每个对象上都要重复这些步骤,特别是在多个对象上应用相同的笔画、填充和特效等属性时,这类重复操作显得尤为繁琐。

实际上,在 Fireworks 中允许用户将这些步骤预先设置,然后一次应用到对象上,这就是所谓的"样式"(Style)特性。本节主要介绍如何利用 Fireworks 的样式特性快速完成对对象的属性设置。

6.2.1 认识样式

简单地说,样式实际上就是一些特定属性的集合。这些属性包括笔画、填充、特效以及文字属性等。而将这些属性组合在一起,并作为样式保存起来,下次需要在对象上应用这些属性组合时,只需应用样式这一步操作,即可完成以前需经过多步操作才能完成的任务。

例如,生成一个带有砂石图案的按钮,可以首先绘制一个矩形路径对象,然后应用如下属性:1 像素宽黑色铅笔笔画、砂石图案填充、内斜角特效和外部投影特效。常规方法下,这些设置必须经过多个步骤才能完成。仅仅编辑一个对象,这可能并不麻烦,但是,如果希望为其他多个对象应用相同的属性,就麻烦了。每个对象都需要重复上述这些步骤,随着对象数目的增多,工作量会很大。

而样式恰好可以解决这个问题,它将上述的各种属性组合起来,并作为一种样式保存,下次再需要对对象应用这些属性时,只需直接在对象上应用一次该样式就可以了。

在样式中,可以保存如下一些属性组合:

- 笔画类型
- 笔画颜色
- 填充类型
- 填充颜色

- 特效
- 文本字体
- 文本字号
- 文本字型

在文档中创建多个具有相同属性类型和设置的对象时，样式操作显得特别方便。有经验的用户会先在一个对象上反复应用各种属性，测试出比较美观的属性组合，然后将属性组合保存为样式，再分别应用到其他对象上。

6.2.2 应用样式

Fireworks 中内置了多种样式，可以快速在对象上应用一些专业风格的属性组合。对对象应用样式是通过"样式"面板完成的。

选择菜单栏中的"窗口"|"样式"命令，或直接按下 Ctrl+Alt+J 组合键，即可打开样式面板，如图 6-10 所示。

Fireworks 自 CS5 升级了样式面板，使用增强的样式面板可提高工作效率。单击面板顶部的下拉菜单按钮，即可在默认 Fireworks 样式、当前文档样式或其他库样式之间进行选择，轻松访问多个样式集，如图 6-11 所示。

"样式"面板非常简单，主要由样式集下拉菜单按钮、"新建"按钮和"删除"按钮等部分组成。在面板顶部的下拉菜单中选择需要的样式集之后，即可在面板的主要区域显示相应的样式按钮，在按钮上可以看出该样式的预览图案，如图 6-12 所示。

图 6-10 "样式"面板　　　　图 6-11 访问样式集　　　　图 6-12 镶边样式

在对象上应用样式，具体操作如下：

（1）选中要应用样式的对象。

（2）在样式面板上，单击面板顶部的下拉菜单按钮，在弹出的下拉菜单中选择需要的样式集或其他库中的样式集，然后在显示的样式按钮中单击需要的样式按钮，即可实现对样式的应用。

（3）如有必要，可以对应用后的结果进行更改，更改操作只保留在对象上，不会影响系统中存储的样式本身。

例如，对图 6-13 中的第一个对象应用样式▦后对其进行编辑，然后再对第二个对象应用同一个样式，结果如图 6-13 所示。

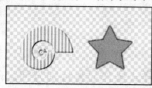  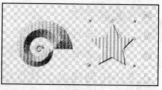

图 6-13　应用样式后再进行编辑后的效果

"样式"面板中，显示为位图的样式按钮可以应用在普通的路径对象上，而显示为字母的样式按钮只适合应用在文本对象上。

实际上，样式本身没有什么类型区别，所有的样式都可以应用到所有类型的对象上。在将一个文字样式应用到路径上时，其中的笔画、填充和特效等属性类型会应用到对象上，而样式中的字体、字号和字型等属性类型则不被应用。

在同一个对象上可以应用多个样式，样式中包含的属性类型的不同，应用的结果也不同。如果后应用的样式包含同以前应用样式相同的属性类型，则会覆盖以前的属性设置；如果后应用的样式不包含以前应用样式的属性类型，则会在原先的基础上叠加相应的属性设置。

不仅可以在路径对象上应用样式，也可以在位图对象上应用样式，只是在位图对象上应用样式时，通常效果只对位图对象的边缘有效，不会修改位图本身。有时候对位图对象应用样式，可以得到一些有趣的结果，这些效果主要通过特效来实现。

6.2.3　编辑样式

Fireworks CS6 内置的预设样式有限，并且不一定完全符合用户的要求，所以还需要用户自己定义样式来满足自己的需要。Fireworks 允许用户创建自己的样式和对现有样式进行编辑。很多用户喜欢创建自己的网页风格，利用样式可以很轻松实现这个梦想。内置样式和自定义样式在 Fireworks 中的地位是一样的，可以对自定义样式进行编辑，同样可以对内置样式进行编辑。

1．新建样式

用户在尝试各种属性的组合时会发现某些属性组合在一起可以获得比较美观的效果，这时就可以将这种组合作为样式保存起来，以便将来使用。具体操作如下：

（1）创建一个对象，然后在上面应用需要的笔画、填充和特效。若是文字对象，可以设置需要的文字属性，如字体和字型等。

（2）选中符合要求的对象。

（3）单击样式面板底部的"新建样式"按钮 ；或者单击面板右上角的选项菜单按钮，在弹出的选项菜单中选择"新建样式"命令，弹出"新建样式"对话框，如图 6-14 所示。

（4）在"名称"区域输入新建样式的名称。

（5）在"属性"区域，选中要保存到样式中的属性类型。

■ 填充类型：包括填充的种类（例如实心填充、Web 抖动填充、图案填充以及渐变填充等）、渐变或图案填充的名称、填充边界的设置（如硬线、抗锯齿或羽化等），以及填充的纹理设置（如纹理名称和透明度等）。
- 填充颜色：主要指的是实心填充的颜色，对于其他类型的填充，相应的颜色设置保存在"填充类型"中。
- 笔触类型：包括笔画的类别、名称、笔尖大小、纹理名称和纹理填充量等。
- 笔触颜色：主要指的是笔画颜色并中的颜色。
- 效果：包括所有的单个特效（如斜面边特效、浮雕特效、投影特效和发光特效等）以及多个特效的组合。
- 文本字体：指的是文字所用的字体，如宋体、黑体等。
- 文本大小：指文字的字号，如 6 号、10 号等。
- 文本样式：主要包括斜体、粗体和下划线等类型。
- 其他文字："属性"区域未列出的其他文本属性，如：对齐方式、消除锯齿、自动字距调整、水平缩放、范围微调以及字顶距等。

图 6-14　"新建样式"对话框

（6）设置完毕，在对话框上可以看到样式的预览图，单击"确定"按钮，即可创建新的样式。

自定义的样式会以样式按钮的形式出现在样式面板上，如图 6-15 所示。将鼠标移动到该样式按钮上方，可以在样式面板上的状态行上看到样式的名称。

Fireworks 中样式名称并不唯一，因此可以创建具有相同名称的两个或多个样式。

新建的样式被放置到样式面板的底部，随着自定义样式的增多，在样式面板上的样式按钮也逐渐增多。在图 6-14 所示的对话框中，如果选中了同文字有关的复选框，则相应的样式按钮就会显示为"ABC"的字母，否则，则显示为按钮图案。

有经验的用户经常基于现有的样式来创建新样式，操作很简单：首先在对象上应用现有样式；然后按照需要修改对象的属性；修改完毕，将之保存为新样式，即可创建新的样式。

2．改变样式中包含的属性

如果现有的样式中所包含的某些属性不符合需要，Fireworks 允许对现有样式进行编辑。例如，可能某个现有样式的笔画和填充设置符合要求，但是不需要其中的特效设置，这时就可以通过编辑样式的方法，从该样式中取消包含的特效，然后再继续使用它。编辑样式的具体操作如下：

（1）选中样式面板上要编辑的样式按钮。

（2）单击样式面板右上角的样式选项按钮，打开样式选项菜单，然后选择"样式选项"命令；或是直接在样式面板上双击要编辑的样式按钮。

（3）打开"编辑样式"对话框，如图 6-16 所示。在对话框中重新设置样式的名称，或通过复选框设置样式中所包含的属性。

（4）设置完毕，按下"确定"按钮，完成样式编辑。

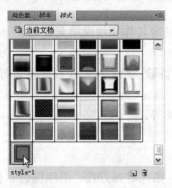

图6-15　新建的样式

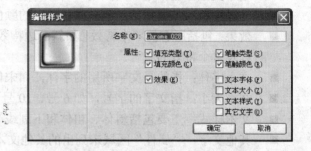

图6-16　"编辑样式"对话框

采用这种方法所编辑的样式，只是改变了样式中包含的属性，而不改变属性本身产生的效果，例如，可以设置在样式中包含笔画类型，但是笔画类型具体是什么，不能通过这种方法修改。若要修改具体的属性设置，需采用新建样式的方法。

如果希望不在"样式"面板中创建新样式，就能将某个对象的属性快速应用于其他对象，可以复制前一对象的属性，然后应用于后一对象。能够复制和应用的属性包括填充、笔触、滤镜和文本属性。具体操作如下：

（1）选择要复制其属性的对象。

（2）选择"编辑"|"复制"。

（3）取消选择原始对象，然后选择要对其应用新属性的对象。

（4）选择"编辑"|"粘贴属性"菜单命令。

3．断开到样式的链接

在 Fireworks CS6 中，修改一个样式源，即可更新样式所有实例的已应用效果、颜色和文本属性。如果不希望对象已应用的属性随样式的更改而变化，可以断开对象与它所应用的样式之间的链接。步骤如下：

（1）选择应用该样式的对象。

（2）在属性面板的右下角，单击"断开到样式的链接"按钮 。或者在样式面板的选项菜单中选择"断开到样式的链接"菜单命令。

4．删除样式

如果某一个样式不再需要，可以将其在样式面板中删除，这样可以节省样式面板的空间。删除样式的具体操作如下：

（1）从样式面板中选中需要删除的样式。

■　要选中连续的多个样式，可以按住 Shift 键，再单击这些样式对应的起始样式按钮和结束样式按钮。

■　要选中不连续的多个样式，可以按住 Ctrl 键，再分别单击相应的样式。

（2）单击样式面板右上角的样式选项按钮，打开面板选项菜单，然后选择"删除样式"命令；或直接单击样式面板上的"删除样式"按钮 。打开删除样式对话框，如图6-17 所示。

（3）单击"确定"按钮，即可将样式删除。

在 Fireworks CS5 中，不仅可以删除自定义的样式，也可以删除预设的样式。自定义样式一旦被删除，无法再恢复。但是，当前使用该样式的任何对象仍会保留其属性。

5．改变样式按钮的显示方式

默认状态下，样式面板上每个样式按钮上都显示当前样式效果的预览图案，方便用户快速了解样式的效果。如果觉得样式按钮太小，无法仔细观察上面的预览图案，Fireworks可以以大图标的方式显示按钮，以便能更准确地预览样式效果。

改变按钮显示方式的具体操作如下：

（1）单击样式面板右上角的样式选项按钮，打开样式选项菜单。

（2）选择"大图标"命令。即可将样式面板上的样式按钮以大图标的形式显示。

（3）清除"大图标"命令，即可恢复默认的样式按钮大小。

以大图标方式显示的样式面板效果如图 6-18 所示。

图 6-17　"删除样式"对话框　　　　　　　图 6-18　样式的大图标效果

这样可以较为清楚地预览样式效果。当然，这时每个按钮占用的屏幕空间也较大，必要时，可以通过拖动样式面板边框的方法，改变样式面板的大小。

6.2.4　导入和导出样式

不难看出，合理使用样式是进行 Web 图形设计的捷径。所以很多地方，如 Fireworks的光盘以及 Adobe 公司的网站上，都提供了很多非常实用的预设样式。可以在 Fireworks中导入这些样式，化它用为己用。当然，如果创建的样式非常专业，也可以将其导出，以供别人使用，甚至作为商品销售。

1．导入样式

（1）单击"样式"面板右上角的样式选项按钮，打开样式选项菜单。

（2）选择"导入样式库"命令，弹出"打开"对话框，如图 6-19 所示。

（3）选择要导入的样式文件，通常这种文件以.stl 为扩展名。

（4）单击"打开"按钮，即可完成样式的导入。

被导入的样式以样式按钮的形式出现在样式面板上，放置在当前在样式面板中所选中样式的前方。如果在样式面板中没有选中任何样式，则导入的样式会紧跟现有的样式之后放置。

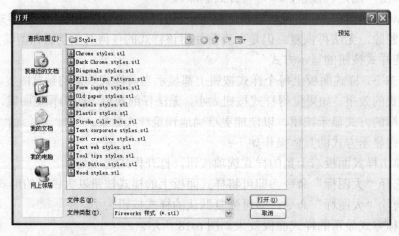

图 6-19　"打开"对话框

2．导出样式

（1）选中样式面板上要导出的样式。

■　要选中连续的多个样式，可以按住 Shift 键，再单击这些连续样式的对应的起始样式按钮和结束样式按钮。

■　要选中不连续的多个样式，可以按住 Ctrl 键，再分别单击相应的样式。

（2）单击面板右上角的样式选项菜单，打开面板选项菜单。

（3）选择"保存样式库"命令，打开"另存为"对话框，如图 6-20 所示。

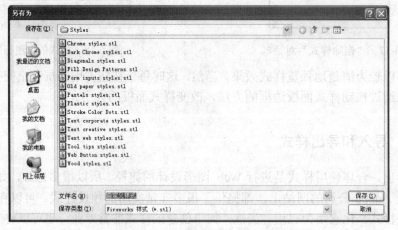

图 6-20　"另存为"对话框

（4）选择目的文件夹，并输入样式文件名称。

（5）单击"保存"按钮，即完成样式的导出。

6.3　层的使用

　　在传统的图像处理程序，特别是位图图像处理程序中，层是重要的控制工具。利用层，可以控制对图像的编辑操作，确保对位图操作的撤销和恢复；也能在有限的条件下对图像对象进行管理。Fireworks 中采用了效果同对象分离的方式，使层的重要性有所降低，但在某些操作中，层仍然有着很大的优越性。

6.3.1　认识层和层面板

最早的层是针对位图操作而设计的。位图操作是对像素的操作，对位图的编辑就是以新的像素替换旧像素。这种替换是永久性的替换，并不是在一个像素上重叠另一个像素，因此，操作后就不能恢复到像素被编辑前的状态。

例如，在一幅位图图像上添加汉字。普通的位图处埋程序（如 Windows 自带的"画笔"）中，一旦将文字放置到图像上，就不能再进行编辑，也不能再移动。因为文字已经变为像素，它彻底替换了背景图像上相应位置的像素。

层可以将编辑的对象分隔为几个相互独立的隔层，每个隔层含有一个图像对象或 Web 对象，构成相对独立的编辑空间。在不同的层进行编辑之后将他们相互重叠，最终形成文档本身。

在上面的例子里，可以将文字放在一个层中，将背景图像放在另一个层中。在文字层中进行的编辑后重叠到背景图像上，输出最终图像。

- 通过层面板可以方便地对层进行编辑和管理，如击活、锁定层和改变层的顺序等。
- 通过层面板上的"不透明度"和"混合模式"选项框可以实现合成技术。即改变对象的不透明度和对多个图像的重叠区域进行颜色调整。
- 使用层面板上的"添加蒙版"按钮可以方便地应用创建好的蒙版效果。
- 在处理热区和切片效果，通过 Web 层可以实现热区和切片同图像本身的分离，完善对这类图像对象的编辑和操作。
- 通过层面板的"状态"按钮方便对动画的处理。

单击菜单"窗口" | "层"命令。或按下快捷键 Ctrl+Alt+L 可以直接打开层面板，如图 6-21 所示。

　正常　▼：混合模式下拉列表，其选项如图 6-22 所示。

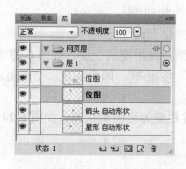

图 6-21　层面板

图 6-22　混合模式下拉菜单选项

不透明度 100 ▾ ：不透明度，取值范围为 0~100。

▽ 📁 网页层　　　 ⊞ ：未选中的网页层。

▽ 📁 层1　　　 ⊡ ：选中的层。

　　 位图 ：选中的子层。

状态 1 ：单击该按钮可以选择要编辑层所在的帧。

🔁：新建、复制层按钮。

🔁：新建子层按钮。

▣：添加蒙版按钮。

🔁：新建位图图像。

🗑：删除层按钮。

🔒：锁定层按钮。

▶：扩展层按钮。

▼：折叠层按钮。

⊞：共享图标。

👁：层显示标志。

📖6.3.2　层的基本操作

通常 Fireworks 文档会自动创建"网页层"和"层1"两个层。

■　　"网页层"主要用于处理图像热区和切片等与网页操作密切相关的对象，其主要用途将在下一章中介绍。

■　　"层1"是默认的常规层，用于处理普通的图像对象。除非创建新的层，否则默认状态下，所有的普通对象，包括路径对象、位图对象和文字对象等都放置于这个层中。

1．选中层和子层

方法一：在层面板上，单击要选中的层名称，即可选中该层。

方法二：在文档窗口中，选中位于该层上的任意对象，即可选中该层。

选中的层名称在层面板上高亮显示；单击子层名即可选定该子层。

在 Fireworks CS6 中，按住 Shift 键并单击可在层面板中选择共享边缘或边界的对象。

2．新建层和子层

■　　单击层面板右下角的"新建/重制层"按钮 🔁 。

■　　选择菜单栏"编辑"｜"插入"｜"层"命令。

新建层的默认名称为"层*"。并且居于当前选中层的上层，如图 6-23 所示。

选中要添加子层的层。单击"新建子层"按钮 🔁 ，即可新建一个子层。

3．重命名层和子层

（1）双击层面板上层的名称，层的名称栏变为可编辑状态，如图 6-24 所示。

（2）在文本框中填入新建层的名字。

（3）按回车键返回，重命名成功。

也可以用这种办法命名已建立的层。

重命名子层时可以双击重命名的子层，在高亮的文本框中输入新的子层名即可。

图 6-23　新建层的效果　　　　　　　　　　图 6-24　重命名层

4. 删除层和子层

选中需要删除的层或子层，单击层面板右下角的删除层按钮 🗑 即可删除该层。删除了层就删除了其中的子层。

Fireworks CS6 中，网页层是不可删除层。此外，文档中应至少保留一个普通层。

5. 改变层的层叠顺序

层的层叠顺序决定了图像的显示效果。改变层的层叠顺序的具体操作如下：

（1）在层面板上选中需要改变层叠顺序的层。

（2）将该层名称拖到需要的位置上，目标位置会出现一个闪烁的黑色光带。

（3）释放鼠标，即可改变该层的层叠顺序。

图 6-25 显示的是将"黄层"移到"红层"下面的情形。

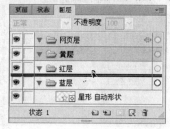

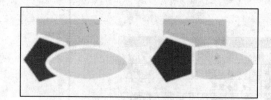

图 6-25　将"黄层"移到"红层"下面

6. 共享层

层共享后该层的对象就可在多个层中共享使用。动画创作中常常使用到层共享。共享层的具体操作如下：

（1）单击层面板右上角的选项菜单，打开如图 6-26 所示的下拉菜单。

（2）选择"在状态中共享层"命令。

例如，共享"蓝层"后，在该层名称右边显示共享图标 ⬚，如图 6-27 所示。

如果要取消在当前页面中共享，则再次选中"在状态中共享层"命令。

如果希望在所有页面中共享当前选中层，则右键单击层的名称栏，在弹出的上下文菜单中选择 "将层在所有页面间共享"命令，此时共享层右侧显示共享图标 ⬚，如图 6-28所示。如果要取消共享，则在上下文菜单中选择"分离共享层"命令。如果要删除共享层，则选择"排除共享层"命令。

如果希望在指定页面间共享层，则选中要共享的层之后，在面板选项菜单中选择"将层在各页间共享"命令，弹出如图 6-29 所示的"将层在各页间共享"对话框。在该对话框中，可以指定选中层在哪些页面中包含，在哪些页面中排除。

图 6-26　层选项菜单

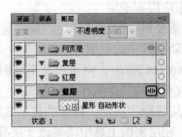

图 6-27　共享后的效果

图 6-28　在所有页面间共享后的效果

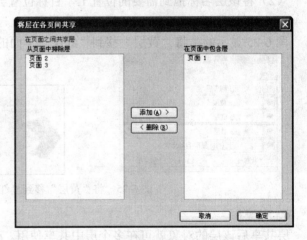

图 6-29　"将层在各页间共享"对话框

6.3.3　在层中编辑对象

默认状态是在新创建的层中绘制和编辑对象。在创建了多个层之后，编辑空间会得到扩展。

Fireworks 中，各个层上的对象之间相互独立。可以在绘制对象之前首先创建所有的层，之后在相应的层上进行绘制，也可以首先在一个层上绘制对象，然后创建需要的层，将各个对象分别放置到需要的层上。

1．在某个层中绘制对象

在新建了层之后，若要在该层中绘制对象，具体操作如下：

（1）单击层面板上的 状态 1 按钮，选择要编辑的层所在的状态。状态主要用于创建动画图像，会在相关章节介绍。

（2）单击要绘制对象所在的层。

（3）按常规的方法在文档区域进行绘制和编辑。

2．单层编辑模式和多层编辑模式

在默认状态下，所有的层都是被打开的，也就是说，所有层中的对象都显示在文档窗口中，可以直接对这些对象进行编辑，而无需考虑它们到底在哪个层中，这种编辑模式称作"多层编辑模式"，如图 6-30 左边图所示。而"单层编辑模式"只允许同时对一个层进行编辑。多层编辑为编辑操作提供了方便，但有时会产生误操作，这样可以选择单层编辑。Fireworks 默认状态为"多层编辑模式"。

选择单层操作模式的具体操作如下：

（1）单击层面板中右上方的选项菜单按钮，打开选项菜单。

（2）单击"单层编辑"选项。即可在单层编辑模式下操作，如图 6-30 右图所示。

3．在层中复制或移动对象

将某个层中的对象复制或移动到另一个层中的具体操作如下：

（1）在文档窗口中，单击要复制的对象。在层面板该对象所在层项的右方选择列上，会显示已选中的单选按钮，如图 6-31 所示。

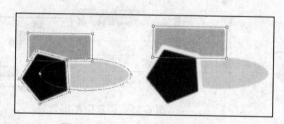

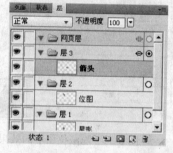

图 6-30　单层编辑和多层编辑　　　　　　图 6-31　在层中选中要复制的对象

（2）按住 Alt 键，将要复制层的单选按钮拖动到目标层的选择列上。此时鼠标指针右下角带有"＋"符号。

将层 3 复制到层 2 的效果如图 6-32 所示。若要移动对象，直接将要移动的对象拖动到目标层上即可，移动效果如图 6-33 所示。

图 6-32　将层 3 复制到层 2 的效果　　　　图 6-33　在层面板中移动对象

4．显示和隐藏层

默认状态下，所有的层都处于显示状态，也就是该层上的所有图像内容都显示在文档窗口中，文档窗口中看到的结果是多个层内容重叠显示的结果。有时候这种特性会带来很多困扰，影响了编辑人员的视线和注意力，可能产生误操作。例如，希望编辑"箭头"层上的内容，但却编辑了"星形"层上的内容。可以通过层面板中的显示和隐藏层命令避免误操作。

- 当层处于显示状态时，该层前面的显示标志 👁 打开。
- 单击显示标志，会取消显示标志，此时该层隐藏，如图 6-34 所示。位图层隐藏，箭头层和星形层显示。

5. 层的锁定和解锁

有时需要参照其他层中的内容来编辑当前层中的内容，就要显示这些层。Fireworks的层锁定功能可以显示层却不产生误操作。

单击要锁定层名称前面的编辑框，将该层锁定。此时编辑框内显示锁定标志 🔒，如图 6-35 所示。

一旦层锁定，该层的所有对象不允许被编辑，但层上所有的内容仍然显示在文档窗口中，便于参照。必要时，可以单击锁定标志 🔒 将层解锁，以继续编辑。

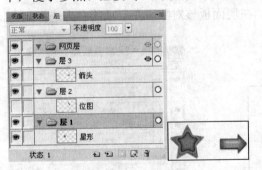

图 6-34 隐藏位图层的效果

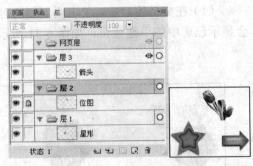

图 6-35 锁定位图层效果

📖 6.3.4 使用合成技术

文档中存在多个相互重叠的对象时，应该合理控制这些对象的不透明度。通过设置位于上层对象的不透明度，可以按照特定的模式显示位于下方的被遮挡对象，以获得特殊的效果。

实际上，在设置对象的填充方式时，通过选中填充面板上的"透明"复选框，也可以使对象呈现透明状态。但是这种设置透明状态的能力是有限的，它同填充的图案密切相关。在 Fireworks 中，利用合成和蒙版的方法，可以随心所欲地控制对象的不透明度。

使用合成操作，不仅可以改变两个或多个重叠对象的不透明度，使下层的对象可以透过上层对象被显示出来。还可以对多个对象重叠区域的颜色进行调和。合成操作主要包括"控制不透明度"和"修改混合模式"两种操作。

- 通过控制不透明度，可以改变对象的透明程度。例如，完全显示位于下层的对象，或完全遮挡位于下层的对象，或是任意调节位于下层对象被显示的程度。
- 通过修改混合模式，可以改变多个对象重叠区域颜色的调和方式。例如，可以设置使对象重叠区域的颜色显示为前景对象的颜色或背景对象的颜色，也可以显示为前景对象颜色和背景对象颜色之间的调和色。

- 通过将修改不透明度的操作和控制混合模式的操作综合起来，就可以在最大程度上实现对象透明效果的控制。通过层面板的不透明度选项框和混合模式选项框可以方便完成这两种操作。

1. 改变不透明度

（1）在文档工作区单击要修改不透明度的对象。通常该对象是上层对象，它可以是路径对象，也可以是位图对象。

（2）在层面板的"不透明度"区域，可以设置需要的不透明度数值。可以直接在文本框中输入需要的数值，也可以单击右方的箭头按钮，打开一个标尺，然后拖动上方的滑块调节不透明度，如图 6-36 所示。不透明度的取值范围是 0～100，0 表示完全透明；100 表示完全不透明。

图 6-37 显示了为矩形对象设置不同不透明度时的透明状态。左图中矩形的不透明度为 20，右图为 80。可以看到，随着不透明度的减小，对象的透明能力越强。

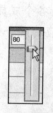  

图 6-36 "不透明度"调节滑块　　　图 6-37 不同不透明度的效果

2. 控制混合模式

通过在对象面板中为选中对象设置混合模式，可对对象重叠部分的颜色调和方式进行多种控制。混合模式有如下几个基本概念：

- "混合颜色"是指希望操作的颜色，实际上也就是所选对象的颜色。通常指的是前景对象的颜色。有时也称为前景颜色。
- "透明度"是指混合颜色被应用时的透明程度。
- "基色"是指混合对象下方像素的颜色。通常指的是背景对象的颜色。有时也称为背景颜色。
- "结果颜色"是指将混合颜色和基色经过调和后生成的颜色。

3. 修改混合模式操作

对混合模式的操作可以通过层面板来完成，具体操作如下：

（1）选中要控制混合模式的对象，可以是对象模式下的多个对象，也可以是图像编辑模式中的像素区域。

（2）在层面板上，打开"混合模式"下拉列表 `正常 ▼`。

（3）选择需要的混合模式。

如在图 6-38 左图中使用"色彩增值"混合模式后的效果如 6-38 右图所示。

如图 6-39 所示为将兰层和红层组合后使用"色彩增值"。

改变混合模式，可以生成透明的效果，但实际上这里生成的仅仅是交叉区域的颜色而已，看上去仿佛透明，但并不是真正的透明。要生成真正的透明，可以在层面板上的"不透明度"

调节栏中进行调节。不同透明度的混合模式效果如图 6-39 所示。左边不透明度为 30，右边为 90。

图 6-38   "颜色增值"合成效果

注意：
　　在不同的编辑模式中，混合模式的操作结果也不同。对象模式中，混合模式将影响所有选中的对象。图像编辑模式中，如果存在选中的像素区域，则混合模式将影响区域中所有的像素。如果在对象上应用了混合模式后，将对象进行组合，这时组合的混合模式会覆盖各个单独对象的混合模式，换句话说，各个成员对象上的混合模式将失效。如果取消组合，则各个成员对象上又会恢复相应的混合模式。

图 6-39   不同透明度的合成效果

注意：
　　如果没有选中对象，直接从对象面板上选择了某种混合模式，实际上设置的是默认的混合模式。这时在绘制图像时，如果对象之间出现了重叠，会自动应用这里设置的混合模式。

4．几种混合模式
- 正常：表明保持图像正常的重叠状态，不应用混合模式。
- 色彩增值：将背景图像的颜色和前景图像的颜色相加生成结果颜色，这种操作会导致重叠区域的颜色较深。
- 屏幕：同"颜色增值"模式相反，是先将前景颜色取反，然后再与背景颜色相加。最后生成的结果颜色通常较亮，可以得到漂白的效果。
- 变暗：对前景颜色和背景颜色进行比较，然后选择一个较暗的颜色作为结果颜色。这种混合模式通常在用较暗的像素替换较亮的像素时使用。
- 变亮：同"变暗"模式相反。对前景颜色和背景颜色进行比较，然后选择一个较亮的颜色作为结果颜色。这种混合模式通常在用较亮的像素替换较暗的像素时使用。

- 差值：对前景颜色和背景颜色进行比较，从较亮的颜色中减去较暗的颜色，生成结果颜色。
- 色调：将前景颜色的色度值同背景颜色的亮度和饱和度值相组合，生成结果颜色。即结果颜色使用前景对象的颜色，背景对象的明暗设置。
- 饱和度：将前景颜色的饱和度值同背景颜色的色调和亮度值进行组合，以生成结果颜色。
- 颜色：将前景颜色的色调和饱和度值同背景颜色的亮度值相组合，以生成结果颜色。该混合模式还会为单色图像或色彩不调和的图像保留灰度级别，所以可以用于对照片进行着色。
- 亮度：将前景颜色的亮度值同背景颜色的色调和饱和度值相组合，以生成结果颜色。
- 反相：直接对背景颜色进行反相，然后作为结果颜色。这时的结果颜色同前景颜色无关。
- 染色：在背景颜色上添加灰度，以生成结果颜色。这时的结果颜色同前景颜色无关。
- 擦除：从背景图像中删除所有像素，仅保留画布颜色。

当具有不同混合模式的对象组合在一起时，组的混合模式优先于单个对象的混合模式。取消组合对象会恢复每个对象各自的混合模式。

注意：
混合模式不能在元件文档中使用。

6.3.5 蒙版

除了使用合成之外，另一种创建独特透明效果的技术是使用蒙版技术。通过蒙版技术，可以用路径对象在底层对象上创建剪切效果。

1．a 蒙版

在颜色的使用部分中，学习过 32 位图像。在这里，一个 RGB 真彩图像，其中包含红、绿、蓝 3 种颜色通道，每种颜色占用 8 位，总共 24 位，然后在此 24 位真彩色图像的基础上，添加一个 8 位的灰度通道，用于描述图像的透明情况，这就形成了 32 位图像。通常，称这种 32 位图为带有 a 蒙版的真彩色图像。称灰度通道为 a 通道，有时也称作 a 蒙版。

a 蒙版的每个像素值都位于 0～255 之间，主要用于说明图像的透明程度。如果蒙版的像素值为 0（黑色），表明其他通道的图像被完全遮挡，如果蒙版的像素值为 255（白色），表明其他通道的图像被完全显示。如果蒙版的像素值位于 0～255 之间，则可以产生半透明效果。

2．创建矢量蒙版

（1）创建作为遮挡物的矢量对象或文本。

（2）剪切或复制遮挡物对象。

（3）选中被遮挡物，选择菜单栏"编辑"|"粘贴为蒙版"命令。

（4）在矢量蒙版的属性设置面板上设置蒙版属性，如图 6-40 所示。

图 6-40　矢量蒙版的属性设置面板

矢量蒙版主要有下面 3 个属性值：

■　"路径轮廓"：按照遮挡物的轮廓遮挡下面的被遮挡物，轮廓内的被遮挡物显示，轮廓外的被遮挡。

■　"显示填充和笔触"：显示遮挡物的填充和笔画效果。

■　"灰度外观"：根据遮挡物和被遮挡物的明暗关系决定蒙版效果。

图 6-41 所示是矢量蒙版的效果。

遮挡物　　　　　　　　被遮挡物　　　　　　　　　蒙版效果

图 6-41　矢量蒙版

3．创建位图蒙版

（1）选中被遮挡物。

（2）单击层面板右下角的"添加蒙版"按钮。此时层面板中该对象的名称前面显示蒙版标志。选中缩略图链接符号后面的白色蒙版缩略图，如图 6-42 所示。

（3）在位图蒙版的属性设置面板内设置蒙版属性，如图 6-43 所示。

图 6-42　创建位图蒙版

图 6-43　位图蒙版的属性设置面板

位图蒙版主要属性值：

■　"Alpha 通道"：遮挡物作为 Alpha 通道进行遮挡。

■　"灰度等级"：根据遮挡物和被遮挡物的明暗关系决定蒙版效果。

（4）在文档编辑窗口绘制遮挡物。

例如，在工具箱中选择刷子工具，对蒙版进行喷涂，效果如图 6-44 所示。

4．贴入内部

Chapter 06

（1）选中被遮挡物。

（2）选择菜单栏"编辑"|"剪切"命令。

（3）选中遮挡物，选择菜单栏"编辑"|"粘贴于内部"命令，即可将被遮挡物粘贴到遮挡物内部，形成蒙版效果，如图6-45所示。

图6-44　喷涂背景以及在层面板中的状态

遮挡物　　　　　　　　　被遮挡物　　　　　　　　蒙版效果

图6-45　内部粘贴效果

5．组合蒙版

对已编辑好的多个对象，可以使用组合蒙版的方法制作蒙版效果。

（1）选中多个对象，此时处于顶层的对象将被作为遮挡物，其他对象作为被遮挡物。

（2）选择菜单栏"修改"|"蒙版"|"组合为蒙版"命令，即可创建组合蒙版，如图6-46所示。

图6-46　组合蒙版　　　　　　　　　　　图6-47　可编辑的蒙版的标志

6．编辑蒙版

蒙版在创建后也可被编辑修改。在层面板中选中蒙版，层名称前会出现蒙版符号囗，并且蒙版缩略图上有钢笔标记 ♦。此时即可编辑修改蒙版了，如图 6-47 所示。

7．移动对象

要在不影响蒙版效果的前提下移动对象，可采用下面的方法：

（1）单击层面板蒙版缩略图前的链接标志，使该标志隐藏。此时蒙版关系被暂时解除，如图 6-48 所示。

（2）在文档编辑窗口中移动对象。

（3）移动完毕后再次单击层面板中的链接标志，恢复蒙版关系。

8．禁用蒙版

如果想要编辑蒙版中的对象，也可以使用禁用蒙版的方法。

（1）在层面板中选中需要禁用的蒙版。

（2）单击层面板右上角的面板菜单按钮，选择面板菜单的"禁用蒙版"命令，即可禁用选中的蒙版。此时层面板该蒙版缩略图上被打上一个红色的叉，如图 6-49 所示。若要重新启用蒙版，在蒙版上单击鼠标左键即可。

9．删除蒙版

（1）在层面板中选中需要删除的蒙版。

（2）单击层面板右上角的面板菜单按钮，选择面板菜单的"删除蒙版"命令，此时会弹出如图 6-50 所示的对话框。

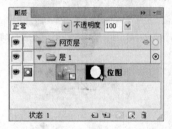　　　　

图 6-48　解除蒙版关系　　　　图 6-49　禁用蒙版　　　　图 6-50　删除蒙版

在对话框中选择删除蒙版的方式共有 3 种：

■　"放弃"：将蒙版直接删除。

■　"取消"：放弃删除，保留蒙版。

■　"应用"：将蒙版应用到被遮挡物上，并转化为位图蒙版，然后删除。

（3）选择需要的删除方式，即可删除选中蒙版。

10．将矢量蒙版转换为位图蒙版

（1）在层面板上选中需要转换的矢量蒙版的缩略图。

（2）单击层面板右上角的面板菜单按钮，选择面板菜单的"平面化所选"命令，即可将选中的矢量蒙版转换为位图蒙版。

注意：

Fireworks 中蒙版的转换是不可逆的，即只能将矢量蒙版转换为位图蒙版，不能将位图蒙版转换为矢量蒙版。

6.4 思考题

1. 简单介绍一下元件、样式和层面板的概念和用途。
2. 什么是蒙版？
3. 元件有哪几种，元件和实例的关系是什么？

6.5 动手练一练

1. 制作一个插帧动画，如图 6-51 所示。
2. 创建一个含多种效果的对象并将其保存为样式。
3. 通过"图层"面板对图 6-52 中的两个对象使用蒙版和合成技术。

图 6-51

图 6-52

第7章 滤镜和效果

本章导读

　　本章针对 Fireworks 的两类图形对象，位图对象和矢量对象，介绍了两种不同的处理方式，滤镜和特效。通过滤镜的使用，用户可以对图像对象实现许多自然界中常见的效果，增添许多艺术效果；通过使用特效可以使对象具有某种特殊的效果，在不同的领域中满足不同的需要。在学习了本章之后，用户会了解到，滤镜就好比多个特效操作的集合包，在原理上它们是统一的。

- ◎　使用滤镜
- ◎　使用特效

7.1 使用滤镜

滤镜是扩展图像处理能力的主要手段。同 Photoshop 一样，Fireworks 含有滤镜功能。使用 Fireworks 的内置滤镜，可以完成许多专业图像处理程序完成的工作。不但如此，Fireworks 还支持 Photoshop 或其他第三方厂商生产的滤镜，或者直接安装使用，因此它的图像处理能力几乎是无限的。

这一节主要介绍如何在 Fireworks 中使用滤镜。

📖 7.1.1 概述

使用过 Photoshop 等传统图像处理程序的用户一定了解"滤镜"（Filter）。

所谓滤镜，就是具有图像处理能力的过滤器。通过滤镜对图像进行处理，可以生成新的图像。滤镜实际上是一个应用程序包，其中的各种滤镜以不同的形态存在。

大多数的滤镜实际上就是动态链接库，也就是包含处理图像的二进制代码，这样的滤镜只有在处理程序中调用，才能实现对图像的处理。通常图像处理程序提供编程接口，以便链接外部的链接库，扩充本身的图像处理能力。少数滤镜为可执行的程序，在进行图形处理时可以直接使用。

其实用"滤镜"处理图像并不仅仅是删除内容。因此，在 Fireworks 以前版本中使用"Xtras"来替代"滤镜"。Fireworks 8 及以后的版本为了在概念上和其他图形工具保持一致，重新使用"滤镜"（Filter）。

使用滤镜时应该注意：

- 一旦在图像上应用滤镜，除非使用"撤销"命令，否则无法恢复应用滤镜之前的图像。滤镜操作真正修改了文档中的像素信息，这种修改是不可逆的。因此，只有在确信需要保存修改后的结果时，才可以对图像应用滤镜。必要时，应该首先制作图像的备份。
- 通常，滤镜主要应用在位图图像上。对于路径对象来说，如果在其上应用滤镜，会首先将路径对象变为位图对象，然后再进行处理。这意味着应用滤镜的操作会将矢量对象转换为位图对象，并丢失其中的路径和点信息，所以，除非必要，应该避免对路径对象应用滤镜。
- 在完整的位图对象上应用某些滤镜时，如对像素区域边缘部分处理的滤镜，产生的效果会超出文档的边缘，所以在使用时应该注意。
- 有些滤镜的作用效果针对于整个文档，若要对某一局部的像素区域应用该滤镜，应将该选中区域复制到剪贴板中，粘贴为一个新文档，然后对新文档进行处理。在处理完毕后，再将其粘贴回原有的文档，达到局部处理的效果。
- 对多个对象应用滤镜时，其结果同这多个对象是否组合有关。如果多个对象未组合，在应用滤镜时会分别对各个单个的图像进行处理；如果多个对象已经组合，则滤镜操作会将它们作为一个整体加以处理。但也有少数滤镜在应用到对多个对象，不论对象是否组合，都将它们作为一个整体来处理。多个对象在应用了滤镜之后，所有被组合的图像将合并成为一个图像，无法再进行拆分。

■ 所有的滤镜都可以作为活动特效来使用，活动特效最大的优势在于它可以随时更改应用到图像的特效，或是从图像上删除应用的特效，回复原先的状态。与特效相比，滤镜的应用是无法恢复的。因此用户在应用滤镜之前，可以首先利用活动特效来进行测试，满意后再应用滤镜。

7.1.2 滤镜的基本操作

通常，使用滤镜处理图像时，可以直接从 Fireworks CS6 的"滤镜"菜单中选择需要的滤镜。基本步骤如下：

（1）选中要应用滤镜的对象，可以是路径、位图等一个或多个对象，也可以是选中的局部位图像素区域。

（2）打开"滤镜"菜单，选中需要的滤镜，即可对图像应用滤镜。处理效果在文档窗口中显示。

（3）使用某些滤镜时，可能会显示设置对话框。用户可根据需要进行相应的设置。

（4）单击"确定"，完成滤镜的使用。

7.1.3 使用 Fireworks 的内置滤镜

Fireworks CS6 中有许多内置滤镜。使用 Fireworks 的内置滤镜，可以完成很多常见的图像处理工作。

1. 调整亮度和对比度

■ 亮度（Brightness）指在某一方向上，投射到单位表面的光的强度，亮度越小，表示光源所发出的光越小；亮度越大，表示光源所发出的光越强。

■ 对比度（Contrast）指图像中各部分之间的明暗对比程度。对于像素颜色，表现为色相性质相反、光度明暗差别大的颜色（如红与绿、黄与紫、橙与青等）之间的落差程度。对比度越强，颜色之间的落差越大；对比度越小，颜色落差越小。

使用 Fireworks 中的"亮度/对比度"滤镜，可以修改选中区域中像素的亮度和对比度。通过这种特性，可以生成高亮、阴影或中间色调的图像。

具体操作如下：

（1）在图像中选中要处理的像素区域，若对整幅图像进行处理，可以不选中任何区域。

（2）打开"滤镜"菜单，选择"调整颜色"子菜单，再选择"亮度/对比度"命令。打开"亮度/对比度"对话框，如图 7-1 和图 7-2 所示。

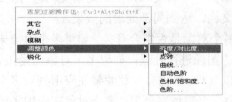
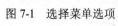
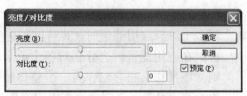

图 7-1　选择菜单选项　　　　　　　　图 7-2　"亮度/对比度"对话框

（3）可以拖动"亮度"区域标尺上的滑块改变图像的亮度，或者在文本框中直接输入亮度值。亮度有效的范围是-100~100，亮度值会显示在标尺右端的文本框中。通常，亮度值越大，图像越亮；亮度值越小，图像越暗。图 7-3 显示了不同亮度下的图像差别。

图 7-3　不同亮度的图形对比

（4）可以拖动"对比度"区域标尺上的滑块改变图像的对比度，或者在文本框中直接输入亮度值。对比度有效的范围是-100~100，对比度值会显示在标尺右端的文本框中。通常，对比度值越大，图像中的颜色反差就越大；对比度值越小，图像中的颜色反差就越小。图 7-4 显示了不同对比度下的图像差别。

图 7-4　不同对比度的图形对比

（5）如果选中"预览"复选框，在对话框上进行调节时，可以在文档窗口中预览调节后的效果。

（6）调节完毕，单击"确定"按钮，完成对亮度合对比度的操作。

注意：
　　　　一旦按下"确定"按钮确定操作，图像中的像素就被永久改变。除了可以利用"撤销"操作之外，没有其他的方法恢复原先的状态。所有滤镜操作均有这一性质，在后面的介绍中，不再重复声明。

每次打开图 7-2 所示的对话框时，Fireworks 会自动显示上次调整的数值，这种特性可以容易地为多个图像设置相同的亮度和对比度值。Fireworks 中，每个滤镜对话框都会保留上次设置的数值。

2．调整色相和饱和度
■　色相是指图像中颜色的纯净程度，有时也称"色相"。
■　饱和度是指图像中颜色的饱满程度；
■　光照度是指图像中颜色的明亮程度。

利用 Fireworks 中的"色相/饱和度"滤镜，可以修改选中区域中所有像素的色调、饱和度和光照度。

具体操作如下：

（1）在图像中选中要处理的像素区域，若对整幅图像进行处理，可以不选中任何区域。

（2）打开"滤镜"菜单，选择"调整颜色"，再选择"色相/饱和度"命令。打开"色相/饱和度"对话框，如图7-5所示。

（3）可以拖动"色相"区域标尺上的滑块改变图像的色调，也可以在文本框中直接输入色调值。其有效的范围是－180~ 180。色调值会显示在标尺右端的文本框中。图7-6显示了不同色调下图像的差别。

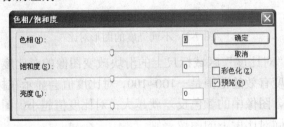

图7-5 "色相/饱和度"对话框

图7-6 不同色调对比

（4）可以拖动"饱和度"区域标尺上的滑块改变图像的饱和度，也可以在文本框中直接输入饱和度值。其有效的范围是－100~100。饱和度值会显示在标尺右端的文本框中。图7-7显示了在不同饱和度下的图像差别。

图7-7 不同饱和度对比

（5）可以拖动"亮度"区域标尺上的滑块改变图像的光照度，也可以在文本框中直接输入光照度值。其有效的范围是－100~100。光照度值会显示在标尺右端的文本框中，图7-8显示了不同光照度下的图像差别。

（6）如果选中"彩色化"复选框，则将RGB颜色模型的图像改变为两色图像，如果图像是灰度图像，则会往其中添加颜色。选中"彩色化"复选框，"色相"滑块的调节范围变为0~360；"饱和度"滑块的调节范围变为0~100。图7-9显示了采用默认设置对一幅图像进行着色的情形。可以看到，原先的真彩色图像变为两色图像。

图 7-8　不同光亮度对比

图 7-9　"彩色化"前后图像的比较

（7）如果选中"预览"复选框，在对话框上进行调节时，文档窗口中预览调节后的效果。

（8）调节完毕，单击"确定"按钮，完成修改。

3．调整色阶

调整色阶可以修正图像中的亮区和暗区分布。

一个包含完整色阶的图像包含很多像素，这些像素可以分为高光像素、暗调像素以及位于两者之间的中间色调像素。使用"色阶"滤镜，可以将图像中的高光映射为白色，将暗调映射为黑色，然后将中间色调按照比例重新分布。具体操作如下：

（1）在图像中选中要处理的像素区域，若对整幅图像进行处理，可以不选中任何区域。

（2）打开"滤镜"菜单，选择"调整颜色"，再选择"色阶"命令。打开"色阶"对话框，如图 7-10 所示。

（3）若图像有多个的颜色通道，需要从"通道"选项框中选择要调整的通道。如，要调整红色，可以选择"Red"；要调整蓝色，可以选择"Blue"；要调整绿色，可以选择"Green"；要调整所有颜色，可以选择"RGB"。

（4）在"输入色阶"3 个文本框中直接输入暗调色调、中间色调和高光色调的亮度值。或者通过拖动直方图下方三角形的色阶滑块来调整色阶。

（5）在"输出色阶"文本框中设置输出图像的对比度。左边文本框是暗调像素的亮度值，右边文本框表明高光像素的亮度值。也可以通过拖动相应的滑块来改变对比度。

（6）若选中"预览"复选框，在对话框上进行调节时，可以在文档窗口中预览调节后的效果。

（7）调节完毕，单击"确定"按钮，完成修改。

如提高图 7-11 中左边图像的 50～140 亮度范围像素的对比度，可以将暗调滑块拖动到 50 的位置，将高光滑块拖动到 140 的位置，这时原先为 50 或更低的亮度值会变为 0，原先的 140 或更高的亮度值会变为 255，而在中间的色调值会被重新映射。在经过这种处理之后，图像的对比度会显然增强。调整操作和结果见图 7-11。

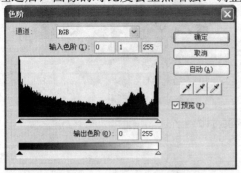

图 7-10　"色阶"对话框　　　　　　　　　　图 7-11　色阶调整对比

利用直方图可以很好地了解当前图像中像素的色调分布。

- x 轴表示颜色的亮度值，从左至右表示从最暗（0）到最亮（255）；
- y 轴表示在每个亮度上像素的数目，直方图越高（即 y 值越大），表明像素越多。
- 在拖动色阶滑块时可以看到，在拖动高光滑块或暗调滑块时，中间色调滑块会自动变化位置，同时在上方的文本框中会显示拖动滑块时对应的色阶值。也可以拖动中间色调滑块，调整中间色调像素的分布。

4．使用曲线图调整色阶

除了利用直方图调整色阶外，Fireworks 还可以利用曲线图调整色阶。可以通过 Fireworks 的"曲线"滤镜实现。具体操作如下：

（1）在图像中选中要处理的像素区域，若对整幅图像进行处理，可以不选中任何区域。

（2）打开"滤镜"菜单，选择"调整颜色"，再选择"曲线"命令。打开"曲线调整"对话框，如图 7-12 所示。

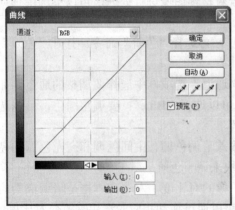

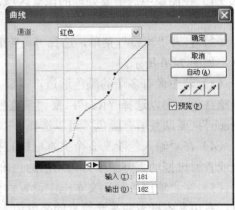

图 7-12　"曲线调整"对话框

（3）若图像有多个的颜色通道，可以从"通道"选项框中选择要调整的通道。

（4）单击曲线上一点，拖动的新位置，通过改变曲线的形状来调整色阶。

（5）单击水平轴上任意位置，可以切换高光和暗调的表示方向。重复这个步骤，可以在曲线上创建多个点。删除某个点，可以将之拖离曲线图区域（有网格的区域）。

Chapter 07

（6）如果选中"预览"复选框，在对话框上进行调节时可以在文档窗口中预览调节后的效果。

（7）调节完毕，单击"确定"，完成色阶的调整。

对话框中的曲线图显示当前的色阶分布。

- x 轴表示像素的原始亮度，其数值会显示在"输入"文本框中。
- y 轴表示调整后的新的亮度值，其数值显示在"输出"文本框中。值的范围是 0～255，0 表示最暗，255 表示最亮。

第一次打开该对话框时，曲线图上显示直线，"输入"和"输出"文本框中的数值相同，表明当前的像素分布没有被改变。也可以在"输入"和"输出"文本框中直接输入需要的数值。

对图 7-13 中左边的对象进行曲线调节后的效果如图 7-13 所示。

图 7-13 曲线调节效果对比

5．使用滴管调整色阶

图 7-10 和图 7-12 中包含一些滴管按钮，利用这里的滴管，可以直接从图像中提取某个颜色，并将该颜色设置为相应的亮度值，方便地实现色阶的调整。具体操作如下：

（1）选中图像中要处理的像素区域，若对整幅图像进行处理，可以不选中任何区域。

（2）打开图 7-10 和图 7-12 所示的调整对话框。3 个滴管按钮表示如下含义：

- ✎ 为阴影吸管，吸管中的墨水颜色为黑色。
- ✎ 为中间色调吸管，吸管中的墨水颜色为灰色。
- ✎ 为高亮吸管，吸管中的墨水颜色为白色。

（3）从"通道"选项框中选择需要操作的颜色通道。

（4）单击合适的滴管按钮。

- 若调整高光区域的亮度值，可以单击 ✎。
- 若整中间色调区域的亮度值，可以单击 ✎。
- 若调整暗调区域的亮度值，可以单击 ✎。

（5）单击文档窗口中图像上相应的像素，将吸管对应区域的亮度值设置为该像素的亮度值。

（6）选中"预览"复选框，在对话框进行调节时可以在文档窗口中预览调节后的效果。

（7）调节完毕，单击"确定"，完成调整。

如对图 7-14 左边图像的高光区域和阴影区域进行调整后的效果如图 7-14 右图所示。

6．自动调整色阶

手工调整色阶有较大的自由度，但是有些麻烦。Fireworks 具有自动调整色阶功能，大多数时候使用"自动调节色阶"滤镜可以满足用户需要。"自动调节色阶"滤镜可以为图像中最亮和最暗的像素进行自动定义，达到和谐的图像效果。具体操作如下：

图 7-14　吸管调节效果对比

方法一：在图 7-10 或图 7-12 所示的对话框中，单击"自动"按钮。

方法二：

（1）在图像中选中要处理的像素区域，若对整幅图像进行处理，可以不选中任何区域。

（2）打开"滤镜"菜单，选择"颜色调整"，再选择"自动色阶"命令。

系统自动为图像设置色阶，并直接将结果显示在文档窗口中。

7. 反相图像的颜色值

图像的反相是指对图像中选取像素区域里每个像素的颜色进行反相，例如，对于红色，其 RGB 值为（255,0,0），反相后可以得到 RGB 值为（0,255,255）的颜色，即亮蓝色。

熟悉二进制的用户可以很容易理解翻转的概念。就是将颜色 RGB 值中的每一个二进制位从 1 变为 0，或从 0 变为 1。例如，对于十进制的 255，其二进制数值为 11111111，反相之后变为 00000000，也即十进制的 0。

反相图像的具体操作如下：

（1）在图像中选中要处理的像素区域，若对整幅图像进行处理，可以不选中任何区域。

（2）打开"滤镜"菜单，选择"调整颜色"，再选择"反相"命令，这时在文档窗口中的图像就被反相了。

如，对图 7-15 中左边图反相的结果如图 7-15 所示。

图 7-15　反相后的效果图

8．模糊图像

模糊操作也叫软化操作，主要用于将图像中的选区模糊化，生成朦胧的效果。其操作原理是对图像中线条和阴影区域硬边上的邻近像素进行平均，以产生平滑的过渡效果。通过 Fireworks 中的"模糊"滤镜可以实现对图像选中区域的模糊。

实现对象模糊的具体操作如下：

（1）在图像中选中要处理的像素区域。

（2）打开"滤镜"菜单，选择"模糊"选项，再选择"模糊"命令，即可实现对图像的模糊，如图 7-16 所示。

（3）如果想进一步模糊，可以继续打开"滤镜"菜单，选择"模糊"|"进一步模糊"命令。

（4）如果想自行设置模糊的程度，可以打开"滤镜"菜单，选择"模糊"后选择"高斯模糊"命令。打开对话框，如图 7-17 所示。

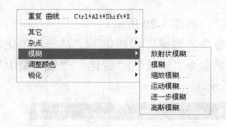 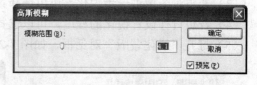

图 7-16 菜单选项 　　　　　　　图 7-17 "高斯模糊"对话框

（5）拖动对话框上的模糊半径滑块，可以改变模糊的程度。有效值的范围是 0.1～250，数值越大，模糊的程度越大。

（6）选中"预览"复选框，在对话框上进行调节时，可以在文档窗口中预览调节后的效果。

（7）单击"确定"，调节完毕。

此外还有"放射状模糊"，"缩放模糊"和"运动模糊"。

选择菜单中的"滤镜"|"模糊"|"放射状模糊"，或"缩放模糊"、"运动模糊"分别打开相应模糊对话框，如图 7-18 所示。设置对话框中的参数，满足模糊效果。

图 7-18 其他模糊对话框

若想突出图像中的某些中心内容，但是这些内容同其他的图像内容之间反差不大，可以将这些内容的背景进行模糊，从而达到突出中心内容的目的。

如想使图 7-19 中的文字效果更加突出一点，可以通过将背景对象 1 和 2 分别进行"高斯模糊"和"运动模糊"来实现该效果。

9．锐化图像

Fireworks 不但可以模糊对象，还可以锐化对象，突出局部细节实现引人注目。

利用 Fireworks 的"锐化"滤镜，可以实现对文档局部的细化。这种操作的原理是增大对象边缘两侧像素之间的对比度，从而达到增强局部细节的效果。

原图　　　　　　　　　背景高斯模糊　　　　　　　　　花朵运动模糊

图 7-19　模糊化效果

对对象进行锐化的具体操作如下：

（1）在图像中选中要处理的像素区域。

（2）选择菜单命令"滤镜"|"锐化"|"锐化"，如图 7-20 所示。

（3）若想对图像进一步锐化，可以选择菜单命令"滤镜"|"锐化"|"进一步锐化"。

（4）若想自行设置锐化的程度，可以选择菜单命令"滤镜"|"锐化"|"锐化蒙版"。

（5）打开"锐化蒙版"对话框，如图 7-21 所示。

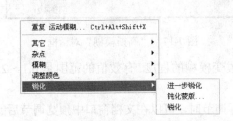 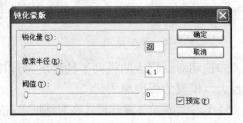

图 7-20　"锐化"菜单　　　　　　　图 7-21　"锐化蒙版"对话框

- 拖动"锐化量"标尺上的滑块改变锐化效果的强度，或直接在右方的文本框中输入锐化量值。其有效值的范围是 1～500。通常先将其调节到标尺中部，等设置完其他两个选项后再进行调节。

- 拖动"像素半径"标尺上的滑块设置进行锐化的像素范围，或直接在右方的文本框中输入需要的数值。其有效的范围是 0.1～250。通常，半径值越大，效果应用的程度就越深；半径越小，效果应用的程度就越小。

- 拖动"阈值"标尺上的滑块设置进行锐化的像素的对比度，或直接在右方的文本框中输入需要的值。阈值就像一个分水岭，超过阈值对比度的像素被锐化，未超过阈值对比度的像素不被锐化，其有效的范围是 0～255。通常选择 2～25 之间的数值作为阈值。如果设置为 0，则所有的像素都被锐化。

（6）如果选中"预览"复选框，在对话框上进行调节时，可以在文档窗口中预览调节后的效果。

（7）调节完毕，单击"确定"完成调节。

锐化操作通常用于处理细节不清楚的图片，或是在一幅图片中精细显示局部的内容。

如图 7-22 左图中的蝴蝶锐化后的效果如图 7-22 右图所示。

图 7-22　锐化效果

10. 转换到 Alpha

Fireworks 图像的颜色信息通过"通道"来保存。例如,对于 RGB 图像,R 通道中保存红色信息,G 通道中保存绿色信息,而 B 通道中保存蓝色信息。Alpha 通道是一种特殊的通道,它将图像中选中区域作为 8 位灰度的图像存放,并将生成的图像添加到图像的颜色通道中。通常使用 Alpha 通道创建和存放蒙版操纵、隔离和保护图像特定部分的内容。

使用 Fireworks 的"转换到 Alpha"滤镜,根据图像中的信息和背景上的信息,可以实现对图像的透明化。它将对象或文本转换为透明。

具体操作如下:

（1）在对象模式下选中一个对象,如路径对象、位图对象或文本对象。

（2）打开菜单"滤镜"|"其它"|"转换为 Alpha"命令,如图 7-23 所示。

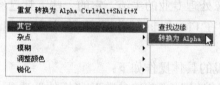

图 7-23　菜单选项

如图 7-24 所示,左边图像为原始图。在一个螺旋的梯度填充背景上放置了一个文字对象,其中采用了一种辐射填充。对文本应用"转换为 Alpha"滤镜后,可以看到,文本变为透明,其中的透明信息根据文本中原先的填充信息不同而有所差异。

图 7-24　应用"转换为 Alpha"滤镜效果的比较

> **注意:**
> 在对文字对象应用滤镜之后,文字对象会变为位图对象。

11. 提取对象边界

对于颜色反差明显的一些图像,例如,蓝天下的一座钟楼,如图 7-25 中第一个图所示。

使用 Fireworks 的"查找边缘"滤镜，可以很容易地提取图像中的图像边界，查找边缘的具体方法如下：

（1）选中要查找边缘的对象，如位图对象、文字对象或路径对象。

（2）打开菜单"滤镜"|"其他"|"查找边缘"命令，即可提取对象边界。

若操作后效果不是很明显，可以使用"滤镜"|"调整颜色"|"反相"，得到图 7-25 中的第 3 个图。这样原图中城堡的轮廓变得非常清晰。

图 7-25　提取对象边界的过程

7.1.4　安装 Photoshop 滤镜

目前 Photoshop 是图像处理专业的主流，它的一些工具已经成为某种标准。Fireworks 采取"拿来主义"，使用户在 Fireworks 操作时可以直接使用 Photoshop 的滤镜。从而增强 Fireworks 的图像处理能力。

安装 Photoshop 的滤镜的具体操作如下：

（1）打开菜单选项"编辑"|"首选参数"|"插件"选项卡，如图 7-26 所示。

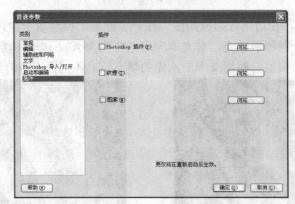

图 7-26　"首选参数"对话框

（2）选中"Photoshop 插件"复选框，打开"选择 Photoshop 插件文件夹"，如图 7-27 所示。

（3）选择插件目录，单击"打开"按钮，完成 Photoshop 插件的安装。

例如，安装 Eye Candy 4000 滤镜，则在插件所在的文件夹中选择 EyeCandy4000.8bf 文件。单击"打开"按钮，并关闭对话框。

（4）重启 Fireworks CS6，打开"滤镜"菜单，即可在菜单中看到安装的滤镜，如图

7-28 所示。

图 7-28　安装的滤镜

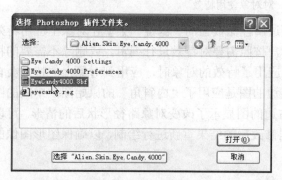

图 7-27　插件选择对话框

（5）若要在"滤镜"中删除 Photoshop 插件和滤镜，在图 7-26 所示的对话框中清除"Photoshop 插件"复选框，然后重新启动 Fireworks 即可。

注意：

　　在 Fireworks 中，一旦 Photoshop 滤镜被安装，它就可以作为活动特效来使用，在属性面板上的"滤镜"下拉菜单中即可看到这些滤镜。如果将 Photoshop 的插件移动到其他的目录，必须重复上面的步骤再次定位插件目录，否则 Fireworks 无法找到 Photoshop 的插件，也就无法应用插件。

7.2　在图像中使用特效

　　Fireworks 中，笔触、填充和特效是设计图像的三大"利器"，前面已经介绍过笔触和填充，这一节将介绍特效的使用，以丰富图像的显示效果。对于专业的图像设计来说，很多特效，例如斜角或投影等，在改变图像显示效果方面起着至关重要的作用。

7.2.1　概述

　　特效，是指一些小的预设工具集。将特效应用到对象上时，程序会根据特效中的设置对对象进行处理，使对象按照某种需求显示。例如，对一个齿轮对象应用"内斜角"特效，可以显示为立体的按钮形状；对其应用"投影"特效，则可以生成浮于纸张之上的投影效果，如图 7-29 所示。

图 7-29　对对象使用特效

　　Fireworks 有许多内置特效，可以通过属性面板上的"滤镜"菜单在对象上应用特效和对特效进行管理。Fireworks 还允许用户按照需要对特效进行编辑，或删除不需要的特效。对于"活动特效"，当用户修改已经应用了特效的对象时，应用到对象上的特效会自动适应新对象。例如，在图 7-30 中，左边的图是应用了"内斜角"的原始图，中间的图显示为应用了对象填充效果后的情形；右边的图显示了改变对象路径形状后的情形。可以看到，在对对象进行修改后，特效会根据修改后的结果重新进行绘制，以确保图形图像的显示正确。

图 7-30　活动特效

　　Fireworks 不仅内置了多种特效，还允许用户将现有的很多滤镜，如高斯模糊和锐化等，作为活动特效来应用。大多数的 Photoshop 滤镜和插件都可以在 Fireworks 中使用，用户在使用 Photoshop 时所积累的经验可以在 Fireworks 中得到实现。

7.2.2　应用活动特效

　　Fireworks 的内置活动特效可以基本满足一般的 Web 设计。单击属性栏中的"滤镜"按钮可以方便地对对象使用特效，如图 7-31 所示。

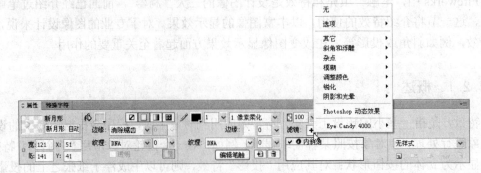

图 7-31　特效面板

1. 在对象上应用特效

（1）首先选中要应用特效的对象。

（2）在属性栏中单击"滤镜"右边的添加按钮 ![+] 右下角的小黑三角，打开效果菜单，如图 7-31 所示。

（3）选择需要的特效选项。打开不同效果的参数设置对话框。

（4）设置完参数后单击文档的其他区域。完成效果设置。此时，"滤镜"下方将显示所用特效的名称，如图 7-32 所示。

（5）单击添加按钮 ![+] 右下角的小黑三角，打开特效添加菜单，如图 7-33 所示。通过添加新的特效，可以实现多种效果作用重叠。

（6）单击删除按钮 ![-]，可以删除已使用的特效。若要从所选对象中删除全部滤镜，在特效菜单中选择"无"。

（7）双击编辑列表中的特效名称或单击信息按钮 ![i]，打开特效"参数设置"对话框，重新设置参数，如图 7-34 所示。

图 7-32　效果编辑

图 7-33　添加特效菜单

图 7-34　参数设置对话框

例如，在图 7-35 左图的月亮使用"内斜角"和"玻璃"效果，如图 7-36 所示，效果如图 7-35 右图所示。

图 7-35　特效效果图

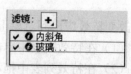

图 7-36　特效编辑框

2. 在分组对象上应用特效

对于多个对象应用特效时，若对象组合为一个整体，则对整体对象使用特效。若对象未组合为整体，则分别对每个对象使用特效。还可以通过使用"部分选定"工具仅选择组中的个别对象来对该对象应用滤镜。

例如，对于一个星形和一个螺形，在其上应用内斜角特效和投影特效，在矩形和圆形的组合前和组合后，会得到截然不同的效果，如图 7-37 所示。

从图上可以看到，对于未组合的对象，特效分别应用到每个对象上，根据对象的重叠顺序不同，产生不同的效果。而对于组合的对象，则被作为同一个对象来应用特效。螺形不是显示在星形之上，而好像嵌入到星形之中。使用选择后方工具 🔲，可以从组合的对象中选中单个的对象成员并在其上应用特效。

图 7-37　对独立对象和组合对象应用特效

3．改变活动特效的应用顺序

单对对象应用多个特效时，根据对象上各特效的应用顺序不同，可能产生不同的效果。

通常在对象上先应用那些可以改变对象内部外观的特效，如内斜角特效，然后再应用那些改变对象外部外观的特效，如外斜角特效、发光特效或投影特效等。

例如对同一个对象应用内斜角和投影特效。图 7-38 左边的图为先应用内斜角，再应用投影特效的效果；右边的图为先应用投影，再应用内斜角特效的效果，可以看出两者有较大的区别。

图 7-38　不同的特效应用顺序产生不同的效果

改变特效应用到对象上的顺序的具体操作如下：

（1）在特效列表中单击希望改变应用顺序的特效名。选中的特效将高亮显示。

（2）在特效列表中拖动被选中的特效到需要的位置上。

 注意：
列表顶部的滤镜比底部的滤镜先应用。

4．编辑单个活动特效

默认的大多数的特效设置已经可以满足设计的需要，但是有时候也可能希望对特效进行修改。例如，可以设置斜角的宽度或投影的深度等。**Fireworks** 允许对各种特效进行修改和编辑。

编辑单个的活动特效的具体操作如下：

（1）单击编辑列表中的需要编辑的特效名。

（2）单击信息按钮  或双击特效名，打开特效信息框。不同的特效其信息框内容不同。根据需要设置信息框中的参数。

（3）单击"确定"，完成设置。

5．禁止和恢复特效

如果在对象上应用了活动特效，在修改对象时，系统会重新对特效进行重绘，这就是活动特效之所以称作"活动"的原因。也正因为这种特点，使它成为吞噬系统资源的大户。如果应用到对象上的特效较多较复杂，在修改对象后，重绘操作可能占用很多计算机时间。同样，在打开这类文件时也会变得很慢。

很多有经验的用户在设计图像时并不立刻将特效应用到对象上。通常是在一个很小的对象上应用各种特效，并查看特效应用后的效果，当设置满意后，将特效临时禁止应用，然后对对象进行各种修改，修改完毕后再重新激活特效，获得最后的结果。

临时禁止和恢复特效的具体操作如下：

（1）单击编辑列表中的需要禁止的特效名前面的 ✔。禁止的特效名前的 ✔ 变为 ✘。

（2）单击 ✘，取消对特效的禁止。

7.2.3　自定义的特效和特效组合

通过保存效果到样式可以将编辑好的特效或特效组应用到多个对象上。这种特效或特效组合称作自定义特效。

保存自定义特效为样式的具体操作如下：

（1）选中已定义特效的对象，执行"窗口"|"样式"命令，打开"样式"浮动面板。

（2）单击"样式"面板右上角的选项菜单按钮，在弹出的快捷菜单中选择"新建样式"命令，打开如图 7-39 所示的"新建样式"对话框。

（3）在名称文本框中填写新的样式名，并在属性复选框中进行相应设置。

（4）单击"确定"，将自定义特效保存为新的样式。

以后在其他对象上使用该效果时，直接单击"样式"面板中对应的样式即可。例如，将图 7-35 右图所示的玻璃月亮的特效应用到星形上，所得效果如图 7-40 所示。读者可以像对待"样式"面板中的任何其他样式那样重命名或删除自定义特效，但不能重命名或删除标准 Fireworks 滤镜。

图 7-39　"新建样式"对话框

图 7-40　应用样式效果

7.2.4 认识Fireworks中的特效

Fireworks 含有很多内置特效，其中包括"斜角和浮雕"、"杂点"和"阴影和光晕"等多种效果。此外，Fireworks 还内置了 10 种流行的 Photoshop 动态效果，包括：投影、内侧阴影、外部发光、内侧发光、斜角和浮雕、光滑、颜色覆盖、梯度覆盖、样式覆盖以及笔触。这些特效实际是滤镜的另外一种表达方式，其应用结果与滤镜中对应操作结果相同，不同的是特效可以通过"禁止特效"和"启用特效"撤销每步操作，并且不用将矢量对象转换为位图对象来操作。所以特效的使用有更大的灵活性。通常利用 Fireworks 的内置特效就可以构建多彩的图像效果。

1. 斜角

斜角特效包括内斜角和外斜角两种特效，它们可以在 Fireworks 中制造三维效果。浮雕特效包括凸起和凹起浮雕两种特效。浮雕特效可以使图像从背景上凸出或凹陷下去，从而创建一种凝重的艺术效果。根据参数设置不同，可以产生各种需要的的立体效果和浮雕效果。

内斜角和外斜角特效的参数编辑框如图 7-41 所示。

■ 第一行选项框为斜角效果选项，其下拉列表如图 7-42 所示。

 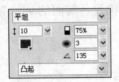 

图 7-41 斜角参数设置选项框 　　　　　　图 7-42 斜角效果下拉列表

■ 内斜角和外斜角不同斜角效果的对比如图 7-43 所示。

图 7-43 内斜角和外斜角不同斜角效果

■ ↕ 10 为斜角宽度选项框，可以在文本框中直接输入斜角宽度值，或者拖动图 7-44 中的滑标选择适当宽度值。调节范围为 0~35。不同宽度值的斜角特性如图 7-45 所示。

图 7-44 调节滑标 　　　　　　　图 7-45 不同宽度值得斜角特性

■ █ 75% 为对比度选项框，可以设置三维阳面和阴面的对比度。

可以在文本框中输入对比度值或调整滑标选择合适的值，范围为 0%~100%。不同对比度效果如图 7-46 所示。

■ █ 3 表示斜角的柔和度，调节范围为 0~10。通常柔和度越大，对象越圆滑。

Chapter 07

不同柔和度的斜边效果如图 7-47 所示。

图 7-46　不同对比度效果

图 7-47　不同柔和度效果

- 表示光线照射到斜面边上的角度。调节范围为 0~360。不同角度斜边效果如图 7-48 所示。
- 凸起 [按钮预设] 选项框中包含 4 种选项预设按钮，如图 7-49 所示。不同预设的按钮效果如图 7-50 所示。

图 7-48　不同角度斜边效果

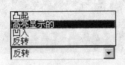
图 7-49　"预设"下拉菜单

图 7-50　不同预设按钮的效果

通常，正常状态下按钮处于弹起状态；将鼠标移动到按钮之上时，按钮处于高亮状态；单击鼠标按下按钮时，按钮处于反相状态，将鼠标移离按下的按钮时，按钮处于按下状态。

2. 浮雕

利用浮雕特效的这种背景色替换主体颜色的特性，我们可以在一些带有复杂背景的位图图像上绘制图形或书写文字，然后应用浮雕特效，这时背景上的色彩仍然透过对象被显示出来，形成非常悦目的艺术效果。

凸起和凹起浮雕特效的参数编辑框如图 7-51 所示。

在图 7-52 中左边图形中的背景对象上使用浮雕，文字效果变的生动了，如图 7-52 所示。

图 7-51　浮雕参数编辑框

图 7-52　不同浮雕效果

通过图 7-51 所示的参数编辑框设置浮雕的特效，需要以下参数：

- ↕ 10 为宽度选项框。可以设置浮雕边缘的厚度，范围是 0~30。不同厚度的浮雕效果如图 7-53 所示。
- ▪ 75% 为对比度选项框。可以设置在浮雕效果中阳面和阴面之间的相对亮度，其范围是 0%～100%。不同亮度对比度的浮雕效果如图 7-54 所示。
- ● 2 为柔和度选项框。可以设置浮雕边缘的锋锐程度，其范围是 0～10，不同柔和度的浮雕效果如图 7-55 所示。

■ ⊿ |135 | 为角度选项框。可以设置光线照射到浮雕对象上的角度。可以在文本框中直接输入需要的角度，也可以通过拖动按钮◯来改变角度值。不同角度的浮雕效果如图 7-56 所示。

■ ┌ 显示源对象 若选中该对话框则浮雕效果变为不透明。默认状态为选中。不同的浮雕效果如图 7-57 所示。

图 7-53　不同厚度的浮雕效果　　　　图 7-54　不同亮度对比度的浮雕效果

图 7-55　柔和度不同的浮雕　　图 7-56　角度不同的浮雕图　　图 7-57　透明与不透明浮雕效果

3．阴影

阴影特效包括投影和内部阴影两种特效，可以实现光线照射对象生成阴影的效果。投影特效在背景上生成阴影，而内部阴影特效则在对象内部生成阴影。

阴影特效主要用于在对象的一侧产生颜色发暗的阴影，同阴影特效不同的是，发光特效可以在对象的四周产生颜色明亮的光芒。阴影特效给人一种外部光线照射到对象上的感觉，而发光特效则给人一种对象内部产生光线的印象。

Fireworks 中发光特效有两种，一种是普通的发光特效，另一种是内部发光特效。普通的发光特效将光芒显示在对象之外，而内部发光特效则将光芒显示在对象内部。

投影和内部阴影特效的参数编辑框如图 7-58 所示。

■ ✛|7 | 为距离，可以设置阴影距对象的距离，其范围是 0～100，单位是像素。图 7-59 显示不同投影距离的特效效果。

■ |65% | 为不透明度，可以设置阴影的透明度，即对背景（或对象内部）的遮挡程度，其范围是 0%～100%。100%表示阴影将背景完全遮挡；0%表示阴影完全透明。不同透明度的投影特效效果如图 7-60 所示。

图 7-58　投影和内部阴影参数编辑框　　图 7-59　不同投影距离　　图 7-60　不同的投影透明度

■ |4 | 为柔和度，可以设置阴影边缘的锋锐程度，其范围是 0～30。0 表示最锐利；30 表示最柔和。

■ ■ 为阴影颜色，可以通过"阴影颜色井"进行投影颜色的设置。不同投影效果如图 7-61 所示。

- ■ 　▽ 315 ▽ 为角度，可以设置光线照射的角度，默认为315°。
- ■ 　□ 仅显示阴影 若选中则只显示投影。效果对比如图 7-62 所示。

4. 发光

发光和内侧发光特效参数编辑框如图 7-63 所示。

图 7-61　不同投影特效　　　　图 7-62　去底色投影　　　图 7-63　发光特效参数编辑框

- ■ 　■ 为发光颜色，可以通过颜色号来设置发光颜色。
- ■ 　↕ 5 ▽ 为光晕宽度，其取值为 0~35 像素。
- ■ 　位移：0 ▽ 为光晕距源对象的距离，其取值范围为 0~30 像素。不同发光颜色，
  且光晕宽度和位移不同的发光效果如图 7-64 所示。
- ■ 　⊞ 65% ▽ 为光晕的不透明度，取值范围为 0~30 像素。不同透明度的光晕效果如
  图 7-65 所示。
- ■ 　● 12 ▽ 为光晕柔和度，取值范围为 0~30。不同柔和度的发光效果如图 7-66 所
  示。

图 7-64　不同发光颜色　　　图 7-65　不同的光晕透明度　　图 7-66　不同的光晕柔和度

> **注意：**
> 　　在 Fireworks 中，所有内置的滤镜附件，完全可以当作活动特效来使用。
> 不同的是滤镜的操作具有不可逆性并且在操作完之后会将图形保存为位图图形。特效
> 不存在这种不足。

另外，Photoshop 动态效果与 Fireworks CS6 内置的特效的用法大致相同，在此不再一一介绍。在 Fireworks 中安装 Photoshop 滤镜之后，还可以将 Photoshop 的滤镜当作活动特效来使用，这样就最大程度地扩展了 Fireworks 的图像处理能力，同时也完全保留了Fireworks 本身的优越性。

7.3　思考题

1. 简单介绍什么是滤镜，它同特效之间的关系如何。
2. 如何引入 Photoshop 中的滤镜到 Fireworks 中。
3. 使用滤镜后可以撤销使用的效果吗，为什么？

7.4 动手练一练

1. 对图 7-67 中左边的对象进行滤镜处理，使其尽量实现右边对象的效果。
2. 对图 7-68 中左边的对象进行特效处理，使其尽量实现右边对象的效果。

图 7-67

图 7-68

第8章 按钮、动画和行为

本章导读

本章主要介绍了 Fireworks 的按钮和动画的概念以及行为面板的使用。在 Web 页中按钮的轮替效果具有导航的作用，Fireworks 将按钮的轮替效果作为行为的一个封装，通过样式和特效，用户可以方便地创建需要的按钮。通过使用状态面板，用户可以对动画中的对象进行方便的管理、编辑和预览。

◎ 制作按钮

◎ 使用状态面板创建动画

◎ 使用洋葱皮技术

◎ 为热点对象和切片对象添加行为

◎ 制作下拉菜单。

Fireworks CS6中文版入门与提高实例教程

8.1 按钮和导航条

在学习热点和切片工具的使用时学习过，Fireworks 中不仅可以编辑图像，而且还可以同时在图像上绑定 HTML 代码。虽然通过热点和切片可以灵活地实现网页间的跳转，但它们在网页中仍表现为静态，图片本身不会发生什么变化。而在实际的 Internet 中，通常可以看到大量具有交互特性的图像。其中最常见的就是按钮，例如：当将鼠标移动到一个按钮上方时，按钮图片显示为一种状态；而将鼠标移离按钮上方时，按钮又显示成另一种状态。

通过代码（如 JavaScript 等）可以实现这些特性，但手工编写多种状态与图片关联的代码，工作量很大。

Fireworks 不仅能够生成与图像相关的绑定代码，也可以方便地构建多种复杂的按钮行为。即使对 JavaScript 和 CSS 代码一无所知，也可以在 Adobe Fireworks CS6 中创建多种 JavaScript 按钮和 CSS 或 JavaScript 弹出菜单。将这些操作同普通的图像操作相结合可以实现多种动态效果。

8.1.1 概述

按钮是网页中常见的元素。单击按钮可以实现某种行为，或是进行某种操作。例如，单击一个按钮可以进入到一个网站中，或是跳转到另一个页面上。

利用按钮在页面中实现导航，是按钮最常见的用途。

最简单的按钮就是一幅图片（当然，为了美观，可能会将图片做成矩形的形状，然后使用诸如内斜角等特效来形成立体效果，再在上面显示文字）。但是单击这种图片按钮时，按钮图片本身不会发生任何变化，所以用户无法了解按钮是否被按下或者要确定单击的操作是否生效。当一个网页中图片很多的时候，用户很难判断哪幅图片是按钮，哪幅带有链接。因为将鼠标移动到按钮上时，除了鼠标指针可能变成手的形状之外，没有其他任何特征。

为了便于区分，网页中使用多个图片来表示按钮的不同状态。例如，使用一幅图片表示按钮正常时的弹起状态，另一幅图片表示鼠标移入按钮区域的状态，第三幅图片来表明按钮按下时的状态。在添加了 JavaScript 代码之后会实现按钮图片的这种动态交替。

通常按钮能根据鼠标和动作的变化而改变状态的特性称作"轮替"。轮替是按钮最重要的特征，所以以后提到的按钮都是具有轮替效果的按钮。

使用 Fireworks 中的按钮编辑窗口，可以快速完成按钮的创建。在创建了不同状态的图形对象时，Fireworks 能够在后台自动完成关联的操作。按钮最多有 4 种不同的状态，具有两种状态的按钮包含"弹起"和"按下"状态；具有 3 种或 4 种状态的按钮还包括"滑过"状态和"按下时滑过"状态，这些状态表示指针滑过按钮时按钮的外观。

- 弹起状态：按钮默认的状态，当鼠标指针没有指向按钮时，按钮就显示为这种状态。

- 滑过状态：当用户将鼠标指向按钮但没有按下鼠标时的状态。此状态提

Chapter 08

148

醒用户单击鼠标时很可能会引发一个动作。

■ 按下状态：当用户将按钮按下时显示的状态。

■ 按下时滑过状态：指在按钮被按下后，在其上移动鼠标时的状态。

在 Fireworks CS6 中可以使用具有两种状态或 3 种状态的按钮创建导航栏。但是，只有包含所有 4 种状态的按钮才能利用 Fireworks 中内置的导航栏行为。

在 Fireworks 中也可以将在按钮编辑窗口所构建的按钮看作是元件的一个实例。在构建按钮之后，按钮元件会出现在文档库面板中，将库面板中的元件拖动到文档窗口中，就可以构建多个按钮实例。

将多个按钮组合起来可以构建导航条。导航条可以看成是一系列的按钮，用于在一系列具有相同级别的网页间进行跳转。在 Fireworks 中可以复制一个按钮来迅速创建包含多个相同风格按钮的导航条。

导出按钮或导航条时，Fireworks 自动生成用于在浏览器中轮替效果所必需的所有代码，其中包括 JavaScript 代码和指向各个状态图片的链接。将这些代码放入网页中需要按钮或导航条的地方，不需要进行任何修改就可以在网页中实现对轮替效果的支持。

8.1.2 创建和导出按钮

在按钮编辑器中，通过绘制不同状态下的按钮图片，就可以实现对按钮的创建。

1. 新建按钮

要在文档中新建一个按钮，可以按照如下方法进行操作：

（1）选择"编辑"|"插入"|"新建按钮"菜单命令，打开按钮编辑器，如图 8-1 所示。其中显示的十字线，表明按钮的中心位置；蓝色的虚线表示 9 切片缩放辅助线。

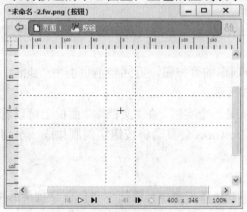

图 8-1　按钮编辑器

（2）在属性面板中的"状态"下拉列表中选择一种按钮的状态，例如：弹起。然后使用绘图工具创建一个图形；或者将要显示为按钮的"弹起"状态的图像拖放或导入相应的工作区中；或者使用文本工具创建基于文本的按钮；或者单击属性面板底部的"导入按钮"按钮，在弹出的"导入元件：按钮"库中选择预设的可编辑按钮，如图 8-2 第一幅图所示。

如果需要，可以对 9 切片缩放辅助线进行设置，以便在调整按钮大小时不会使按钮形状扭曲。还可以选择文本工具，创建按钮的文本。

> **注意：**
>   如果使用"导入元件：按钮"库中的按钮，则每个按钮的状态都会自动填充相应的图形和文本。

（3）同理，在属性面板中的"状态"下拉列表中选择"滑过"，并设置该状态下按钮的外观。读者可以重新绘制矩形或文本对象，也可以单击属性面板上的"复制弹起时的图形"按钮，将"弹起"状态中的按钮图像完整地复制到当前状态中，再在其基础上进行编辑，如图 8-2 中第 2 幅图所示。

图 8-2　按钮编辑器的 4 种轮替状态

（4）在"按下"状态中绘制按钮的按下状态图像。同样，可以单击"复制滑过时的图形"按钮，之后对对象进行编辑，如图 8-2 中第 3 幅图所示。

（5）在"按下时滑过"状态中绘制按钮按下时滑过的外观。单击"复制按下时的图形"按钮，将"按下"选项卡中的图像完整复制到当前选项卡中，再在其基础上进行编辑，如图 8-2 中第 4 幅图所示。

（6）在属性面板中的"状态"下拉列表中选择"活动区域"，调整切片辅助线的位置设置活动区域的大小。

（7）单击编辑窗口顶端的页按钮，返回当前页面中。此时，在文档窗口中就会出现新创建的按钮，如图 8-3 所示。

画布上的按钮实际上是一个实例。在"文档库"面板上可以看到它对应的元件。此外，在文档中添加按钮后，Fireworks 会自动将按钮实例制作成一个切片。

> **注意：**
>   在"按下"选项卡中，如果选中"包含导航条的按下状态"复选框，表明按钮存在该状态。在设计导航栏时经常使用到该选项，表示导航栏的该选项正在使用中。"按下时滑过"选项卡上也有一个"包括导航栏按下后滑过状态"，表示按钮存在按下时滑过的状态。

可以在文档工作窗口预览按钮，但这时要注意一旦按钮被按下，则不会自动弹起，除非按下了另外一个按钮，如图 8-3 所示。

在按钮编辑器中绘制按钮时，状态面板上会出现 4 个状态，如图 8-4 所示。实际上Fireworks 是通过将按钮的不同状态的图片分别放入不同状态的方式来进行管理。但这种多状态的情形只出现在打开按钮编辑窗口时，一旦退出了按钮编辑窗口，则状态面板上会再次恢复原先的状态。所以不能在状态面板上直接编辑各个状态图像，只能使用按钮编辑窗口。

图 8-3　在预览窗口预览按钮的状态

图 8-4　"状态"面板

2．编辑按钮

对已插入的按钮进行编辑修改的具体操作如下：

方法一：在文档窗口中，双击要编辑的按钮，打开按钮编辑器，然后对按钮的各个状态进行编辑。编辑完毕，关闭按钮编辑器，即可实现对按钮的更新。

方法二：

（1）在文档窗口中，选中要编辑的按钮。

（2）选择"修改"|"元件"|"编辑元件"菜单命令。打开按钮编辑器编辑按钮。

Fireworks 按钮是一种特殊的元件，可以在库面板中将按钮元件拖动到文档窗口中来绘制多个按钮。它们具有两种属性：

当编辑元件的实例时，某些属性将在所有实例中发生更改，而其他属性则只影响当前实例。

当用一个元件创建一个按钮系列时，双击某一按钮实例可以通过编辑元件来改变文档中的按钮实例，选择打开对话框中的"当前"按钮，以后的修改只对当前打开实例有效；选择"全部"按钮，则所做的修改会影响所有的实例。

可以在按钮编辑器的"活动区域"选项卡中设置按钮的活动区域。具体操作如下：

（1）选中改变活动区域的按钮对象。

（2）双击按钮实例打开按钮编辑窗口。

（3）在属性面板中的"状态"下拉列表中选择"活动区域"。

（4）用鼠标拖动水平标尺和垂直标尺以获得满足要求的活动区域。

按钮的活动区域是指按钮上能够使鼠标移入和单击操作生效的区域。例如，绘制了一个较大的按钮，却只设置当鼠标移动到其中的某个局部区域时才触发轮替效果，这个局部区域就称作活动区域，图 8-5 表示的是不同的按钮活动区域。

图 8-5　改变按钮的活动区域

默认状态下，创建按钮时会将整个按钮的外切矩形做为按钮的活动区域。

3．为按钮添加 URL 链接

添加按钮的目的是为了通过单击执行某种操作，如链接。在 Fireworks 中可以为按钮分派 URL 地址。

为按钮分派链接的具体操作如下：

（1）在文档窗口中选中要添加 URL 的按钮实例。

（2）在按钮的属性栏中，单击"链接"下拉列表，可以直接输入链接地址，也可以在下拉列表中选择链接地址，如图 8-6 所示。

图 8-6　按钮的属性面板

输入 URL 时，可以输入绝对或相对 URL。如果要链接到的网页位于您自己的网站之外，则必须使用绝对 URL；如果要链接到的网页位于您自己的网站之内，则可以使用绝对 URL 或相对 URL。

注意：

　　更改按钮元件的 URL 不会更改该元件的已指定了唯一 URL 的现有按钮实例的 URL。这也适用于对按钮元件的目标和替换文本所做的更改。

（3）在"替代"文本框中可以输入该按钮的替换文字。

（4）在"目标"下拉菜单中，可以指定链接目标的打开方式。

- "无"或"_self"：将网页加载到与链接相同的框架或窗口中。
- "_blank"：将网页加载到一个新的未命名的浏览器窗口中。
- "_parent"：将网页加载到包含该链接的框架的父框架集或窗口中。
- "_top"：将网页加载到整个浏览器窗口中，并删除所有框架。

 注意：

按钮的地址分派是在按钮的活动区域上进行的。

4. 导出按钮

在文档中完成了按钮的创建之后，需要导出后在 Web 中使用。导出按钮的方法同导出切片的方法相同。

单击"文件"|"导出"菜单选项，打开"导出"对话框，如图 8-7 所示。

图 8-7 "导出"对话框

8.1.3 制作导航条

导航条就是一组分别指向不同链接地址的按钮。在网页中，单击相应的按钮，就可以实现相应的跳转。通常在网站的网页中，无论如何跳转，导航条按钮始终出现在网页中（通常将它们放入另外的框架中，以便保留在屏幕上）。这样就方便了不同层次页面之间直接切换。这些按钮起到了很好的导航作用，因此被称作导航条。

通常在文档中可以通过复制按钮的方法来快速构建导航条。在复制了按钮之后，分别为这些按钮指派不同的 URL 地址，就可以制作导航条。通常导航条的按钮形状相同，文字不同。

在创建导航条时应该能够保证可以对按钮形状同时进行修改，而不影响按钮上的文字。Fireworks 允许将该按钮主体作为一个元件，而按钮主体的实例连同其文字作为另一元件来实现。

创建简单导航条的具体操作如下：

01 创建一个不含文字的按钮，该按钮包含 4 个状态作为按钮主体，如图 8-8 左图所示。

02 选择"编辑"|"插入"|"新建按钮"菜单命令，打开按钮编辑器。

03 在"文档库"面板中，将第 1 步创建的按钮拖动到打开的空白的按钮编辑器中。

04 在"层"面板中新建一个图层，使之位于按钮主体所在层之上，然后选择文本工具，在按钮编辑器中添加文本对象（用于设置按钮上的文字），并设置文字在相应按钮状态下对应的外观。

05 切换到按钮的"滑过"状态，单击"复制弹起时的图形"按钮，然后修改文本的该状态下的外观。同理，设置"按下"和"按下时滑过"状态的文本外观，并选中"包括导航栏按下按钮"复选框和"包括导航栏按下并滑过按钮"复选框，即在导航条按钮中包含按下和按下时滑过两个状态。

06 关闭按钮编辑器，此时新创建的导航条会显示在文档工作区。同理，创建其他按钮，结果如图 8-8 右图所示。

图 8-8　设计导航条

> **注意：**
> 双击文档中的各个导航条按钮编辑文字时，将打开如图 8-9 所示的对话框，询问是否要更新其他按钮状态中的文字。请单击"是"修改该按钮各个状态中的文字。

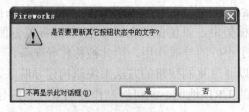

图 8-9　"是否更新其他状态"对话框

8.2 制作动画

在网页中添加动画效果会使网页变得生动活泼。

Fireworks 不仅可以制作精美的静态图像，还能方便地创作动画。在创建动画时，首先制作动画元件，然后随时间改变动画元件的属性。元件的每一个动作都存放在对应的状态中。按一定顺序播放这些状态就能产生动画效果。

通过 Fireworks CS6 的"优化"面板可以方便地将编辑好的动画元件导出为 GIF 文件或 SWF 文件。

📖8.2.1 概述

动画中称每个独立的画面为一个状态（Fireworks CS5 以前的版本称为帧）。将静态状态不断地连续显示，当状态与状态之间的时间间隔小于人眼存在的视觉暂留时间时，就可以产生动画效果。动画的原理同电影很相近。通常，1 秒的电影画面中包含了 24 个状态的静态图像。但动画的连续性要求远比电影低，所以可以根据要求设置不同的状态数。当 1 秒内状态数很少，如两个状态时，可以产生闪烁的效果。

利用 Fireworks 可以构建多种复杂的动画，例如，通过连续状态的内容，可以使一个对象呈现出横越画布、逐渐变大或变小、旋转、改变颜色、淡入淡出、改变形状等效果。合理运用这些技巧，还可以构建成一个非常复杂的动画。可以讲述一个完整的故事，也可以描述一个实际运动的物体，如卡通人物、动物或是汽车等。

此外，如果一幅图像中只有一小部分是活动的，还可以利用切片技术，将那一小部分的图像制作成切片动画，这样可以极大减小图像文件的大小，加快下载速度。

通过将动画和轮替行为结合起来，也可以获得一些特殊的效果，例如，将鼠标移动到某个图像上时，动画开始播放，而将鼠标移离该图像时，动画停止播放。

📖8.2.2 规划动画

在绘制动画之前，应该对动画进行合理的规划。这包括在动画中需要表达些什么，需要使用什么样的技术和参数能实现这种需求。

（1）明确动画内容：这样便于确定动画图象中需要出现的对象和其他元素。确定好的对象可以自己绘制，也可以采用导入的方式获得。并且合理的利用样式和实例的技术，可以大大提高效率。

（2）规划状态：了解了描述内容之后，需要知道动画中应该使用多少个状态。需要描述的比较细腻流畅的动画，应该用较多的状态，并且状态与状态之间的图像差异应减小到足够小。如果对动画流畅性的要求并不高，则可以减小状态的数量，或加大两个状态图像之间的差异。

状态的数目越多，图像文件大小就越大；状态的数目越少，图像文件大小就比较小。所以，应该在确保合理描述动画内容的前提下，尽量减少状态的数目。

合理权衡图像大小、状态数目和动画的流畅程度，是构建动画时比较基本的事情。

（3）动画的播放速度：决定了动画的流畅程度，并且影响动画的表现力。状态与状态间的显示速度并不固定，可以改变。通过控制不同状态之间的延迟时间，可以实现一些非常的效果。比如，希望将某个画面着重显示，则可以将该画面的显示时间加长，否则得不到突出主题的作用。

（4）合理使用图层：Fireworks 中将图层和状态结合起来，更方便动画图像的编辑操作。动画文档中设置的多个图层，可以出现在相应的同一个状态上。所以，动画图像可以看成多个状态图像组合在一起形成的"大"图像，而在每个状态图像上，可以包含多个图层。Fireworks 在文档中指定图层时，一旦指定，则所有状态中的图层结构都一样。所以不会出现如下情况：一个状态中包含 3 个图层，而另一个状态中包含 5 个图层。

8.2.3 管理状态

制作动画时可以从无到有一个状态一个状态地制作动画，也可以将现有的多幅文件组合为一幅动画，之后再进行编辑修改。创建和管理动画的操作可以通过状态面板来完成。

单击菜单"窗口"|"状态"命令打开"状态"面板，如图 8-10 所示。

1. 添加空白状态

动画必须包含两个或两个以上的状态才能在图像中显示动态效果。若文档中只有一个状态，它实际上是之前介绍的传统的静态图像。所以，创建新的动画图像时，首要任务是在文档中添加状态。

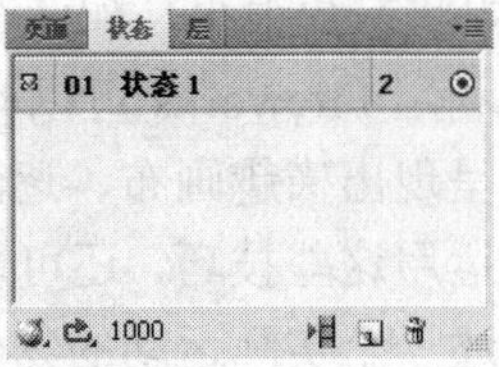

在文档中添加一个新的空白状态的操作如下：

方法一：单击状态面板上的"新建/重制状态"按钮，即可在文档中添加一个新的空白状态。添加的空白状态放置到

图 8-10　"状态"面板

状态面板中当前选中状态的后面。新建状态只有画布颜色同文档中初始状态的颜色相同，其余都是空白。

方法二：单击菜单选项"编辑"|"插入"|"状态"命令。在状态面板中自动添加一个空白状态。

若想在指定位置添加指定数量的空白状态，具体操作如下：

（1）打开状态面板选项菜单，选择"添加状态"命令。打开"添加状态"对话框，如图 8-11 所示。

（2）在"数量"区域，输入要添加的状态的数量。

（3）在"插入新状态"区域，选择要插入的新状态所出现的位置。

"在开始"：表示添加的状态将放置在现所有的状态前面。

"当前状态之前"：表示添加的状态将被放置到当前状态面板中选中的状态之前。

"当前状态之后"：表示添加的状态将被放置到当前状态面板中选中的状态之后。

"在结尾"：表示将添加的状态放置到现在所有的状态之后。

（4）设置完毕，单击"确定"。将需要数量的状态插入到指定的位置上。

图 8-12 表示在状态面板中添加了 4 个新状态。

2. 复制现有状态

在制作连续的动画时，可以通过复制现有的状态，然后再在其上进行编辑修改，生成

最终的动态效果。

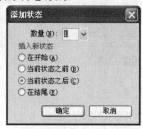

图 8-11 "添加状态"对话框

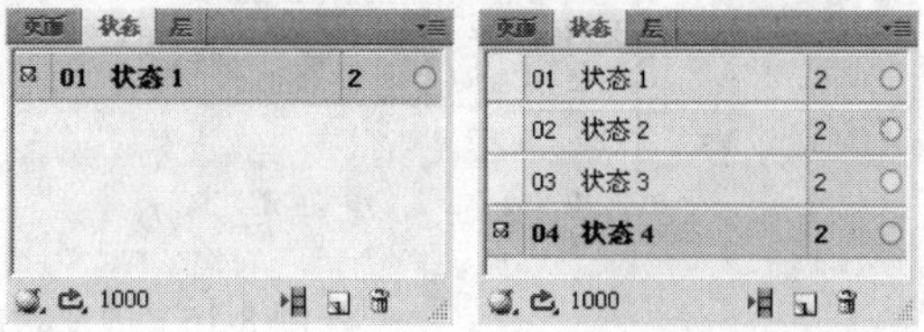

图 8-12 "状态"面板

根据现有的状态复制一个状态的具体操作如下：

（1）在状态面板中，选中要复制的状态。

（2）将要复制的状态拖动到状态面板上的"新建/重制状态"按钮上，即可复制该状态。此时在状态面板上的状态列表中，新复制的状态会出现在当前选中状态的下方（也就是后面）。

在规划好了状态操作后可以在指定的位置复制所需数目的状态，具体操作如下：

（1）在状态面板上，选中要复制的状态。

（2）打开状态面板菜单，选择"重制状态"命令。打开"重制状态"对话框，如图8-13 所示。在打开的对话框中输入要复制的状态的数目，并设置新状态出现的位置。

（3）设置完毕，按下"确定"，完成对现有状态的复制。

如图 8-14 右图所示，表示在左图的状态面板中添加一个状态。

图 8-13 "重制状态"对话框

图 8-14 添加状态后的状态面板

3．改变状态的播放顺序

状态的播放顺序由它在状态面板上的顺序确定，播放时先播放位于上端的状态然后再播放位于下端的状态。改变状态的播放顺序的具体操作如下：

（1）在状态面板中，单击要改变顺序的状态。

（2）用鼠标将其拖动到所需的位置上，此时目标位置会出现一个闪烁黑条。

（3）释放鼠标，即可将状态移动到相应的位置上。

对状态重新排序后，Fireworks 自动对所有的状态重新排列，并且状态的名称也会根据新的顺序改变，如图 8-15 所示。

4．删除状态

对于不需要的状态，可以将其在文档中删除，删除状态的具体操作如下：

方法一：

（1）在状态面板中选中要删除的状态。

（2）打开状态面板菜单，选择"删除状态"命令。删除选中的状态。

 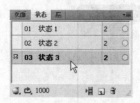

图 8-15 改变状态的顺序

方法二：

（1）在状态面板上选中要删除的状态。

（2）单击状态面板上的"删除状态"按钮 🗑️，删除选中的状态。

方法三：

（1）在状态面板上选中要删除的状态。

（2）将该状态拖动到状态面板上的"删除状态"按钮上，即可删除状态。

注意：

因为在文档中至少需要包含一个状态用于显示静态的图像。所以无法删除最后的一个状态。

8.2.4 在状态中编辑对象

Fireworks 中，因为每个状态都可作为一个完整地图像文档，所以可以在状态面板中编辑选中的对象。并且在一个状态中编辑对象，不会影响另一个状态中的内容。

1．在状态之间复制或移动对象

使用状态面板可以很便捷地将某个对象从一个状态复制或移动到另一个状态中。具体操作如下：

（1）在文档窗口中选中要复制的对象。此时在状态面板上该对象所在状态的右方出现一个选中的单选按钮，如图 8-16 所示。

（2）按住 Alt 键，将该选中的单选按钮拖到目标状态上，此时鼠标指针右下角带有"＋"符号，同时目标状态位置会出现一条黑色的闪烁线，如图 8-17 所示。

（3）若要移动对象，直接将该选中的单选按钮拖动到目标状态所在的列上即可。

（4）释放鼠标，选中的对象就被复制或移动到目标状态上。

此外还可以将对象复制到指定状态或多个状态上，具体操作如下：

（1）在文档窗口中选中要复制的对象。

（2）打开状态面板的选项菜单，选择"复制到状态"命令，打开"复制到状态"对话框，如图 8-18 所示。

（3）选择需要的目标位置，其中包含如下一些选项：

■ 所有状态：将选中的对象复制到所有现有的状态中。

■ 上一个状态：将选中的对象复制到当前状态前面的一个状态中。

■ 下一个状态：将选中的对象复制到当前状态后面的一个状态中。

■ 范围：在下面的下拉列表中指定范围。在第一个下拉列表中设置起始状态的编号，在第二个下拉列表中设置结束状态的编号。

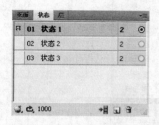  

图 8-16　选中要复制的对象　　　　图 8-17　状态复制　　　　图 8-18　"复制到状态"对话框

（4）设置完毕，按下"确定"，完成对象的复制。

2．在状态之间共享层

使用层，可以方便地对同一个状态中的不同对象进行管理。有时需要在多个图像状态中重复某些固定的内容，如背景等。通过图层共享的方法，可以方便实现。

图层共享的原理是：将在所有状态中都固定出现并保持静止的对象放置在某一个图层中，然后将该图层在各状态之间交叉共享，这样该图层中的内容就会出现在所有的状态中。

若需要修改该对象，只需要在一个状态中对其进行修改，就可以反映到所有的状态中，从而减轻了工作量。

3．分散到状态

若在一个状态中绘制了多个对象，可以使用分散到状态的操作，将创建的许多对象分别放入不同的状态中。

分散到状态的具体操作如下：

（1）在文档中选中要分发到不同状态中的多个对象。

（2）在状态面板上单击"分散到状态"按钮➡️目；或打开面板菜单，选择"分散到状态"命令。

如图 8-19 所示，将第一幅图中选中的状态的多个对象分别分散到不同的状态上。

注意：

若当前文档中出现的状态数量少于选中对象的数目，则 Fireworks 会自动创建新的状态来接收相应的对象。

分散到状态操作非常有用。比如，读者可以在第一个状态中绘制出所需要的对象，以及对象运动的轨迹，这样可以实现同一个参考标准的原则。比如，可以在文档中首先绘制出多个太阳，使它们沿着升起的方向排放，如图 8-19 第一幅图所示。然后将其分散到多个状态中。并将树放入一个单独的图层，将其在多状态之间交叉共享，就可以完成动画文档的创建了。

4．将多个图像文件打开到不同状态中

若已经存在多个图像，并希望将这些图像组合起来形成一个动画图像，可以按照如下方法进行操作：

159

（1）选择"文件"|"打开"命令。打开"打开"对话框，如图8-20所示。

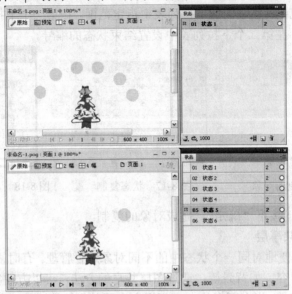

图8-19　分散到状态

图8-20　"打开"对话框

按住 Ctrl 键，在文件列表中，选中要打开的多个文件。

按住 Shift 键，选中要打开的多个连续的文件。

（2）选中"以动画打开"复选框。

（3）单击"打开"，即可打开选中的多个文档，并将它们放入不同的状态中。

注意：

选中"作为动画打开"复选框时，最终生成的是一个包含多个状态的文档。

若未选中该复选框，则会在多个文档窗口中分别打开这些文件。

如图 8-21 所示是将多个图像对象以动画方式打开后的状态面板。

图 8-21　打开动画到状态

5. 洋葱皮技术

洋葱皮技术的含义是"同时在文档中查看多个状态中的内容"。洋葱皮是一个传统动画制作的术语，主要是指在半透明的描图纸上绘制动画状态，以便透过纸张看到其他状态中的内容，便于了解两个状态或多个状态之间图案的相差程度，以掌握动画的流畅性。

默认状态下，文档窗口只能看到当前一个状态的内容。利用洋葱皮技术可以使各个状态之间呈半透明状态，所以在当前状态中就可以看到其他状态中的图像，方便了解动画的整个流程。"洋葱皮"打开后，当前状态之前或之后的状态中的对象会变暗，以便与当前状态中的对象区别开来。

单击状态面板中的"洋葱皮"按钮，打开洋葱皮菜单，如图 8-22 所示。其中包含如下一些菜单项：

- 无洋葱皮：不使用洋葱皮技术，此时文档窗口在一个时刻里只能显示一个状态中内容。
- 显示下一个状态：在文档窗口中先显示当前状态的内容，然后以半透明状态显示下一状态中的内容。
- 显示前后状态：在文档窗口中先显示当前状态的内容，然后以半透明状态同时显示上一状态和下一状态的内容。
- 显示所有状态：在文档窗口中不仅显示当前状态的内容，还以半透明的方式同时显示其他所有状态中的内容。
- 自定义：打开如图 8-23 所示对话框。在该对话框中可以选择要显示的状态的范围。第一个文本框中输入当前状态之前要显示的状态的数目；第二个文本框设置当前状态之前的状态内容显示的不透明度；第三个文本框中可以输入当前状态之后要显示状态的数目；第四个文本框中输入当前状态之后的状态内容显示的不透明度。
- 多状态编辑：选中该复选框，将激活多状态编辑特性。也就是在文档窗口中可以选择和编辑所有可见对象。如果取消选择此选项，则只选择和编辑当前状态中的对象。

使用洋葱皮技术的效果如图 8-24 所示。第 1 幅图只对一半对象使用洋葱皮技术，当前状态为太阳，第2幅图对所有对象使用洋葱皮技术，当前状态为背景。

 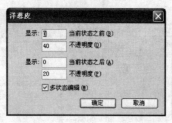 

图 8-22 洋葱皮菜单　图 8-23 "洋葱皮"对话框　　图 8-24 使用洋葱皮技术

6. 范围选择器

使用状态面板上各个状态左侧的范围选择器，可以更方便地指定在文档中同时显示的状态数。使用范围选择器的具体操作如下：

（1）在状态面板中，首先选中当前状态。

（2）若想显示当前打开状态前面的状态，可以在起始状态处单击该状态左方的范围选择器所在的列区域，此时范围选择器被向上延长；若想显示当前打开状态后面的状态，可以在结束状态处单击该状态左方范围选择器所在的列区域，此时范围选择器被向下延长，如图8-25所示。

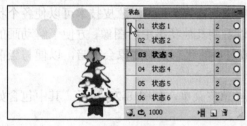 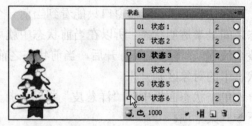

图 8-25 分别打开当前状态之前和之后的效果

（3）此时若将其他状态设置为当前状态，则可见状态的位置也相应改变，如图8-26所示。

（4）若想恢复单状态显示，单击当前状态左侧的范围选择器所在列位置即可，如图8-27所示。

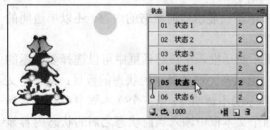 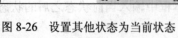 

图 8-26 设置其他状态为当前状态　　图 8-27 恢复单状态操作

📖8.2.5 控制动画

在创建了动画的各个状态之后，Fireworks 允许对动画的流程进行相应的设置。如设置动画的循环次数，以及在播放动画时每个状态显示的时间等。

1. 设置动画的循环播放次数

（1）单击状态面板下方的"GIF 动画循环"按钮 打开循环控制菜单，如图 8-28 所示。

（2）选择需要的选项。

无循环：不循环播放动画，动画图像在载入网页时只播放一次。

永久：永久循环播放动画，此动画图像在载入网页中后将一直播放下去，直到用户离开该页面为止。

（3）选择其他数字，表示指定具体的播放次数。

如，选择"1"，表明在动画图像载入网页后，立即播放一次，再循环播放一次。

> **注意：**
> 动画真正被播放的次数是循环次数 + 1。

2. 控制状态延迟时间

在播放动画中，可以控制状态与状态之间的时间间隔来改变动画的节奏。

设置不同状态与状态之间的时间间隔的具体操作如下：

（1）在"状态"面板上，选中要设置状态延迟时间的状态。可以选择一个，也可以选择多个。

（2）双击该状态右侧的数字字段部分，或者在状态面板菜单中选择"属性"命令，打开"状态延时"对话框，如图 8-29 所示。

（3）在"状态延时"文本框中输入需要延迟的时间，单位是 1/100 秒。

（4）设置完毕，按回车键，使设置生效。

状态的延迟时间会显示在状态面板中每个状态右侧的字段中，如图 8-30 所示。

图 8-28　循环控制菜单　图 8-29　"状态延时"对话框　　　图 8-30　显示状态延时

8.2.6　导出动画

在创建和设计完动画之后，在 Web 中使用时，需要将动画导出为动画 GIF 格式。动画的导出同普通图像的导出操作类似。在导出为 GIF 格式的动画图像时，需要对要导出的对象进行优化。

1. 优化动画 GIF 图像

优化动画 GIF 图像同优化普通图像的不同之处在于，需要在优化面板上将文件格式选择为"动画 GIF",如图 8-31 所示。否则生成的是普通的图像文件,不是动画文件。

因为动画 GIF 文件是 GIF 文件,所以,可以对动画文件应用如透明等其他 GIF 图像固有的特性。

优化动画 GIF 图像的具体操作如下:

(1)在状态面板中,选中需要优化的状态。

(2)打开状态面板菜单,选择"属性"命令;打开"状态延时"对话框。

(3)选中"导出时包括"复选框,则在导出图像时包括该状态;清除该复选框,则在导出图像时不将该状态导出。若某个状态不被导出,则在状态面板上,该状态右侧的状态延迟时间字段中会出现一个红色的叉形符号,如图 8-32 所示。

2.自动裁切

使用 Fireworks 的"自动裁切"功能,可以对文档中的各个状态自动进行比较,裁切出所有状态中有变化的区域。利用这一操作可以只保存图像中改变过的内容,而不会将未改变的内容重复存储。这样可以缩小文件大小。

打开状态面板的面板菜单,选择"自动裁切"命令,Fireworks 自动裁切。

清除该命令,Fireworks 不使用自动裁切功能,如图 8-33 所示。

图 8-31　选择动画格式　　图 8-32　不导出的状态　　图 8-33　自动裁切和自动差异化

3.自动差异化

有时使用了"自动裁切"功能,但其中仍可能存在未改变的内容,例如图像的背景等。Fireworks 的"自动差异化"功能可以将自动裁切区域中未改变的像素转换为透明像素,进一步减小文件大小。

打开状态面板的面板菜单,选择"自动差异化",激活自动差异化功能。

再次单击清除该选项,取消 Fireworks 的"自动差异化"功能,如图 8-33 所示。

4.使用导出预览对话框优化文档

(1)选择菜单"文件"|"图像预览"命令,打开导出预览对话框。选择"动画"选项卡,如图 8-34 所示。

(2)单击"处置方式"按钮 ,打开下拉列表,如图 8-35 所示。包含以下几个选项:

■　"未指定":由 Fireworks 自动选择对各个状态的处理方式,通常系统会自动选择最佳的方式。

■　"无":不对状态进行处理,生成图像时采用状态与状态的简单叠加。即,显示完第一个状态之后,第二个状态叠加显示在第一个状态之上,第三个状态叠加显示在前两个状态之上,依此类推。这个选项通常用于在一个较大的背景上叠加显示较小的对象,如果对象是重叠的,就可以获得诸如"从小变大"的效果。

- ■ "恢复到背景"：在生成的图像中，每个状态中的内容都显示在背景之上。该方式适合在一个透明的背景中移动对象。
- ■ "恢复为上一个"：在生成的图像中，当前状态的内容会显示在前一个状态之上。该方式适合在一个图片类型的背景上移动对象。

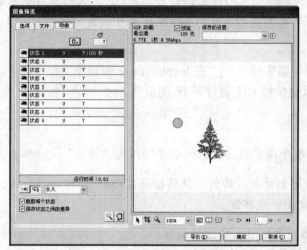

图 8-34　"图像预览"对话框　　　　　　　图 8-35　"处置方式"下拉列表

选择了处置方式之后，在"动画"选项卡状态列表项中部，会显示该方式的首字母缩写，如图 8-36 所示，状态列表中显示有"U"字样，表明它们应用了"未指定"方式；显示为 N，则应用了"无"方式；显示为 B，则应用了"恢复到背景"方式；显示为 P，则应用了"恢复为上一个"方式。

（3）单击状态列表中每个状态项左边的"眼睛"图标，可以控制状态的导出与否。出现"眼睛"图标表示该状态项会导出。再次单击"眼睛"图案。图标消失，表示不导出该状态。

（4）选中一个或多个状态，在状态延时文本框中输入需要的状态延迟时间，单位为 1/100 秒。在"动画"选项卡的状态列表的右下角位置，显示有动画总的延迟时间。

（5）单击"循环播放"按钮，在下拉列表中选择循环播放次数，如图 8-37 所示。

（6）选中"自动裁切"和"自动差异化"复选框，可以激活 Fireworks 对应的特性。

（7）在导出预览对话框的右部还可以对动画进行剪切、预览动画等。

图 8-36　处置方式　　　　图 8-37　"循环播放"下拉列表　　　　图 8-38　动画播放按纽

5．预览动画

可以在 Fireworks 的文档窗口中预览动画效果，也可以在浏览器中对动画进行预览。

单击 Fireworks 程序窗口状态栏上的动画播放按钮 ▷，可以在文档窗口中直接预览动画的播放效果，如图 8-38 所示。

注意:
　　在文档窗口中播放动画时，不论循环次数设置为多少，动画都将一直循环播放下去，直到按下动画播放按钮中的停止按钮为止。此外，文档窗口中显示的内容同导出的 GIF 图像内容有一定的差别。因为文档窗口中可以显示全彩色图像，而导出的 GIF 图像最多只有 256 色。

选择菜单"文件"|"在浏览器中预览"|"在 Iexplorer.exe 中预览"命令，可以直接在 IE 浏览器中预览。此时也可以直接按 F12 键打开 IE 浏览器。

注意:
　　在"优化"面板中必须选择"GIF 动画"作为"导出"文件格式，否则在浏览器中预览文档时将看不到动画。即使打算将动画以 SWF 文件或 Fireworks PNG 文件导入到 Flash 中，也必须这样做。

Fireworks 指定两个浏览器，主浏览器和次浏览器。

指定主浏览器和次浏览器的具体操作如下：

（1）选择菜单"文件"|"在浏览器中预览"|"设置主浏览器"命令，打开"定位浏览器"对话框。

（2）选择要设为主浏览器的执行程序。

（3）单击"打开"完成设置。

（4）同样选择"文件"|"在浏览器中预览"|"设置次浏览器"命令可以设置此浏览器。

8.2.7　创建切片动画

若想在一幅很大的图像中设置较小的部分为动画效果，可以使用 Fireworks 中的切片技术。Fireworks 允许将图像的某个单独切片设置为动画效果。也就是为单独的某个切片添加多个图状态，而导出时，该切片四周的其他图像切片导出为普通的图像，而动画的切片区域导出为动画 GIF 图像。

如在图 8-39 的背景图中的左上角设置一个枫叶飘落的动画。基本操作如下：

01 在背景上绘制出需要制作成动画的切片对象。

02 选中背景层，单击"图层"面板右上角的选项菜单按钮，在弹出的快捷菜单中选择"在状态中共享层"命令共享背景层。打开"状态"面板，添加多个状态，如图 8-39 左图所示。

03 新建一个图层，在切片对象所在的位置，分别设置动画的各个状态内容。洋葱皮效果如图 8-39 右图所示。

04 在文档中选中切片对象，打开"优化"面板设置优化选项，导出设置为"动画 GIF 接近网页 128 色"，如图 8-40 所示。

05 对图像中其他的区域进行常规优化。

06 完成导出。

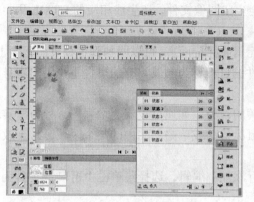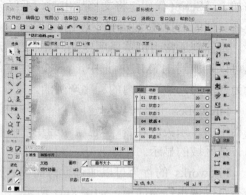

图 8-39 创建枫叶飘落的动画

图 8-40 设置优化选项

8.3 行为

　　现在多数网页都使用了动态效果和人机交互特性。如前面介绍的按钮和导航条就采用了动画效果。Fireworks 提供一种"行为"面板，可以方便的建立用户需要的行为，而不需要编辑 JavaScript 代码。

　　此外，行为可以看作 Fireworks 内置的 JavaScript 库，它可以帮助构建脚本，还可以对现有脚本进行自动的管理。Fireworks 将轮替按钮这种行为封装起来，所以用户感受不到。

8.3.1 概述

　　行为就是在网页中进行的一系列动作。通过这些动作，可以实现用户同网页的交互或导致某个任务的执行。通常一个行为由一个事件和一系列动作组成。例如，用户将鼠标移动到一幅图像上，这就产生了一个事件，如果这时候图像发生变化（比如发生轮替），就导致了一系列动作发生。

通常在网页中，动作由 JavaScript 代码实现，Fireworks 允许使用内置的行为向文档中添加 JavaScript 代码。将文档导出时，不仅会生成图像文件，还生成相应的 HTML 码，以便在其他的 HTML 编辑器中使用。

事件则通常由浏览器所定义，针对页面元素或标记而言。可以附加到各种页面元素上，也可以附加到 HTML 标记中。而将产生事件的过程称为触发。有的事件不是用户本身的行为产生的，是系统内的程序产生的。

Fireworks 主要可以创建同轮替操作相关的行为。如通过设置"增强轮替行为"实现文档中的"未关联轮替"，也就是当用户用鼠标移动或单击文档中的某个区域时，会改变另一处区域的显示。

Fireworks 的行为可以通过行为面板进行添加和编辑。选择菜单栏"窗口"|"行为"命令可以调出行为面板，如图 8-41 所示。

不是所有对象都能添加行为的，Fireworks 只允许为热区或切片添加行为。如果要为普通对象添加行为，会弹出信息提示窗口，如图 8-42 所示，提示用户先设置一个热区或切片。单击"热点"按钮即可在对象上绘制一个热区；单击"切片"按钮即可为对象创建一个切片，用户应根据实际需要进行选择。

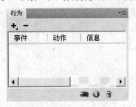

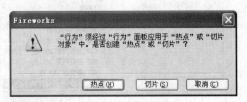

图 8-41 "行为"面板   图 8-42 信息提示窗口

为对象添加行为的具体操作如下：

（1）选中需要添加行为的对象、热区或切片。如果选中的是对象，先为其创建一个热区或切片。

（2）单击行为面板上的添加新行为按钮 ，在下拉下拉菜单中选择要添加的行为。

（3）设置该行为的参数。

（4）在行为面板上设置该行为的触发事件。

如果要删除行为，只需在行为面板上选中该行为，然后单击删除行为按钮 。

如果要编辑行为，只需在行为面板上双击该行为名称，即可弹出行为编辑窗口。

8.3.2 Fireworks 自带的行为

Fireworks 自带了许多行为，下面介绍各个行为的功能和添加方法。

1. 简单变换图像

简单变换图像可以用来创建简单翻转图：当鼠标移过或单击某一幅图像（称为原始图像）时，显示位于该图下面的图像（称为翻转图像）。这也是最简单的翻转效果。

简单翻转图包含两个状态，制作方法如下：

（1）创建或打开作为原始图像的图像文件。

（2）选择菜单"编辑"|"插入"|"矩形切片"或"多边形切片"命令，在图像上添加切片。

（3）选择菜单"窗口"|"状态"命令，打开状态面板。单击状态面板右下角的添加状态按钮 ，创建一个新状态。

（4）在"状态"面板上选中新建状态，在切片所在位置创建或导入一个图像作为翻转图像。

（5）选中切片，单击行为面板上的添加新行为按钮 。打开下拉列表，如图8-43所示。

选中下拉菜单中"简单变换图像"命令，即可制作一个简单翻转图。用户也可以将鼠标移到切片中央的瞄准器上，当鼠标指针变成手行时按住并拖动到切片的其他位置，如图8-44所示。释放鼠标，系统自动弹出"交换图像"对话框，如图8-45所示。在下拉列表中选中"状态2"即可完成翻转图。

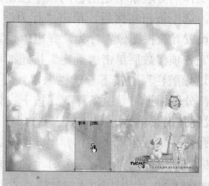

| 简单变换图像 (S) |
| 交换图像 (I) |
| 恢复变换图像 |
| 设置导航栏图像 (N) |
| 滑过导航栏 |
| 按下导航栏 |
| 恢复导航栏 |
| 设置弹出菜单 (P) |
| 设置状态栏文本 (T) |

图 8-43   行为菜单   图 8-44   拖动鼠标完成"交换图像"

2．交换图像行为

交换图像行为可以将切片图像切换为某个状态中的图像或外部图像，简单变换图像实际就是目标为"状态2"的交换图像行为。

选中需要添加交换图像行为的切片，单击行为面板上的添加新行为按钮 ，在下拉菜单中选择"交换图像"行为，弹出"交换图像"对话框，如图8-45所示。

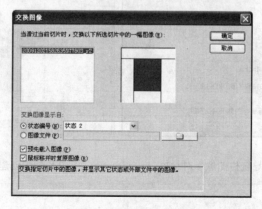

图 8-45   "交换图像"对话框

"交换图像"行为主要有下面的参数：

■ "交换图像显示自"：设定切换后的目标图像，有两种选择。"状态编号"：切换到本图像的某一个状态上，在后面的下拉菜单中选择目标状态。"图像文件"：

切换到另一副图像上，单击后面文件夹按钮，选择目标文件。

■ "预先载入图像"：选中该项后，下载原始图像时就将翻转图像同时下载。事件触发时能够立即切换，否则需要从服务器重新下载切换的目标图像。

■ "鼠标移开时复原图像"：鼠标移开后，显示原始图像。

3. 恢复交换图像行为

恢复交换图像行为通常与交换图像行为配套使用，将切换后的图像返回原始图像。

4. 设置导航栏图像行为

设置导航栏图像行为可以用于导航条的制作。导航条实际上是一组相关联的按钮。当某个按钮按下后，其他按钮就必须释放来。因此导航条按钮必须添加设置导航栏图像行为。

如果制作的导航条不是出自同一个按钮元件，就必须手动为每个按钮添加设置导航栏图像行为。选中按钮实例后，单击"行为"面板上的"添加行为"按钮➕，在下拉菜单中选择"设置导航栏图像"行为，弹出"设置导航栏图像"对话框，如图8-46所示。

设置完各项参数后单击"确定"按钮即可为导航条按钮添加设置导航栏图像行为。

"滑过导航栏"、"按下导航栏"、"恢复导航栏"实际上是设置导航栏图像行为的 3 个子行为，分别用于将导航条释放、按下、恢复。

5. 设置弹出菜单行为

设置弹出菜单行为用于制作弹出式菜单。弹出式菜单在网页中常常使用。当鼠标滑过或单击图像（称为父菜单）时，会有一个子菜单弹出。

Fireworks CS6 使用 CSS（层叠样式表）格式创建交互式的弹出菜单。这可以帮助用户轻松地自定义与使用 Dreamweaver 构建的网站进行完美集成的代码。

（1）创建作为父菜单的对象，并在对象上创建热区或切片，如图8-47所示。

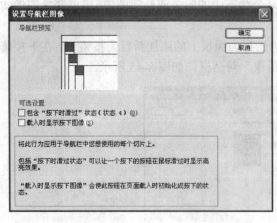 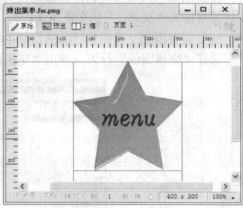

图 8-46 "设置导航栏图像"对话框　　图 8-47 创建含有切片的对象

提示：使用工具箱中的"多边形切片"工具可以自定义切片形状。

（2）选中切片，单击"行为"面板上的"添加行为"按钮➕，在下拉菜单中选择"设置弹出菜单"行为，或选择"修改"|"弹出菜单"|"添加弹出菜单"，或右击切片中间的

行为手柄，然后选择"添加弹出菜单"，打开"弹出菜单编辑器"，如图 8-48 所示。

（3）单击"内容"选项卡标签，在此编辑弹出式菜单的项目。

用户可以通过单击添加菜单按钮![+]添加菜单项。在"文本"栏内输入菜单项名称，"链接"栏内输入链接目标，"目标"栏内选择打开链接的位置。可按 Tab 键从一个活动单元格定位到另一个单元格并继续输入信息。

对于不需要的菜单项，可以选中后单击删除按钮![-]进行删除。

若要将选中菜单项降级为子菜单项，可单击"缩进菜单"按钮![图标]；若要将选中的子菜单项升级为上一级菜单，可单击父菜单按钮![图标]。

（4）单击对话框的"外观"选项卡标签，设置子菜单样式，如图 8-49 所示。

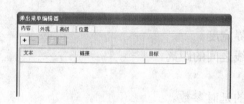

图 8-48 "弹出菜单编辑器"对话框　　　　　　图 8-49 "外观"选项卡

"外观"选项卡包含可确定每个菜单单元格的"弹起"状态和"滑过"状态的外观，以及菜单的垂直和水平方向的选项。主要有下列参数：

- "单元格"：设置子菜单单元格的背景样式，有两种选择，使用 HTML 样式编辑菜单背景和使用图形作为菜单背景。
- ![垂直菜单▼]：选择菜单方向，可以选择为水平分布或竖直分布。
- "字体"：设置菜单文本的字体。
- "大小"：设置菜单文本的字体大小。
- **B**：菜单文本使用粗体字。
- *I*：菜单文本使用斜体字。
- ![对齐图标]：设置菜单文本在单元格中的对齐方式。
- "弹起状态"栏：设置鼠标移出时的菜单效果，有两项参数：

"文本"：鼠标移出时的字体颜色。

"单元格"：鼠标移出时的单元格背景颜色。

- "滑过状态"栏：设置鼠标移出时的菜单效果，设置方法与"弹起状态"栏相同。

在对话框下部可以预览设计的菜单样式。

（5）单击对话框的"高级"选项卡标签，设置菜单单元格样式，如图8-50所示。

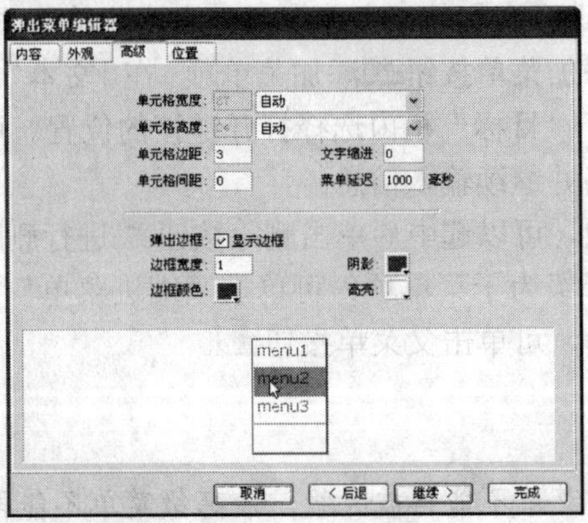

图 8-50 "高级"选项卡

"高级"选项卡内包含可确定单元格尺寸、边距、间距、单元格边框宽度和颜色、菜单延迟以及文字缩进的选项。主要有下列参数：

- "单元格宽度"：设置菜单单元格宽度，如果选择"自动"，Fireworks 会根据菜单内容自动调节单元格宽度。
- "单元格高度"：设置菜单单元格高度，如果选择"自动"，Fireworks 的会根据菜单内容自动调节单元格高度。
- "单元格边距"：设置单元格的边界宽度。
- "单元格间距"：设置单元格边框线之间的距离。
- "文字缩进"：设置文字缩排参数。
- "菜单延迟"：设置子菜单弹出时的延时参数。
- "弹出边框"；设置是否显示菜单表格边框，选中"显示边框"项即显示表格边框。
- "边框宽度"：设置单元格边框宽度。
- "边框颜色"：设置单元格边框颜色。
- "阴影"：设置单元格阴影颜色。
- "高亮"：设置单元格边框高亮时的颜色。

在对话框下部可以预览设计的单元格样式。

（6）单击对话框的"位置"选项卡标签，设置子菜单的弹出位置，如图8-51所示。

图 8-51 "位置"选项卡

"位置"选项卡内包含可确定菜单和子菜单位置的选项，主要有下列参数：

- "菜单位置"：设置菜单相对于切片的位置。可以从   中选择需要的位置，也可在"X"、"Y"栏内输入菜单相对于切片的坐标，单位是象素。

- "子菜单位置"：设置子菜单相对于父菜单的弹出位置。可以从 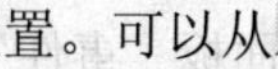 中选择需要的弹出位置，也可在"X"、"Y"栏内输入子菜单相对于父菜单的坐标，单位是像素。如果选中"放在同一位置"项，则所有子菜单均在同一位置弹出。

（7）设置完毕，单击对话框右下角的"完成"按钮即可完成弹出式菜单的编辑。编辑好的弹出式菜单如图 8-52 所示，预览效果如图 8-53 所示。

注意：
若要查看弹出菜单，请按 F12 键在浏览器中预览，效果如图 8-53 所示。Fireworks 工作区中的预览不会显示弹出菜单。

图 8-52　编辑好的弹出式菜单

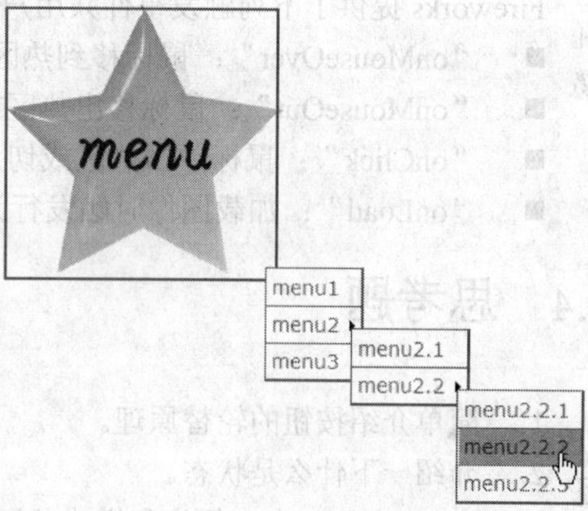

图 8-53　浏览器中的预览效果

（8）导出弹出式菜单。选择菜单栏"文件"|"导出"命令即可导出弹出式菜单。导出后的菜单会自带一个 menu.js 文件；如果有子菜单，还会有一个 arrows.gif 文件。其中 menu.js 文件是弹出式菜单中使用的 CSS 或 JavaScript 脚本（具体取决于您选择哪个选项）；arrows.gif 文件是父菜单与子菜单间的连接箭头，它告诉用户存在一个子菜单。无论文档中包含多少个子菜单，Fireworks 总是使用同一个 arrows.gif 文件。

6．设置状态栏文本行为

使用"设置状态栏文本"行为可以改变浏览器状态栏的文本。设置状态栏文本行为的编辑窗口如图 8-54 所示，只需在"消息"后的文本框输入需要的状态栏文本即可。

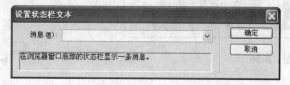

图 8-54　"设置状态栏文本"对话框

173

Fireworks CS6中文版入门与提高实例教程

8.3.3 行为的触发事件

编辑好行为后，还应为行为选择合适的触发事件。

单击行为面板"事件"栏内的黑色三角形按钮▼，即可在下拉菜单中选择行为的触发事件，如图8-55所示。

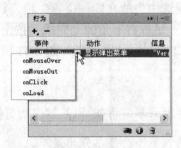

图8-55 行为触发菜单

Fireworks 提供了下列触发事件共用户选择使用：

- "onMouseOver"：鼠标移到热区或切片区域时触发行为。
- "onMouseOut"：鼠标移出热区或切片区域时触发行为。
- "onClick"：鼠标单击热区或切片区域时触发行为。
- "onLoad"：加载图像时触发行为。

8.4 思考题

1. 简单介绍按钮的轮替原理。
2. 介绍一下什么是状态。
3. 在 Fireworks 中，行为和样式共同的特点是什么？

8.5 动手练一练

1. 通过状态面板实现图8-56所示的动画效果。
2. 制作如图8-57所示的下拉菜单。

图 8-56

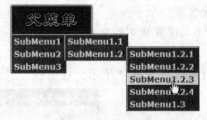

图 8-57

Chapter 08

第9章 使用热点和切片

本章导读

本章主要介绍了 Fireworks CS6 在 Web 页的编辑中热点和切片的使用，通过使用热点可以在一幅图中方便地实现多个 URL 链接；使用切片不仅可以对各个切片进行优化处理操作，还可以实现 Web 页的简化以及快速下载。热点和切片在 Web 制作中是两个不可缺少的工具。

◉ 在一个 Web 图像中实现多个 URL 链接

◉ 在 Web 图像中使用切片技术

9.1 热点

超级链接是网页中最为重要的部分，大多数情况下，普通的文本链接已经可以满足用户需要，有时为了页面的美观，需要使用图像的超级链接。

通常一幅图像只同一个链接相关联，若在一个页面中实现多个链接，则可以在一个页面中放置多个图像。而有时候在页面上显示一幅较大的完整图像同时将整幅图像中的不同区域分别映射到不同的链接上，这时使用传统的超链接设置方法就无法满足要求。利用图像映像方式，在图像上构建热点，之后将热点分别同不同的链接相关联即可实现。这也是 Fireworks 的一大优点。

📖9.1.1 概述

Fireworks 中可以生成静态的普通图像，也可以生成 Web 图像以及同图像密切关联的 HTML 源代码，并且所有的图像数据和代码文字都存储在 PNG 文档中。可以将 Fireworks 操作的 PNG 文档看做是经过格式扩展的 PNG 图像。在将 PNG 文档导出为 Web 格式的图像时，同时生成相应的 HTML 代码，便于在其他的 HTML 编辑器中使用。

这种将图像和 HTML 代码相绑定并同时输出的特性，体现了 Fireworks 的设计理念，也是 Fireworks 特色之一。

1．图像映像和热点概念

构建图像映像的所有工作都是文字工作，对于图像本身并没有任何影响，很多 HTML 编辑器，特别是 Adobe Dreamweaver，提供了对图像映像创建操作的完美支持。然而，在 Fireworks 中，既可以处理图像，又可以同时以可视化的方式在图像上绘制热点区域，构建同每个区域的链接，最终生成所有需要的东西（包括代码和图像），并可以在页面中不加修改地直接使用。这样将图像设计同映像操作合二为一就更加方便了。

热点，就是在一幅图像中创建多个链接区域，单击不同的链接区域，以跳转到不同的链接目标端点。

如在图 9-1 中，不同的 3 个图标分别同 3 个不同的旅馆的网址相连。

传统实现图像映像的方法称为"服务器端映像"。其原理为：在客户端浏览器上单击图像热点时，将热点的坐标值传送到 Internet 服务器上，而链接的实现由服务器上的程序计算后来确定。这种方式对服务器平台的依赖性较大，不同的服务器平台，需要编写不同的计算程序，所以通用性也较差。此外，每个图像映像上的链接都在 Internet 服务器上计算后来确定，这样也加重了服务器的负担。新的客户端图像映像的技术将热点的坐标存储在 HTML 页面中，并同时提供对应的链接。因此选择合适的浏览器，就不存在平台不兼容的问题，并且减少了服务器的负担。

2．在 Fireworks 中创建图像映像的基本方法

（1）创建或打开希望作为图像映像的图像，并将它保存为 PNG 文档。

（2）在该 PNG 文档中绘制热点。

（3）将热点分别同链接地址相关联。

（4）利用导出操作，将图像以及附属的 HTML 代码导出。

（5）使用其他 HTML 编辑器，如 Dreamweaver，将 Fireworks 生成的 HTML 代码插入到需要的地方，即可在网页中实现图像映像的功能。

9.1.2 创建和编辑热点

1．创建热点

❶打开或创建一幅 PNG 文档作为映像基础。

❷选择工具面板中的热点工具，如图 9-2 所示。

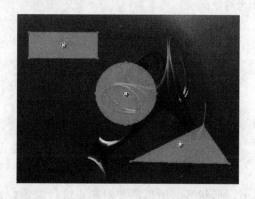

图 9-1　热点样例

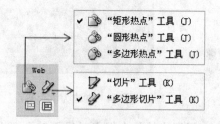

图 9-2　Web 工具栏

❸选择所需形状的热点工具，在文档中创建热点的位置拖动鼠标，绘制热点区域，即可创建热点。

- 单击 Web 工具箱中的矩形热点工具按钮，拖动创建矩形区域。
- 单击 Web 工具箱中的圆形热点工具按钮，拖动创建圆形区域。
- 单击 Web 工具箱中的多边形热点工具按钮，单击多边形每个端点创建多边形区域。
- 可以在拖动以绘制热点的同时调整热点的位置。在按住鼠标按钮的同时，只需按住空格键，然后将热点拖动到画布上的另一个位置。释放空格键可继续绘制热点。

> **注意：**
> 在绘制矩形热点和圆形热点时，在拖动鼠标时同时按下 Alt 键，可绘制中心对称图形。

2．根据路径生成热点

严格按照选中的一个或多个路径对象的形状来设置热点的具体操作如下：

❶选中要作为热点的一个或多个路径对象。

❷选择"编辑"|"插入"|"热点"命令，或是按下 Ctrl+Shift+U 快捷键。

若只选中了一个路径对象，则该对象区域被设置为热点，若选中了多个路径对象，则打开对象对话框，如图 9-3 所示。

- 选择"单一"将所有选中对象覆盖区域的外切矩形区域设置为一个热点。

■ 选择"多重"将选中的多个对象区域都设置为热点。

将多个路径对象创建为热点的情况如图 9-4 和图 9-5 所示。图 9-4 表示将多个对象创建为单一热点，图 9-5 表示将多个对象创建为多个热点。

图 9-3 打开对象对话框

图 9-4 创建为单个热点

图 9-5 创建为多个热点

新创建的热点很多时候不符合要求，如大小、形状等。所以需要对热点进行编辑。

3．选中、移动和隐藏热点

热点是对象，不同的是它们被保存在网页层中。普通对象保存在常规层中。所以选择"选择"工具面板中的选择工具，单击要选择的热点对象即可。选中热点后，用鼠标拖动即可移动热点到指定的位置。实际上，这改变了热点对象在网页层中的位置。

■ 选中要隐藏的对象，单击工具箱中 Web 区域中的"隐藏切片和热点"按钮，可以隐藏选中的热点。

■ 单击"显示切片和热点"按钮可以显示隐藏的热点。

4．编辑热点形状

对于选定的热点，使用指针工具或"选择后方对象"工具，拖动热点边框上的控点，即可调整热点形状。对于矩形和圆形热点来说，拖动它们边框上的控点，只改变大小，不改变矩形和圆形的形状，如图 9-6 所示。

5．热点属性选项卡

通过属性栏可以改变热点的许多特性，如图 9-7 所示。

图 9-6 改变热点大小

图 9-7　热点属性选项卡

若想自如地改变热点的形状，具体操作如下：

❶选中要进行形状变换的热点。

❷选择属性面板中的"形状"下拉菜单。

❸选择"多边形"选项。

如图 9-8 表示将矩形和圆形热点转变为多边形热点。右边的图表示任意变形后的图像。通过属性卡中的颜色编辑器可以方便地改变所选热点的颜色。默认状态下，热点覆盖在文档对象之上，呈蓝色。如图 9-9 所示，将 3 个不同热点对象分别设置为不同的颜色。

图 9-8　改变热点形状

图 9-9　改变热点的颜色

📖9.1.3　为热点分派链接地址

创建热点之后，需要为热点分派链接地址，这样才能在 Web 页中实现单击链接的跳转操作。

1．链接的基本概念

超级链接可以完成文档间或文档中的跳转。超级链接由两个端点（锚）和一个方向构成。通常称开始位置的端点为源端点（或源锚），目标位置的端点称做目标端点（或目标锚）。根据链接源端点的不同，可以将超级链接分为两种：超文本和超链接。

在超文本链接中链接的源端点是文本。浏览时超文本一般显示为下方带有下划线的文字，通常为蓝色；超链接中源端点是除了文本之外的其他对象，如一幅图像，或一个表单等。

Fireworks 中创建超级链接的过程也就是将图像热点同链接地址相关联。

根据目标锚的不同，链接可以分为如下几种：

■ 外部链接：这种链接的目标端点是本站点之外的站点或文档。利用这种链接，可以跳转到其他的网站上。

■ 内部链接：这种链接的目标端点是本站点中的其他文档。利用这种链接，可以跳转到本站点其他的页面上。

■ email 链接：单击这种链接，可以启动电子函件程序。书写完邮件，可以发送到指定的地址。

■ 局部链接：这种链接的目标端点是文档中的命名锚。利用这种链接，可以跳转到
当前文档中的某一指定位置上，也可以跳转到其他文档中的某一指定位置上。

链接中的方向称为链接路径，通常表示为 URL（统一资源定位符）。

链接路径有以下 3 种：

■ 绝对路径：在链接中，使用完整的 URL 地址，如 http://www.chinaren.com 等。
绝对路径同链接的源锚无关。只要网站的地址不变，改变文档在站点中的位置，
仍可以正常跳转。若要链接其他网站上的内容，就必须使用绝对路径。此外在文
档中多个文本对象上使用绝对链接时，若目标锚改变，需要对所有对象进行修改。

■ 相对路径：表述源锚同目标锚之间的相互位置。相对路径同源锚的位置有关。

如链接到同一目录下的 fireworks.htm 网页时，路径描述为：fireworks.htm。

若链接到父目录下的 fireworks.htm 网页时，路经描述为：../fireworks.htm。

若链接到 figure 子目录下的 fireworks.htm 网页时，路经描述为：figure/fireworks.htm。

使用相对目录时，如果站点结构和文档位置不变，链接不会出错，所以将整个网站移
植到另一个网站中时，不需改变文档中的链接路径。如果文档间位置变化，则需要重新编
辑链接。

■ 基于根目录的路径：这种表达方式的所有路径都从站点的根目录开始，同源锚的
位置无关。通常用一个斜线"/"表示根目录。所以该方式可以看做是绝对路径
和相对路径的一种折中，具有绝对路径的源锚无关性，同时也解决了绝对路径不
易测试的缺点。

2．为热点分派链接

可以通过属性卡为创建的热点分派链接，具体操作如下：

（1）选中要分派链接的热点对象。

（2）在属性卡中"链接"下拉列表中输入当前 URL，如果使用过 URL 库，则可以
在下拉列表中进行选择。

（3）在"替换"文本框中，输入替换文字。当浏览器无法显示图像时，可以显示替
代文本。

（4）在"目标"下拉列表中选择单击链接打开网页时包含如下一些选项，如图 9-10
所示：

■ _blank 表明在新窗口中打开链接指向的页面。

■ _self 在当前页面的框架集中打开页面。

■ _parent 在当前页面的父级框架集中打开页面。

■ _top 在本页面所在窗口中展开页面，如果当前窗口中包含框架，则会删除所有框
架。

3．使用 URL 面板管理链接

若构建的站点较复杂，需要链接的路径很多，可以通过 URL 面板来管理文档的 URL
对象。这样在文档中需要输入 URL 链接地址时，只需从 URL 面板中选择即可。URL 面
板中记录的 URL 适用所有的 Fireworks 文档。

选择菜单命令"窗口"|"URL"可以打开 URL 面板，如图 9-11 所示。

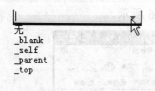
无
_blank
_self
_parent
_top

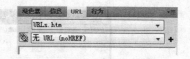

图 9-10　目标下拉列表　　　　　图 9-11　URL 面板

　　URL 面板中的 URL 地址保存在 URL 库中。用户可以根据需要制作多个 URL 库，用于存放不同类型的 URL 地址。

　　单击 URL 面板右上角的选项菜单按钮可打开 URL 面板的面板菜单，如图 9-12 所示。下面介绍面板菜单中各命令的功能和使用方法：

- "将使用的 URL 添加到库"：将使用过的 URL 地址添加到 URL 库中。
- "清除未用的 URL"：清除未使用过的 URL 地址。
- "添加 URL"：添加 URL 地址。选择此命令后，会弹出如图 9-13 所示的对话框，要求用户输入 URL 地址。该命令与面板菜单右下角的添加 URL 按钮 ⊡ 功能相同。
- "编辑 URL"：编辑当前 URL 地址。选择此命令后，会弹出如图 9-14 所示的对话框，要求用户编辑当前的 URL 地址。对话框内有一个"改变文档中所有此类匹配项"选项，选中该项后，会自动更新文档中引用了该 URL 的所有链接。

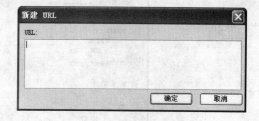

图 9-12　"URL"面板的面板菜单　　　　　图 9-13　"新建 URL"对话框

- "删除 URL"：删除当前的 URL 地址，该命令与面板菜单右下角的删除 URL 🗑 按钮功能相同。
- "新建 URL 库"：添加 URL 库。选中该项后，会弹出如图 9-15 所示的对话框，要求用户输入 URL 库的名称。

图 9-14　"编辑 URL"对话框　　　　　图 9-15　"新建 URL 库"对话框

- "导入 URL"：从 HTML 文档中导入 URL 地址。可以选择任意 HTML 文档，Fireworks 会自动将文档中的 URL 地址导入进来。
- "导出 URL"：导出当前 URL 库中所有的 URL 地址。导出的 URL 地址将会自动保存为 HTML 文件，以备编辑应用。导出的 HTML 文件标题栏显示为

"Fireworks Bookmark File"，如图 9-16 所示。

图 9-16   导出的 HTML 文件

9.1.4　设置图像映像选项

选择菜单命令"文件"|"HTML 设置"可以打开"HTML 设置"对话框，如图 9-17
所示。

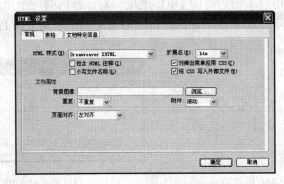

图 9-17   "HTML 设置"对话框

有关该对话框的设置，将在本章 9.2.6 节进行详细介绍。

9.1.5　导出图像映像

编辑好含有热点的 PNG 文档后，还应将其导出，这样才能真正应用到网页里。
Fireworks 可以导出图像文件以及与之相匹配的 HTML 代码，供网页编辑软件使用。

01 选择菜单栏"文件"|"导出"命令，弹出"导出"对话框，如图 9-18 所示。

02 输入导出文件的名称，并选择存放路径。

03 在"保存类型"下拉列表中选择"HTML 和图像"。

04 在"HTML"下拉列表中选择 HTML 代码的导出方式，选择"导出 HTML 文件"
可以将代码导出为独立的 HTML 文件；选择"复制到剪贴板"可将代码复制到剪贴板，
然后使用 Dreamweaver 或其他网页编辑工具将代码粘贴到网页文件中。

05 在"切片"下拉列表中选择"无"。

06 选中"将图像放入子文件夹"项,可将图像文件放在子文件夹中,单击下面的"浏览"按钮可以选择子文件夹。

07 设置完毕,单击"保存"按钮,即可导出含有热点的图像文档。

图 9-18　"导出"对话框

注意:

Fireworks 在导出时只产生客户端图像映射。

除了可以导出之外,还可以将图像映射复制到剪贴板中,然后将其粘贴到 Dreamweaver 或其他 HTML 编辑器中。

9.2　切片

当页面中图像较大时在浏览器中下载就会耗费较长的时间。为避免这种情况,可将较大的图像分割为多幅较小的图像,然后分别下载,以获取较高的下载速度。从大图像上分割出的小图像就称作切片。在网页中显示图像时,可以利用表格等工具将分割好的小块切片图像拼接起来,重新显示为一幅完整图像,以获得满意的结果。

刚开始时,采用手工分割图像的方法制作切片。由于在分割图像时,必须精确保证每个切片之间的紧密衔接,所以同时必须编辑相应的 HTML 代码来对切片进行拼接。Fireworks 采用可视化特性的操作,只需非常简单的几个步骤,就可以制作出专业风格的切片。

9.2.1　概述

由于切片是将图像分割为独立的小文件,因此可以为每个文件设置不同的链接地址。

有时为了需要，也可将小图像以不同的格式保存，达到一些特殊效果。使用切片还能将图像的某部分替换为其他图片、多媒体、动画甚至 HTML 代码，实现很多嵌入效果。如图 9-19 显示了使用切片的效果。

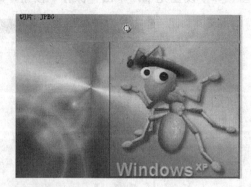

图 9-19　使用切片效果

1. 切片的优点

除了可以加快下载速度之外，利用切片还可以得到更多的好处。

- 便于构建图像链接。由于已经将图像真正切分为多个图像文件，所以可以直接将链接同每个图像切片部分相关联，而不用使用图像映射的方法，这是非常方便的。
- 便于优化。如果图像是一幅完整的图像，只能使用一种文件格式，一个调色板，也就是只能应用一种优化方案。这使得对文件的优化非常不便。然而，一旦将图像分割为多个切片，就可以分别为每个切片设置优化方案。

例如，对于一幅图像，在分割为多个切片之后，可以将图像切片中包含细腻图像内容的图像文件以 JPEG 格式保存，而将包含的大片单色区域的切片以 GIF 格式保存，这将比对整幅图像优化后生成的文件要小得多。此外使用相同的格式，也可以采用不同的优化方案。例如，对于一幅 JPEG 图像，在制作成切片后，可以将比较重要的部分以 90%的质量保存，而将比较次要的部分以 60%的质量保存。

- 减少重复图像。很多图像中包含重复区域。例如，对于旗帜图案，可能只有其中的一个切片上带有真正的图案，而其余的切片上只是单一的红色，这时可以仅仅将带有真正图案的切片保留，而将其余的红色尽量切分为相同的大小，并作为一个图片保存，因此可以极大地减小真正图片文件的大小。例如，在图 9-20 中，将对象分割为 11 个切片后，实际上只需要其中的 5 个切片，就可以拼接出完整的对象。
- 便于局部更新，利用分割图像的技术还可以实现在网页中重复使用一些相同的图形部分，通过仅仅替换包含个别内容的切片，就能够快速对网站进行更新。例如，对于图 9-20 的例子，如果将其中的"花猫"改为其他图形，就可以得到新的图像，而不需上传整幅图像。大大减少了上传操作。
- 生成动态效果。使用切片还可以构建轮替效果。实现图像中的动画嵌入。由于切片文件是真正的图像文件，可以分别对这些文件进行各种处理，例如，将某个切片文件制作成动画 GIF 图像来增添网页效果。在为大幅面的图像上添加局部动画时，使用切片技术是非常方便的。

图 9-20　减少重复的图像

2．切片的限制

由于切片的操作实际对应表格的操作，所以仍有许多不便之处。

首先，尽管可以创建多边形的切片，但是实际上生成的切片图像始终是矩形的。这很显然，因为切片在网页中是通过表格组织拼接的，所以，如果希望生成非矩形的形状，只能使用透明 GIF 的格式。

其次，切片不能覆盖。因为在网页中，分层可以相互重叠，但是表格的单元格可不能相互重叠，所以，如果希望实现切片覆盖，可以在生成切片后，手工使用分层来拼接切片。这样比较麻烦，同时无法应用 Fireworks 对切片的自动管理特性。要在浏览器中正确显示拼接好的切片，浏览器必须对表格的支持比较完善。但有时候，有些浏览器对表格的显示并不够完美，这时显示出来的图像中就会出现缝隙，影响美观。

Fireworks 为解决这种问题，根据需要自动生成一个 1×1 像素的透明 GIF 图像，填塞到网页的表格中，以确保图像在所有的浏览器中都能够正确显示。通常称该透明的 GIF 图像为垫片。也可以通过选择不生成垫片。

📖 9.2.2　创建切片

切片同热点一样也是一个对象。创建切片的操作同我们创建热点的操作非常类似。只是创建热点使用的是热点工具，而创建切片使用的是切片工具。

01 创建矩形切片。矩形切片是最为常用的切片。可以用常规方法，使用切片工具绘制出切片对象的区域来创建切片，也可以根据路径对象的外切矩形范围创建切片。

创建切片的一般操作如下：

❶单击 Web 工具箱面板上的"切片"工具 ✎。

❷在文档中拖动鼠标左键，勾绘一个矩形区域，即可生成矩形切片。绘制的区域被半透明绿色所覆盖，称做切片对象，同时 Fireworks 根据切片对象的位置，对图像进行分割，分割线呈现红色，称做切片准线。

❸重复上面的操作，在图像中勾画出新的切片区域。

例如，在图 9-21 中，在文档中心绘出了一个切片区域后，形成如图所示的切片对象和切片准线。

02 基于路径对象创建矩形切片。若想切片对象的区域同路径对象的区域紧密匹配，可以根据路径对象的形状直接构建切片。如果仅仅使用手工绘制的方式勾绘切片，很可能遗漏对象上的某些属性，例如阴影和羽化效果等。

> **注意：**
>
> 应该将"切片文件"和"切片对象"在概念上区别开，切片文件是导出操作之后生成的文件，而切片对象是在文档中利用切片工具绘制的对象；切片文件始终是矩形的，而切片对象则可以是矩形，也可以是多边形。如果切片对象是多边形，则对应的图像文件的矩形大小就是该多边形外切矩形的大小。切片对象是真正的对象，它存在于文档的网页层中。通常切片对象和切片文件均简称为"切片"，这时要根据上下文区分是指切片对象还是切片文件。

基于路径创建矩形切片的操作如下：

❶选中要根据它构建切片的路径。

❷选择"编辑"|"插入"|"矩形切片"命令。若只选中一个路径对象，则根据该对象外切矩形的大小创建切片对象。若选中了多个路径对象，则打开切片创建对话框，如图9-22所示。

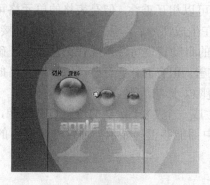

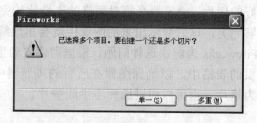

图9-21　创建矩形切片　　　　　图9-22　创建切片对话框

❸单击"单一"按钮可以将所有选中对象放置于一个切片中。

❹单击"多重"按钮可以为每个对象的覆盖区域创建一个切片。

如图9-23所示，为不同选项时创建的切片。

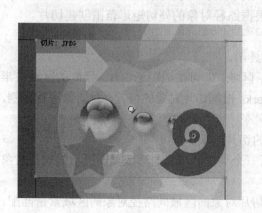

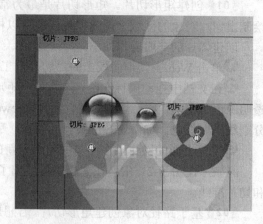

图9-23　多个对象创建一个和多个切片的效果

03 创建多边形切片。Fireworks 可以构建多边形切片，但切片文件以矩形的形式保存。切片图像和切片文件的差别是在应用行为时触发行为的区域不同。所以生成的 HTML 代码有所不同。通常不使用多边形切片，因为多边形切片需要更多 JavaScript 代码的支持。

使用工具箱上的多边形切片工具，可以直接在文档中绘制多边形切片对象。

生成多边形切片的方法如下：

❶单击 Web 工具箱上的多边形切片工具 。

❷在文档中单击要创建的多边形的每个顶点，即可绘制出多边形切片。

❸在起点处单击鼠标，使绘制的切片区域闭合。

如在图 9-24 中绘制一个五角星切片。从文档可以看出切片准线仍然为矩形。

在 Fireworks CS6 中，当所选对象是多边形路径时，可以自动插入与切片对象的区域紧密匹配的多边形切片。操作如下：

选择"编辑"|"插入"|"多边形切片"创建基于对象路径的多边形切片。

不同的切片形状，对应不同的 HTML 代码，切片形状主要用于设置相应的行为触发区域。例如，上图的五角星对象，可以将它的外切矩形区域设置为切片，也可以直接根据对象的边线设置切片。前一种切片就是矩形切片，而后一种切片就是多边形切片。两种方法生成的切片文件没有什么差别。

不同的是，若在 Fireworks 文档中为切片对象分派 URL，在网页中可以看出，对于矩形切片，在网页中单击整个切片矩形区域中的任意位置，都可以实现链接跳转；而对于多边形切片，在网页中只有单击到多边形区域时，才可以实现链接跳转，在其他的地方单击是无效的。

若需多边形切片完全符合矢量对象的形状，具体操作如下：

❶选中要用于创建多边形切片对象的矢量对象。

❷打开菜单命令"编辑"|"插入"|"热点"，首先根据它的形状创建热点。

❸再打开"编辑"|"插入"|"多边形切片"命令，即可将热点转换为多边形切片。

图 9-25 显示了根据路径创建多边形切片的情形。可以看出，采用这种方法可以很好地创建曲线切片，而如果采用传统的方法，是很难确定曲线的顶点位置的。

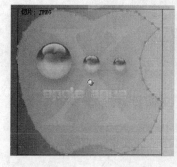  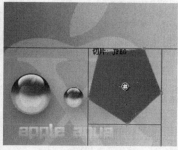

图 9-24　准线为矩形的多边形切片　　　　　图 9-25　根据路径创建多边形切片

📖9.2.3　编辑切片对象

对于新创建的切片，要根据需要重新编辑，使之更符合要求。

1. 选中、移动和调整切片对象

因为切片同热点一样也是对象，所以可以在工具箱中选择选中指针或次选择指针单击要选中的切片对象，可以选中该切片。用鼠标拖动选中的切片对象，便可以将其移动到需要的地方。实际上这改变的是切片对象在"网页层"中的位置。

选中切片对象后，利用指针工具或次选择工具，拖动切片对象边框上的控点，即可调整切片对象的形状。

- 若切片是矩形切片，拖动边框上的控点调整切片对象时，其形状仍然是矩形，只是大小被改变。
- 若切片是多边形切片，则拖动对象边框上的控点，可以任意改变切片对象形状。

对切片的简单编辑效果如图 9-26 所示。

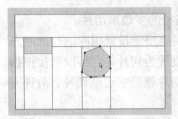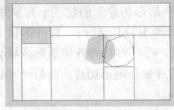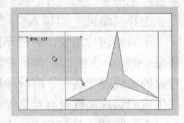

图 9-26　切片的简单操作

2. 缩放、扭曲和变形切片对象

使用工具箱上的变换工具可以对切片对象进行缩放、扭曲和变形操作。

在编辑切片对象时需要注意的是，矩形切片和多边形切片在编辑效果上是不同的。例如，对于矩形切片，利用变换工具将之旋转时，得到的最终结果是一个新的矩形，如图 9-27 所示；而对于多边形切片对象，将之旋转时得到的就是多边形的旋转结果，如图 9-28 所示。

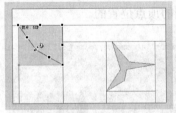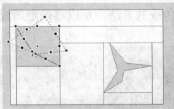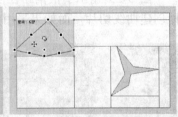

图 9-27　矩形切片变形仍为矩形

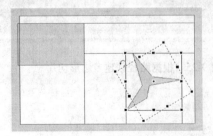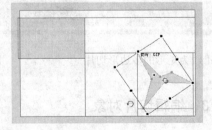

图 9-28　多边形切片变形仍为多边形

所以在旋转切片时需要记住一个规律：矩形切片对象始终是矩形；多边形切片对象始终是多边形。

> **注意：**
> 使用这些工具调整切片大小和更改切片形状时会创建相互重叠的切片，因为相邻切片对象的大小不会自动调整。当切片相互重叠时，如果发生交互，则最顶层的切片将优先。若要避免切片重叠，请使用切片辅助线编辑切片。

3．控制切片对象的显示和颜色

■ 通过 Web 工具箱中的隐藏切片按钮 ⊞，可以隐藏选中的切片。

■ 通过 Web 工具箱中的显示切片按钮 ⊞，可以显示隐藏的切片。

Fireworks 中，默认状态下，切片显示为半透明的绿色。

为了便于观察各个不同的切片，可以通过切片的属性面板来改变各个切片对象的颜色。

切片的属性面板如图 9-29 所示。不同颜色的切片对象的效果如图 9-30 所示。

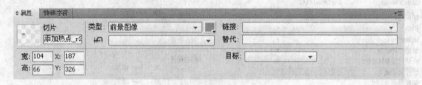

图 9-29　切片属性面板

此外，还可以通过控制网页图层的显示和隐藏来设置切片对象的显示和隐藏。

■ 单击图层面板上"网页层"前方的"眼睛"图标 ，使之消失，即可隐藏所有位于网页层上的内容，包括所有的热点和切片对象；

■ 再次单击相同区域，使"眼睛"图标 出现，即可重新显示所有的热点和切片对象。

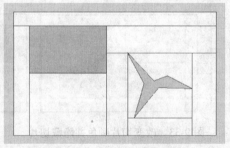

图 9-30　切片添加不同颜色

4．控制切片准线

使用切片切分图像时，切片准线是非常重要的工具。在文档中切片准线标记出了在将文档导出时生产切片的图像区域，有助于用户了解最终生成的结果。

切片准线在文档中绘制切片对象时自动创建，能保证各切片文件之间的紧密衔接，而且，在文档中移动切片对象时，切片准线会自动改变，确保始终正确。

Fireworks 允许对切片的准线进行操作。例如，可以将准线显示或隐藏，或是改变准线的颜色等。

■ 选中菜单选项"视图"|"切片辅助线"选项，可以显示切片准线。

■ 清除该选项，可以隐藏切片准线。

"视图"菜单选项如图 9-31 所示。

默认状态下，切片准线的颜色是红色的，Fireworks 允许根据需要改变切片的颜色。具体操作如下：

（1）选择"编辑"|"首选参数"|"辅助线和网格"菜单命令，打开如图 9-32 所示的编辑框。

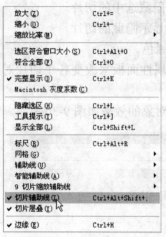
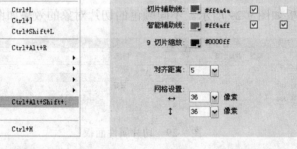

图 9-31　视图菜单　　　　　　　　图 9-32　"辅助线和网格"编辑框

（2）单击"切片辅助线"右侧的颜色井，选择需要的颜色，即可改变切片准线的颜色。

（3）设置完毕，单击"确定"按钮，完成修改。如图 9-33 所示，第 2 幅图隐藏了切片，第 3 幅图改变了切片准线的颜色为蓝色。

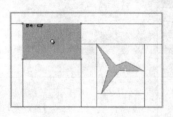
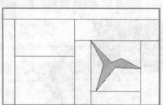
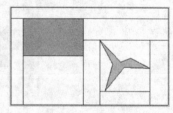

图 9-33　改变切片颜色并隐藏切片

在文档中绘制切片时，有时会出现两个切片对象间存在间隙或是重叠的情况，这样在切片图像导出后会显示不正确。Fireworks 可以使切片靠齐到准线上，使切片对象导出时大小合理并能够正确导出。

Fireworks 中激活或禁止靠齐到准线的操作如下：

（1）选择菜单命令"视图"|"辅助线"|"对齐辅助线"，即可激活该特性。

（2）清除该命令的选中状态，即可禁止该特性。

5．控制切片对象的覆盖方式

Fireworks 允许对不同的切片分别进行优化。因此，当在文档中绘制了切片对象之后，选择"预览"选项卡进行预览。若当前操作的切片区域被如实显示，则未被操作的切片区域仿佛被一层半透明的薄膜所遮挡，如图 9-34 所示；若单击切片之外的区域，则将被单击的切片对象区域如实显示，如图 9-35 所示，未被选中的部分则被一层半透明的薄膜所遮挡。通常，称这种现象为切片覆盖。这种切片覆盖的特性，有助于用户将精力集中于正在操作的部分。

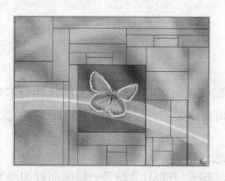
图 9-34　预览切片效果

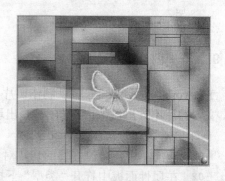
图 9-35　反选切片

有时希望在整体上对操作对象进行预览，此时，切片覆盖的特性就会干扰人的视线。Fireworks 允许关闭这种特性，使得在预览文档时不受当前切片设置的干扰。

关闭切片覆盖特性的具体操作如下：

（1）选择菜单命令"视图"|"切片层叠"选项，激活该特性。

（2）清除其选中状态即可关闭切片覆盖特性。

（3）再次选择该命令，使其被选中，又可以激活该特性。

在关闭切片覆盖特性后，在文档窗口中选中切片对象，在层面板中会将相应切片对象所在的层边框高亮显示。这仍然能够帮助了解切片的位置。

9.2.4　为切片分派 URL

切片同热点对象一样，可以为其分派 URL。这样，在网页中显示图像时，单击不同的图片区域，就可以实现跳转。为切片分配 URL 的具体操作如下：

（1）选中要为之分派链接的切片。

（2）单击切片属性面板中的"链接"下拉列表，如图 9-36 所示。

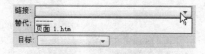
图 9-36　链接下拉列表

（3）在"链接"下拉列表中选择现有的 URL 链接，也可以直接在其中输入需要的链接地址。

（4）在"替换"文本框中输入切片的替换文字。当浏览器无法显示图像时，会在图像的位置上显示这些文字，以便用户了解在网页上到底有什么东西。

（5）在"目标"下拉列表中，选择单击链接打开网页时，在哪个框架集中打开网页。它包含如下一些选项：

- _blank 表明在新窗口中打开链接指向的页面
- _self 在当前页面的框架集中打开页面
- _paren 在当前页面的父级框架集中打开页面
- _top 在本页面所在窗口中展开页面，如果当前窗口中包含框架，则会删除所有框架。

9.2.5 创建文本切片

Fireworks 中不仅图像可以制作切片，文本同样也可以制作切片。与图像切片不同的是，文本切片不导出图像，它导出的是出现在由切片定义的表格单元格中的 HTML 文本。

创建文本切片的具体操作如下：

01 在文档中，绘制需要的切片对象，并选中该对象。

02 在属性面板中打开"类型"下拉列表，选择"HTML"选项，属性面板如图 9-37 所示。

03 单击"编辑"按钮，打开 HTML 编辑器。在编辑器中可以输入 HTML 代码，也可以输入纯文本或 JavaScript 代码使切片实现某些特性，如图 9-38 所示。

图 9-37 "HTML"属性面板　　　　图 9-38 "HTML"编辑器

04 单击"确定"，完成文本切片的编辑。

此时文本切片部分的图像不能显示出来，如图 9-39 所示。

可以看出"文本"切片的最大用途是插入文本对象。

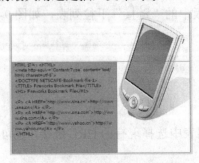

图 9-39 添加文本切片的效果

9.2.6 导出切片

新建或编辑完切片对象之后，需要将含有切片的文档导出，才能在 Web 页面中使用。在导出包含切片的文档时，有一些同常规的导出操作不一样的地方。

1．命名切片对象

因为每个切片对象都对应于一个真正的图像文件，所以在文档中需要给切片对象命名。Fireworks 在导出时自动对每个切片文件进行命名，同时也允许用户手动为切片对象命名。

编辑自动命名的切片命名，具体操作如下：

（1）选中要命名的切片对象。

（2）改写属性面板中"编辑对象名称"文本框中的切片名。如图 9-40 所示。输入切片名称时不要为基本名称添加文件扩展名。Fireworks 会在导出时自动为切片文件添加文件扩展名。

若用户想按自己的习惯让系统为切片自动命名，则其具体操作如下：

（1）选择菜单栏"文件"|"HTML 设置"命令，弹出"HTML 设置"对话框，如图 9-41 所示。单击对话框顶部的"文档特定信息"选项卡，切换到"文档特定信息"选项卡。

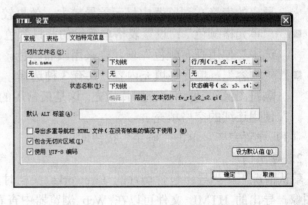

图 9-40 编辑对象名称　　　　　　图 9-41 "HTML 设置"对话框

（2）单击对话框中"切片文件名"下拉列表，选择"切片"选项，然后在命名文本框中设置切片自动命名的参数。

Fireworks 允许用户用 6 个部分组合来命名切片。在每部分对应的下拉列表中可选择该部分使用的命名依据，共有 12 种选择：

- "无"：表示命名组合中不含此部分。
- "doc.name"：使用原始文档的文件名。
- "切片"：使用"切片"一词。
- "切片编号（1、2、3...）"：使用切片的数字编号，数字为 1，2，3，…。
- "切片编号（01、02、03...）"：使用切片的数字编号，数字为 01，02，03，…。
- "切片编号（A、B、C...）"：使用切片的大写字母编号。
- "切片编号（a、b、c...）"：使用切片的小写字母编号。
- "行|列（r3_c2,r4_c7...）"：使用切片在表格中的坐标。

- ■ "下画线"：使用下画线分隔切片名称。
- ■ "句号"：使用句点分隔切片名称。
- ■ "空格"：使用空格分隔切片名称。
- ■ "连字符"：使用连接符分隔切片名称。

因为切片在网页中通过表格实现引用，所以还应设置表格参数。单击对话框顶部的"表格"选项卡，切换到"表格"视图，如图9-42所示。

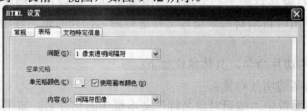

图9-42 "表格"选项卡

"表格"选项卡用于设置表格参数：

- ■ "间距"：设置表格的占位符，共有3种选择。"1像素透明间隔符"：使用1X1像素大的透明GIF文件作为表格占位符；"嵌套表格-无间隔符"：使用嵌套表格，不使用占位符；"单一表格-无间隔符"：不使用嵌套表格和占位符。这样导出的表格在浏览器中显示差异较大，效果较差，一般不采用。
- ■ "单元格颜色"：设置表格单元格的背景颜色。可以在颜色选择板中选择，如果选中"使用画布颜色"项，则采用画布颜色。
- ■ "内容"：单元格填充内容，共有3种选择，"无"：不填充表格单元格；"间隔符图像"：使用占位图片填充，这是最常用的选项，效果最好；"不换行空格"：使用连续的空格填充。

（3）设置完毕，单击"确定"按钮即可。

2．导出切片

默认情况下，当导出包含切片的Fireworks文档时，将导出一个HTML文件及其相关图像。导出的HTML文件可以在Web浏览器中查看，或导入其他应用程序以供进一步编辑。

（1）选择菜单栏"文件"|"导出"命令，打开"导出"对话框，如图9-43所示。

（2）输入导出文件的名称，并选择存放路径。

（3）单击"保存类型"下拉列表，选择"HTML和图像"。

（4）在"HTML"下拉列表中选择HTML代码的导出方式。

- ■ 选择"导出HTML文件"可以将代码导出为独立的HTML文件；
- ■ 选择"剪切板"可将代码复制到剪切板，然后使用Dreamweaver或其他网页编辑工具将代码粘贴到网页文件中。

（5）在"切片"下拉列表中选择"导出切片"。

（6）选中"仅已选切片"项，只导出选中的切片。

（7）选中"包括无切片区域"项，导出图像的其他区域。

（8）选中"将图像放入子文件夹"项，可将图像文件放在子文件夹中。单击下面的"浏览"按钮选择目标子文件夹。

（9）单击"保存"按钮，完成含有切片的图像的导出。

图 9-43　导出对话框

9.3　思考题

1．简单介绍一下什么是热点和切片，以及它们的功能是什么。
2．考虑一下在 Fireworks 和 Dreamweaver 中切片实现的方式有哪些不同。

9.4　动手练一练

1．试着在图 9-44 中的 4 个脸谱处建立 4 个 URL 链接。
2．试着将图 9-45 进行切片操作，减少其作为 Web 页的文件大小。

图　9-44

图　9-45

第10章 优化与导出

本章导读

　　本章主要讲述了在 Fireworks 中编辑的对象进行优化和导出的操作。对于不同类型的对象，Fireworks 均允许使用优化面板来调整对象的质量和大小之间的关系，以便在 Internet 的 Web 页上实现最佳效果。之后可也通过预览导出和导出向导实现不同格式对象的导出。

◎　使用优化面板

◎　使用导出向导

◎　使用预览导出

10.1 优化图像

若将上网浏览比作"冲浪",则真正享受冲浪乐趣的人并不多。很多人为了获得较快的速度不得不过着"起早贪黑"的生活。所以制作 Web 页时应该考虑使创建的 Web 页能够很快下载。Fireworks 可以制作符合不同网络链接速度的 Web 图像,并且能够对创建的 Web 图像尽可能地进行优化。

📖 10.1.1 概述

图像的使用使网页更加丰富多彩,但同时增添了网页的大小,减缓了下载速度。通过对图像进行优化可以合理地解决这种矛盾,避免网页的过度臃肿。

对于 Web 图像,颜色和像素是它们的主要组成结构。图像中的颜色越多,图像包含的内容(也即像素)就越多,图像对应的文件尺寸也就越大。因此,要减小图像文件的大小,必须减少图像的颜色和像素。合理分配图像的颜色可以减少图像中包含的颜色;选择合适的压缩格式可以减少图像文件中像素占用的磁盘空间。但在进行图形的压缩时应该最大程度上保证图像的质量没有太大损失。

对图像的优化就是在减少图像颜色、对图像数据进行压缩以及保证图像质量三者之间取一个最佳效果。

通常图像的优化流程有两种方法:

第一种方法是在图像的设计之初,明确指定图像中使用的颜色和包含的像素,这样在绘制和编辑图像时不会超出标准。完成图像的编辑后,也就生成了最终的图像。这种方式一开始就按照最佳方案进行优化,因此没有后续工作。如,直接操作 GIF 图像或 JPEG 图像的应用程序都采用这种设计方法。这种方法存在的不足是:在编辑图像时,可能会由于条件限制不能使用许多美观的效果,这样就不能充分体现 Web 图像的设计要求。另外这种方法生成的图像质量是固定的。一旦图像要求发生改变,例如希望添加图像内容或是增加图像质量,则需要重新进行绘制,导致重复劳动。

第二种方法是考虑到优化的要求,直接在文档中使用一切可行的方法绘制图像,最后再考虑优化的设置,生成优化的图像,并同时保存原始的未优化图像。该方法在绘制和编辑图像时不会受到限制,可以最大程度地发挥作者的创作力;此外,因为只有在导出时才应用优化设置,这样可以随时根据需要,从原始最高质量的图像文档中导出不同质量和不同大小的图像,方便对原始图像的重复使用。

Fireworks 采用的是第二种方法。首先所有的原始图像数据都保存为 PNG 格式的文档。用户可以根据需要随心所欲地对文档进行绘制和处理,充分发挥创造能力,不用担心图像是否使用了过多的颜色,或添加了过多的效果。在生成需要的 Web 图像时,设置需要的优化选项,并将图像导出为经过优化的 JPEG 或 GIF 格式的图像。

通常对图像进行优化的工作主要包含以下 3 个部分:

(1)选择合适的图像格式打开图像并以多种文件格式将其保存。因为不同的图像格式采用不同的压缩算法,所以选择合适的压缩算法可以极大地减小图像文件的大小,从而加快网页的下载。Web 支持 GIF、JPEG 和 PNG 格式的图像。GIF 和 JPEG 格式是标准的 Web 图像格式，大多数浏览器都支持这种格式的文件。而 PNG 图像只有少数浏览器支持。所以，可以将文件保存为 PNG 格式，在 Web 中采用 GIF 和 JPEG 格式。有时要保存某种效果，需要某种特定的格式。如，要保存背景透明的图像，必须采用 GIF 格式；若使用动画图像，则需要使用动画 GIF 格式。JPEG 格式不包含这些特性。

（2）设置需要的格式选项。在控制的图像压缩时，每种 Web 图像文件格式都具有特定的设置选项。如，在 GIF 图像中最多可以显示 256 种颜色，若要显示更多颜色，可以在文件中选择颜色抖动。在 JPEG 图像中可以对像素进行平滑，使图像的细节被模糊。图像以 JPFG 格式导出时，在相同的质量下可以得到更大的压缩比率，最大限度地减小图像文件大小。

（3）调整图像中的颜色数目（仅限于 8 位文件格式）。控制图像中的调色板可以限制图像中的颜色数目，在很大程度上减小图像的大小。颜色优化操作也就是从调色板中删除不使用的颜色，或不重要的颜色。调色板中的颜色数目越少，表示图像中颜色越少，同时图像文件的大小也就越小。但减少图像中的颜色数目会影响图像的质量，所以，需要在图像质量和颜色数目之间进行权衡，这样一方面在最大程度上保证质量不至于过分损失，另一方面在最大程度上减少颜色数目。

📖10.1.2　基本的优化操作

Fireworks 在图像导出前对图像进行优化，图像优化的基本操作如下：

（1）单击菜单命令"窗口"|"优化"命令，打开优化面板，如图 10-1 所示。

（2）使用优化面板中的"色版"选项框来显示当前调色板中的颜色，然后对图像中的颜色进行编辑。

（3）利用预览窗口显示图像优化后的外观。可以在多个预览窗口中比较不同优化设置下的图像大小、下载速度和外观，如图 10-2 所示。

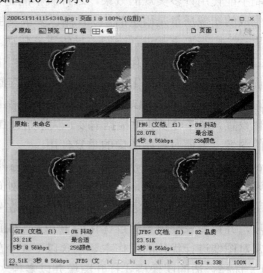

图 10-1　"优化"面板　　　　　　　　　图 10-2　预览窗口中预览

Chapter 10

Fireworks 可以在操作的同时预览操作的结果。

1．基本的优化过程

通常使用优化面板设置图像的优化选项的具体操作如下：

（1）在优化面板中"文件格式"下拉列表中选择需要的文件格式。不同的文件格式，在优化面板中的选项不同。

（2）设置需要的优化选项。如"色版"、"颜色"、"抖动"和"透明度"等。

（3）单击优化面板右上角的三角形按钮，打开面板菜单，再设置一些额外的选项。

（4）设置完毕，选择"文件"|"导出"命令，或单击工具栏中的"导出"工具按钮，将文档以指定的文件格式导出。

> **注意：**
>
> 在文件格式下来列表中的文件格式可能是 Fireworks 预设的，也可能是用户自己保存的。

此外，还可以在切片文档上应用相应的优化设置。例如，将分割图像得到的某些切片以 JPEG 格式进行优化和导出，而另一些切片部分以 GIF 格式进行优化和导出。

例如，将图 10-2 中左图的对象进行优化后的效果如图 10-2 中右图所示。在设置前图像文件大小为 147KB，设置之后文件大小为 28KB，下载时间为 4s。

2．使用"优化"面板

根据需要设置"优化"面板的各种优化选项，可以实现预期的优化效果。通常称设置优化选项的组合为"优化方案"。Fireworks 具有保存优化方案的功能，通过该功能将自己自定义的优化方案保存起来，在组图中可以重复使用。将优化操作存为预设的操作如下：

（1）单击"优化"面板右上角的面板选项按钮，打开面板选项菜单，如图 10-3 所示。

（2）选择"保存设置"选项。打开"预设名称"对话框，如图 10-4 所示。

（3）在文本框中输入预设的名字。

（4）单击"确定"，保存预设。

此时被保存的优化方案的名称会出现在优化面板"方案设置"下拉列表中。若在下次使用该方案，可以直接打开下拉列表，选择该优化方案即可，如图 10-5 所示。

图 10-3　优化面板菜单

图 10-4　"预设名称"对话框

图 10-5　打开方案设置下拉菜单

Fireworks 在"settings\Export Settings"文件夹中保存了相应的预设方案。若希望在其他的个人计算机中使用该方案设置，则可以将该文件夹复制到目标计算机的相应根目录下。

当某个优化方案不再需要，可以将之删除，以节省优化面板中"设置"下拉列表上的空间。删除某个优化方案的具体操作如下：

（1）在优化面板上，打开"方案设置"下拉列表，选中要删除的优化方案。

（2）单击右上角的三角形按钮，打开面板菜单，然后选择"删除设置"命令，即可删除该预设。

注意：

删除预设时只能删除用户自定义的优化方案，Fireworks 内置的预设方案不能删除。因为只有用户自定义的预设方案才保存在"Settings\Export Settings"文件夹中。

3. 预览图像和比较优化结果

Fireworks 对预设有实时性。当设置好预设时，可以马上预览到优化结果。这样方便查看优化的效果是否符合要求。

此外，在 Fireworks 中可以根据优化方案产生多个预览结果，这样允许在多个结果中进行比较，找出最合适的优化方案。

预览优化结果的具体操作如下：

（1）单击文档窗口的"预览"选项卡，可以预览原始图像，如图 10-6 所示。

（2）在"预览"选项卡左下角显示有当前图像文件大小和在某一传输速度时的下载时间，如图 10-6 所示。"预览"选项卡左下角的文字是：26.38K 4 秒@56kbps JPEG(文档)。

这表示：当前优化设置将文档以 JPEG 格式导出成为 JPEG 图像文件，导出后文件大小为 26.38KB。如果用户浏览网页时的下载速度为 56Kbps，则显示这幅图像至少需要 4s 时间。

有经验的用户会知道对于如此大小的文件，需用 4s 的时间显示，说明优化程度不够。

注意：

预览时 Fireworks 会滤掉用于辅助显示的文档内容。如，在文档工作区显示的灰白相间的画布，在预览时显示为白色。若在文档设计时包含按钮，在预览时可以测试按钮。

为方便比较原始图像和优化后图像的结果比较，可以选择优化面板中的"2 幅"按钮 ▯2幅，如图 10-7 所示。

在"2 幅"选项卡窗口的下方，会显示当前的一些关键性优化设置信息，如生成的相应格式图像后的文件大小和下载时间等信息。不同的图像格式，显示的信息不同。图 10-8 分别显示了将图像以 GIF 格式和 JPEG 格式优化时，在预览窗格中显示的信息。

若要修改优化方案，可以直接在优化面板中进行设置，修改的结果会直接反映到"2 幅"选项卡窗口中。

200

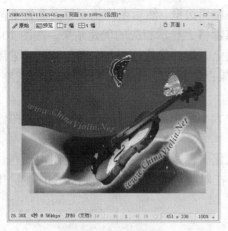
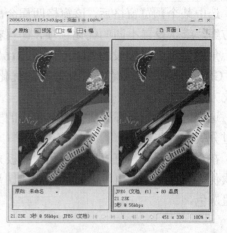

图 10-6　预览选项卡　　　　　　　图 10-7　选择预览中的 2 幅对比效果

图 10-8　不同格式的预览效果

　　此外，Fireworks 还允许将原始图像和多个优化的图像进行比较。这时可以选择"4幅"选项卡田4幅，将以 4 个窗格显示图像的预览外观。其中第一个窗格显示原始图像，其他 3 个窗格显示优化后的图像。

　　同"2 幅"预览模式相比，"4 幅"预览模式更多地用于在多种优化结果中进行比较，如图 10-9 所示。

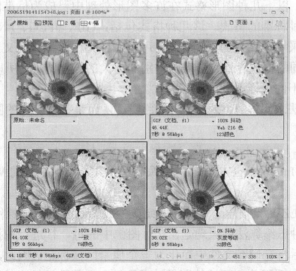

图 10-9　选择 4 种不同的预览效果

选中某个预览窗格后，该窗格四周会出现粗黑边框。然后在优化面板上选择不同的优化方案，或是设置不同的优化选项，即可在该窗格上显示相应的优化结果。在图 10-9 中，右上角的显示采用预设的"GIF 网页 216"优化方案的优化结果；左下角的显示采用预设的"GIF 接近网页 256 色"优化方案的优化结果；右下角显示采用预设的"GIF 灰度等级"优化方案优化结果。

这样可以看到，哪种优化方案生成的文件大小最小，下载时间也最短，同时图像也没有过分失真。

在查看预览时，可以用"优化"面板来优化文档，就像在"原始"视图中那样。可以一次优化整个文档，也可以只优化所选切片。在对所选切片进行优化时，没有被优化的切片呈灰色。

注意:
导出时，导出选中的某个预览窗格。此时，选项卡上会显示设置的参数，因此，在导出图像之前，应确认是否选中了所需的优化方案。

10.1.3 选择适当的文件格式

合理选择文件格式，是优化图像的基础，也是最重要的操作。只有选择了正确的文件格式，在最后导出时才可以起到事半功倍的效果。

1. 几种图像文件格式

为减少图像文件的大小，需要对文件数据进行压缩。如，假设有一幅 100×100 大小全部填充黑色的矩形图像。如果不对其中的数据进行压缩，则对应的图像文件至少会有 $100 \times 100 \times 1 = 10\,000$ 字节，约 10KB。若采用如下的压缩算法：在文件中用第 1 字节表示图像宽度；第 2 字节表示图像高度、第 3 字节表示像素颜色，则只需要 3 字节就可以完全表示原本 10KB 的图像。

在实际应用中，以下几种图形格式在许多图形处理中已成为标准的格式，并且大多数浏览器也支持这几种标准的格式。这几种格式包括：GIF、JPEG、PNG。

这 3 种格式都采用了高效的压缩算法，可以在很大程度上减小文件的尺寸。但对于同一幅图像，采用不同的格式存储，会得到差别非常大的优化结果。所以用户在选择时应该根据图像中数据的不同选择不同的压缩方式。

实际中压缩算法之间本身并没有什么优劣之别。而是某些特定的图像会特别适合于某种压缩算法。

2. GIF

GIF（Graphics Interchange Format，图像交换格式）图像是目前 Web 中最常使用的图像。

它采用高效的 LZW 无损压缩算法。因此，生成的 GIF 图像同原图像差别不大，不会丢失图像信息。这种压缩算法的原理是，它对图像中的每一行进行扫描，查找那些具有相同颜色的区域，然后将它们在文件中简化为一个像素区域标记。因此，这种文件格式比较适合存储那些包含大面积单色区域的图像，或是包含颜色数目较少的图像，例如卡通、徽标等。

GIF 格式的图像最多只能显示 256 色。通常，在 GIF 文件中包含一个调色板，记录像素值和颜色之间的索引关系。如果希望在图像中显示更多的颜色，可以通过"抖动"的方法来实现。

"抖动"实际上就是用 256 种颜色中的两种或多种颜色混合起来，形成新的颜色。"抖动"处理后的图像会产生斑点效果，因此图像会失真。所以，如果对图像的颜色要求比较高，最好不使用 GIF 格式。

通过控制 GIF 文件中包含的颜色数目来优化 GIF 图像，例如，可以从 GIF 文件中删除那些不需要的颜色，减少颜色数目，以减小文件尺寸。

GIF 图像在网络上流行的主要原因是它支持动画格式。可以在一个图像文件中包含多帧图像页，当在浏览器中显示时，就可以看到动感的图像效果，使页面变得很生动。其他类型的图像格式，如 JPEG 图像做不到这一点。

此外，GIF 图像还支持透明背景，所以可以用它来制作一个看上去形状不规则的图像，获得别致的艺术效果，在网页中也经常利用这种透明特性制作项目符号和按钮等不希望遮挡背景的元素。

注意：

> 并不是所有的 GIF 图像都支持动画和透明背景。只有 GIF98a 的图像才支持动画和透明背景。而 Fireworks 可以生成这种格式的图像。

3．JPEG

JPEG（Joint Photographic Experts Group，联合图像专家组）图像也是目前 Web 上广泛使用的图像格式，它是联合图像专家组专门为照片或增强色图像开发出来的一种图形标准。JPEG 通过减少像素的方法对图像数据进行压缩，因此它的压缩算法是一种有损压缩，可能造成图像的失真。但是这种压缩算法导致的损失主要是针对原图像中不易为人眼察觉的部分，因此人眼不容易分辨。

JPEG 压缩的有损程度可以控制，对于细节要求较高的图像，采用损失较小的压缩；而对于细节要求不高的图像，可以采用损失较大的压缩。

同适合处理连续大片单色区域的 GIF 不同的是，JPEG 格式适合存储那些具有颜色连续过渡区域的图像，比如照片。

此外，JPEG 图像的最大的特点是它支持 24 位真彩色（16777216 色），所以，若想在网页中显示比较重色的图像，应该使用 JPEG 类型的图像。但是，JPEG 图像不支持透明背景，所以如果希望构建背景透明的图像，需要使用 GIF 格式的文件。

由于图像经过压缩，所以浏览器中显示图像的时间是下载时间和解压缩的时间和。通常，下载时间远远大于图像解压缩的时间，但解压缩的时间也不容忽视。所以，浏览器中显示 GIF 图像的速度要比显示 JPEG 图像的速度要快，因为 JPEG 的压缩程度比较深。

在压缩算法上，JPEG 格式同 GIF 格式的主要差别在于 GIF 格式通过控制文件中的颜色数目来减小文件，而 JPEG 格式通过减少文件中的像素数目来减小文件。

所以，可以看出，对像素和颜色要求不同的优化应该选择不同的压缩格式。

4. PNG

PNG（Portable Network Graphic，便携网络图像）图像目前受 W3C 组织的大力推荐，现在网络上逐渐推广。它采用同 GIF 图像类似的压缩算法，不仅对像素的行进行扫描，还对像素的列进行扫描，因此可以获得较好的压缩效果。这种压缩算法是一种无损压缩，能够真实重现原始图像的信息，同时支持真彩色，而且图像文件的大小同 JPEG 差别不大。同时，PNG 的压缩算法避开了版权争议的问题，是一种能够"安全"使用的图像。

PNG 图像的格式非常灵活。它可以支持透明背景和 a 通道。与 JPEG 图像不同的是，JPEG 格式不支持 256 色（但支持 256 色灰阶），而 PNG 格式可以支持多种颜色数目，例如 8 位色（256 色）、16 位色（65536 色）或 24 位色（16777216 色）等，甚至还支持 32 位更高质量的颜色。

PNG 还有一个更重要的特性，就是在不同的计算机平台上 PNG 文件可以显示得完全一致。通常，基于 Windows 的计算机上绘制的图像，在 Macintosh 计算机上会显得较亮，相反，在 Macintosh 计算机上制作的图像在基于 Windows 的计算机上会变暗，而利用 PNG 图像的 Gamma 校正特性，可以避免这种差别。

目前只有较高版本的浏览器，如 Internet Explorer 4.0、Netscape Navigator 4.0 及它们的更高版本浏览器，才支持 PNG 格式的图像，但也不能支持所有的 PNG 特性。例如，PNG 中的 a 通道，目前尚无浏览器支持，但相信随着计算机硬件水平的提高，PNG 格式的图像将来会变为网络图像的标准，得到更广泛的使用。

Fireworks 将 PNG 文件作为原生文件使用，所以它对 PNG 格式有很好的支持。

> **注意：**
> Fireworks 中的 PNG 文档包含很多额外的资源信息。这些信息，不能被浏览器和其他编辑器识别。因此，若想将图像作为 PNG 图像而在 Web 中使用，需要将 PNG 文档导出为通用的 PNG 格式图像。

Fireworks 中，除了使用 GIF、JPEG 和 PNG 格式图像外，还使用一些常见的格式，如 BMP 和 TIFF。

5. TIFF

TIFF（Tag Image File Format，标记图像文件格式）是 Aldus 公司开发的一种用于存储位图图像的图形格式，这种格式主要应用于出版和印刷。TIFF 的格式非常灵活，曾经被当做未来的图像标准。但随着 Web 的出现和普及，它的应用范围没有更普及。

TIFF 格式可以采用多种压缩算法，甚至可以不对图像压缩，最大程度地保证图像真实程度。目前大多数的扫描仪，在扫描图像时，都采用 TIFF 图像格式。

在优化面板上的"文件格式"下拉列表中，可以看到"TIFF8"、"TIFF24"、"TIFF32"等选项。表明 Fireworks 可以生成 8 位色、24 位色和 32 位色的 TIFF 图像。

6. BMP

BMP（Bitmap，位图）格式是 Windows 操作系统中最常见的格式，用于显示位图图像，并且 Windows 自带的"画图"程序已经将其作为默认的文档格式。通常 BMP 格式不对数据进行压缩，因此文件很大，但是 BMP 文件的显示速度很快。

在优化面板上的"文件格式"下拉列表中，可以看到"BMP8"和"BMP24"等选项，表明 Fireworks 可以生成 8 位色和 24 位色的 BMP 图像。

10.1.4 GIF 和 PNG 优化设置

了解了文件格式的特点之后，可以针对每种格式进行具体的优化设置。因为 GIF 格式和 PNG 格式在压缩算法上类似，所以相应的优化设置也是大同小异，因此将这两种格式的优化方法同时介绍。GIF 格式的文件在 Web 页中的使用要比 PNG 图像更普遍。所以介绍重点放在 GIF 格式上。

1. 选择调色板

通过减少图像中的颜色数目，可以得到非常好的优化效果。可以通过优化面板中的"颜色"、"色版"和"调色板"下拉列表设置图像的颜色数目和质量。对于 GIF 格式的图像，最多支持 256 种颜色。可以为其选择 2、4、8、16、32、64、128 和 256 等几种颜色数目。

如图 10-10 所示，左图显示的是自行绘制的"立方体"图像，其颜色数目只使用了 4 种颜色（包括白色的背景）。将图像颜色分别选择为 64 色和 256 色时，图像的大小差别很明显，但是图像的质量没有太多改变。因此，应尽量减少图像中的颜色数目。

调色板实际上是一个颜色索引，用于将图像中的像素的二进制数值同某种颜色值对应起来。在显示图像时，根据这种像素值和颜色值的对应关系，就能够将像素颜色正确显示出来。不同的图像中可以包含不同的调色板，所以，对于同样的像素值，可能在某个图像中显示为这种颜色，但在另外的图像中显示为其他的颜色，如图 10-11 所示。

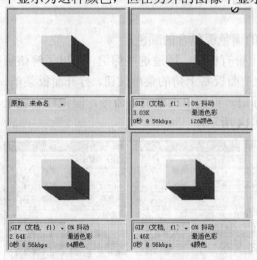

图 10-10 "立方体"图像

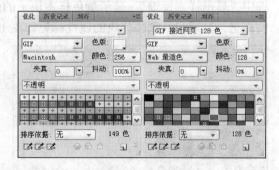

图 10-11 调色板

可以看到 GIF 和 PNG 图像所使用的调色板有 10 种选择：

- "最合适"：使用自适应颜色。从图像中选取使用最多的 256 种颜色组成调色板，包括网络安全色和非网络安全。
- "Web 最适色"：使用自适应网络安全色。首先从图像中选择 256 种网络安全色组成调色板。如果网络安全色不满 256 种，则使用与之最接近网络安全色代替。
- "Web 216 色"：使用 216 网络安全色，适用于 Windows 和 Macintosh 系统。

- "精确"：使用图像中所有的颜色。
- "Macintosh"：使用 Macintosh 系统的 256 标准色。
- "Windows"：使用 Windows 系统的 256 标准色。
- "灰度等级"：使用 256 色灰度，导出黑白图像。
- "黑白"：仅使用黑色和白色。
- "一致"：根据图像的 RGB 颜色色阶生成调色板。
- "自定义"：自定义调色板。

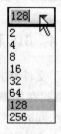

通过在优化面板上的"颜色"区域输入需要的颜色数，或是打开该下拉菜单，选择需要的颜色数，即可设置调色板中的颜色数目，如图 10-12 所示。

图 10-12　颜色选择下拉列表

注意：

　　这里设置的颜色数目是图像中调色板里可以包含的最大颜色数目，不是图像中真正存在的颜色数目。图像中真正存在的颜色可以在图像的预览窗格的下方看到，也可以在颜色表的左下角看到，如图 10-13 所示。对于 JPEG 文件，只有 24 位真彩色，不能选择颜色数目，如图 10-13 第 2 幅图。

减少调色板中的颜色可以减小图像的文件大小，但如果调色板中颜色数少于图像中包含的真实颜色数，则会产生图像失真。Fireworks 自动从图像中去除使用最少的颜色，然后用调色板中存在的接近的颜色来替代，将图像的失真减少到最低。

2．认识颜色表

在"颜色表"面板中可以查看当前图像中的调色板包含的颜色。

设置颜色标记：颜色表中很多颜色样本块上带有标记。通过这些标记，可以了解该颜色属于哪种颜色，以及包含的属性。单击"优化"面板右上角的菜单按钮，打开面板菜单，选中"显示样本反馈"。显示颜色样本块上的标记。再次单击取消该命令，隐藏样本块上的标记。显示和隐藏颜色块的属性标记如图 10-14 所示。

图 10-13　颜色数目

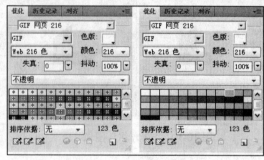

图 10-14　显示和隐藏颜色标记

设置颜色选择：单击颜色表中的某种颜色可以选中该颜色。

设置"排序依据"：单击打开"排序依据"下拉列表可以重新排列颜色，如图 10-15 所示。亮度：使当前颜色表面板中的颜色样本按照从明到暗的顺序排列；使用次数：使当前颜色表面板中的颜色样本按照使用的频度顺序排列。颜色表面板默认"无"排列顺序，如图 10-16，表示了 3 种不同的颜色排序。

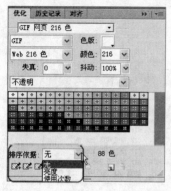
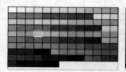
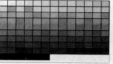

图 10-15 "排序依据" 下拉列表　　　　　图 10-16 不同的排色效果

　　选择相同像素值的颜色：单击颜色表中的某一种颜色并按住鼠标左键，可以使选中的预览窗口中包含该颜色的像素高亮显示。这样就可以查看包含这种颜色的所有像素，如图10-17 所示。

　　重建颜色表：在对图像的颜色表面板进行多次操作之后，有时需要能够恢复原有的颜色。打开颜色表面板菜单，选择"重建"命令，更新颜色表。

　　3. 使用调色板进行编辑

　　使用调色板编辑颜色，可以快速编辑图像文件中的颜色。被编辑的颜色样本块上会出现编辑标记。

　　编辑现有颜色样本的操作如下：

　　（1）在颜色表面板中，选中要编辑的颜色。

　　（2）在"优化"面板的选项菜单中单击"编辑颜色"按钮；或双击要编辑的颜色样本块。打开"颜色"对话框。

　　（3）选择要替换的颜色。

　　（4）单击"确定"，改变颜色表中的颜色。

　　"添加颜色"：单击面板底部的"添加颜色"按钮 ⬚，可以添加所需的颜色。

　　"删除颜色"：选中颜色表中颜色，单击"删除颜色"按钮 🗑，可以删除不需要的颜色。

　　"锁定和解锁颜色"：单击"锁定"按钮 🔒，可以锁定选中的颜色。颜色锁定后，在打开其他调色板时，锁定的颜色会自动添加到新的调色板中。再次单击"锁定"按钮可以对该颜色解锁。也可以通过面板菜单中的"锁定颜色"命令锁定选中的颜色；"解锁所有颜色"对颜色表中的所有颜色解锁。

　　4. 使用 Web 安全色

　　设计 Web 图像时，应该将所有颜色设置为 Web 安全色。若不是 Web 安全色，则应使用与其最接近的 Web 安全色来代替。可以通过"调色板下拉列表"进行选择，如图 10-18 所示。

　　选择优化面板中"调色板"下拉列表中的"GIF 网页 216"选项，可强制将当前颜色表中的颜色都设置为 Web 安全色。

　　选择"调色板"下拉菜单中选择"GIF 网页接近 128"或"GIF 网页接近 256"可以将

那些非 Web 安全色的颜色用最接近的 Web 安全色替代。

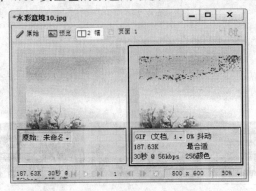

图 10-17　选择相同的颜色　　　　　　　　图 10-18　"调色板"下拉列表

若只希望将颜色表中得部分颜色用 Web 安全色替代，而不改变当前使用的调色板，具体操作如下：

（1）在颜色表面板中，选中需要替代的颜色样本块。

（2）单击优化面板上的"接近 Web 安全色"按钮 ，完成调整。

5．恢复颜色样本

若在颜色的编辑时不小心进行了误操作，Fireworks 允许恢复为原先的颜色样本属性。恢复编辑的具体操作如下所示：

（1）在颜色面板中，选中要恢复起初属性状态的颜色样本。

（2）打开面板菜单，选择"删除编辑"命令。将选中的颜色样本恢复为编辑前颜色状态。

若要恢复所有被编辑的颜色，可选择"删除所有编辑"命令。

注意：
　　　　　该操作只对原调色板中的颜色对象有效，而对新添加的颜色，该操作无效。

先对颜色样本进行锁定，可以再次单击"锁定按钮"来恢复原先的颜色状态。

6．调色板的加载和保存

Fireworks 可以载入其他的调色板，将其应用到当前文档中，也可以将某种设置好的调色板保存起来，以供将来使用。

将编辑好的调色板保存起来的具体操作如下：

（1）完成对调色板的定制。

（2）打开优化面板菜单，选择"保存调色板"命令，打开 Windows "另存为"对话框。

（3）选择合适的保存路径，并输入调色板文件名。

（4）单击"保存"，保存调色板。

通常，调色板文件带有.act 扩展名。

Fireworks 还允许加载保存的定制过的调色板，或从一幅现有的图像中直接提取调色板。其具体操作如下：

（1）打开优化面板的菜单选项，选择"加载调色板"命令。打开 Windows 的文件"打开"对话框。

（2）选择要载入的调色板文件，通常该文件带有.act 的扩展名。

若想在现有的 GIF 等图像中提取调色板，可以选择该图像文件。

（3）单击"打开"，即可完成对调色板的载入。

若载入定制的调色板，或从其他 GIF 图像中提取了调色板，此时在"优化"面板的"调色板"区域就显示为"自定义"。

注意：

当载入调色板同当前文档颜色不匹配时，会导致当前文档的失真。

7．设置抖动方式

因为 GIF 格式的图像只有 256 种颜色，所以若想使图像中的颜色显示超过 256 种，则需要使用"抖动"操作。抖动就是用现有的 256 种颜色中的两种或多种颜色混合起来，形成新的颜色。在"抖动"中的混合实际上是像素上的并行排列，不是"调和"，因此可能产生斑点效果，影响美观。

抖动量可以通过优化面板的"抖动"区域进行设置。单击抖动选项框右边的箭头，打开移动标尺，可以通过标尺选择抖动量，也可以在选项框中直接输入抖动量。其有效范围是 0%~100%。

通常，抖动量越大，图像中的颜色就同原始文档中的颜色越接近，图像的大小也就越大。

抖动量越小，图像中的颜色同原始文档中的颜色就越偏离，但是图像的大小就比较小。

在图 10-19 的右上、左下和右下 3 个预览窗口，分别显示了将抖动量设置为 0%、50% 和 100% 的预览情形。可以看到，随着抖动量的增大，图像颜色越接近原始图像，但是图像的文件会变大。在图中，右下角抖动量为 100% 的图像同原始图像较为接近；而右上角抖动量为 0% 的图像同原始图像差别较大。

对于 8 位的 PNG 图像，同样可以设置抖动选项。但是对于 24 位或 32 位的 PNG 图像，则不能设置抖动，因为此时通过 24 位颜色或 32 位颜色，所有的颜色都可以表述。

8．损失量和减小文件大小

GIF 采用无损压缩，所以采用该压缩算法不会丢失文档中的数据。但为了提供更多的文件大小的选择，Fireworks 允许设置 GIF 的损失量，以获取更高的压缩率。较高的损失量可以获得较小的图像文件，但是图像的失真较大；较低的损失量会生成较大的图像文件，但是图像的失真较小。

可以在优化面板的"失真"文本框中输入损失值，也可以单击"失真"按钮，打开"失真"调节按钮，然后拖动标尺上的滑块，选择 GRIF 格式的损失值。

损失值的有效范围是 0%～100%。通常，GIF 图像的损失量为 5～15 时，可得到较好的结果，而不影响失真。

如图 10-20，显示的是同一幅图片不同的损失量的情况。其中，右上角的预览的图像损失量为 0；左下角的图像损失量为 50；而右下角的图像损失量为 100。可以看到，随着损失量的变大，图像失真程度也越大，但是对应的图像文件也越小。

注意：
对于 PNG 格式的图像，不能设置损失量。

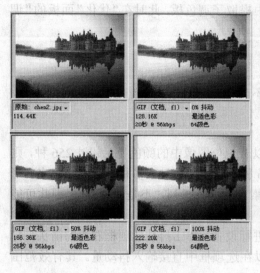

图 10-19　不同抖动量的效果　　　　　图 10-20　不同损失值的效果

9．透明区域

GIF 图像流行的主要优点在于它可以制作透明效果。最常见的透明效果应用就是将背景（实际上就是图像的画布）设置为透明。在 Fireworks 中所有的图像都以矩形的方式存在，也就是说，每幅图像始终占用某个矩形区域。而将图像的背景设置为透明后，可以避免对网页背景的遮挡，从而获得形状不规则的图像效果。

此外 GIF 图像还允图像中任意一种或多种颜色区域设置为透明。

在"优化"面板上，单击"透明类型"下拉列表，可以选择需要的透明类型，有如下几种：

- 　　无透明：表明不为图像设置透明区域。
- 　　索引色透明：可以将图像中的一种或多种颜色映射为透明色，以形成透明效果。
- 　　a 透明：利用文档中的 a 通道形成透明效果。

通常"索引色透明"方式是最常用的透明方式。其工作原理是将某种颜色指定的颜色映射为透明。所以在浏览器显示图像时，不显示包含这些颜色的像素区域，从而实现透明效果。

通常，这种被映射为透明色的颜色称作"索引色"。

使用优化面板中左下角的添加透明色按钮 可以添加透明色。

使用删除透明色按钮 可以删除透明色。

使用选择透明色按钮 每次可以选择一种颜色作为透明色。

如图 10-21 所示，右上图中将亮度较颗亮的颜色设置为透明色；左下图将亮色中等的颜色设为透明色；右下图将深颜色设为透明色。

此外，若绘制对象时使用了抗锯齿特性，在应用了透明色选项之后，Web 显示时会出现"晕环"效果。若不需要这种晕环，可以将图形放大后使用添加透明色滴管 ，选取该晕环的颜色为透明色。从而消除晕环。

10．交错下载效果

通常在下载原始图像时，不能马上显示图像，而是从上至下显示图像。这样不便于用户观察图像的轮廓。GIF 文件和 PNG 文件提供了一种"交错图"的文件格式，可以帮助用户快速了解图像的整体结构。

单击优化面板右上角的面板菜单按钮，在打开的菜单中选择"交错"选项。

优化面板的"格式设置"下拉列表中，包含多种预设的 GIF 优化方案，每种优化方案都有自己的调色板，如图 10-22 所示。

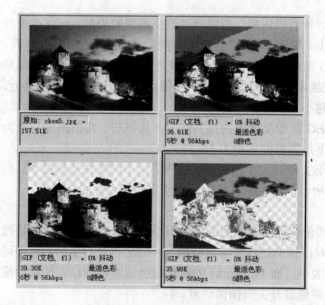

第 10 章 优化与导出

图 10-21　不同透明色的效果　　　　　　　图 10-22　不同优化方案的调色板

- GIF 网页 216：采用 GIF 格式，强制所有颜色均为网页安全色。该调色板最多包含 216 种颜色。
- GIF 接近网页 256 色：采用 GIF 格式，将非网页安全色转换为与其最接近的网页安全色。调色板最多包含 256 种颜色。
- GIF 接近网页 128 色：采用 GIF 格式，将非网页安全色转换为与其最接近的网页安全色。调色板最多包含 128 种颜色。
- GIF 最适合 256：采用 GIF 格式，是一个只包含图形中实际使用的颜色的调色板。调色板最多包含 256 种颜色。

11．"优化"面板菜单中的其他选项

此外优化面板的面板菜单中还有以下两个命令"导出向导"和"优化到指定大小"命令。

若选择"导出向导"命令，会自动启动导出向导对话框，一步一步完成优化和导出操作。

若选择"优化到指定大小"命令，打开如图 10-23 所示的对话框，提示输入文件的最大尺寸，其单位是 k。输入所需的最大尺寸，单击"确定"，确定操作。

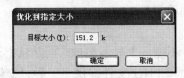

图 10-23　"优化到指定大小"对话框

10.1.5　JPEG 优化设置

1. 改变图像质量

由于 JPEG 使用的压缩算法是一种有损压缩，所以通过改变图像的质量，可以改变对图像数据的压缩程度。在优化面板上，单击"品质"区域右方的箭头按钮，打开品质标尺，拖动标尺上的滑块，可以改变 JPEG 图像的质量；也可以在文本框中直接输入需要的品质值，其范围是 0～100。通常品质值越高，压缩程度越小，图像同原始图像之间就越接近，但是图像文件也相应变大；质量值越小，压缩程度越大，图像文件越小，图像也就越失真。

如图 10-24 中显示了不同的 JPEG 图像质量下的预览情况，其中右上角的图像质量为 100；左下角图像的质量为 30；右下角图像的质量为 1。

可以看出，当品质值很大时图形文件的大小很大；当品质值很小时文件虽然很小，但质量上有些失真，但不是很严重。所以应该根据原始图像的质量选择合理的品质值。

2. 图像模糊与锐化

JPEG 压缩算法可以很好地处理带有连续变化的颜色，但不能很好的处理图像的边缘细节。所以在导出图像之前，若先对图像的边缘细节进行模糊，然后再进行压缩，这样可以提高压缩效率，减小图像文件的大小。而 Fireworks 的锐化颜色边缘特性，可使用户维持两种颜色之间交接位置的细节，避免过分丢失图像信息。

- 模糊细节：在"优化"面板中，单击"平滑"下拉列表，选择相应的平滑等级，对图像的细节进行模糊。其有效的范围是 0～8，数值越大，模糊的程度就越强，生成的图像文件就越小，但图像的失真程度也就越大。

如图 10-25 中显示了不同平滑级别下图像的优化结果，其中所有的预览图像都采用了80 的图像质量，右上角的图像平滑级别为 0，左下角的图像平滑级别为 4，右下角的图像平滑级别为 8。可以看到，在同样是 80 的图像质量下，平滑级别为 8 的图像文件大小只有 70KB。

- 边缘锐化：单击"优化"面板右上角的菜单按钮，选择"锐化 JPEG 边缘"命令。可以对选中的图形对象进行锐化处理，这样会增大图像的文件大小。
- "渐进图"效果：同 GIF 和 PNG 格式文件类似，JPEG 文件允许设置"渐进图"的格式，即最初以较低的分辨率显示，然后随着下载的进行品质逐渐提高。在网络浏览时可以帮助用户了解图像的整体信息。

设置渐进图的基本操作如下：

（1）单击"优化"面板右上角的面板菜单按钮，打开面板菜单。

（2）选择菜单中的"连续的 JPEG"选项。

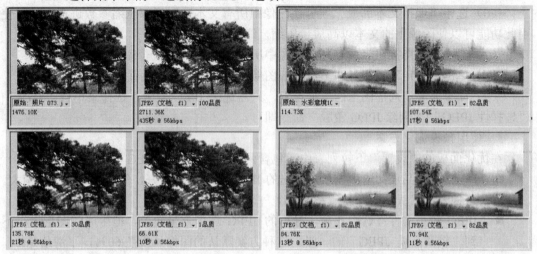

图 10-24　不同 JPEG 图像质量的效果比较　　　　图 10-25　不同平滑级别的效果比较

■ "选择性品质"效果：使用"选择性品质"设置局部图像的压缩程度。
具体操作如下：
（1）使用位图选取工具在图像上选取需要特殊处理的区域，如图 10-26 第 1 幅图所示。
（2）选择菜单栏"修改"|"选择性 JPEG"|"将所选保存为 JPEG 蒙版"命令将该区域保存为 JPEG 蒙版，如图 10-26 第 2 幅图所示。
（3）单击"优化"面板上的"选择性品质"右侧的按钮，弹出"可选 JPEG 设置"对话框，如图 10-27 所示。

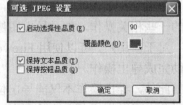

图 10-26　选取特殊处理的区域效果　　　　图 10-27　"可选 JPEG 设置"对话框

（4）选中对话框的"启动选择性品质"选项，在文本框内输入局部图像的压缩参数。输入数值较小时，JPEG 蒙版区域的图像压缩率大于图像的其他区域，质量相对较低；输入数值较大时，JPEG 蒙版区域的图像压缩率小于图像的其他区域，质量相对较高。
（5）在对话框的"覆盖颜色"栏设置选择区域的覆盖颜色。该颜色只会显示在文档编辑窗口中，不影响输出效果。

（6）选中"保持文本品质"项可使图像中所有文本采用局部压缩参数进行压缩。使用此功能可以使图像上的文本以高质量压缩，避免显示模糊。

（7）选中"保持按钮品质"可使图像中所有按钮采用局部压缩参数进行压缩。

（8）单击"确定"按钮，即可对局部图像采用特殊的压缩设置。

（9）如果要取消局部图像的压缩设置，只需选中 JPEG 蒙版，选择菜单栏"修改"|"选择性 JPEG"|"删除 JPEG 蒙版"命令即可。

3．使用预设优化方案

在优化面板的"设置"下拉列表中，包含两种预设的针对 JPEG 的优化方案：

- JPEG-较高品质：选中该项，导出的 JPEG 图像品质较好，但图像文件大小稍大。这种方案默认的图像品质是 80%，平滑值是 0。
- JPEG-较小文件：选中该项，导出的 JEPG 图像质量较差，但生成的图形大小不到"较高品质 JPEG"的一半。这种方案默认的图像品质是 60%，平滑值是 2。

10.2 导出

完成图像的优化之后，需要将图形文档导出，才能使优化的效果得到体现。Fireworks 通过导出操作主要生成 GIF 和 JPEG 等格式的图像。

10.2.1 概述

在 Fireworks 中，完成了对图像的绘制、编辑和应用效果之后，若要将图像在 Web 中使用，需要将文档导出为常见的 Web 图像格式，如 GIF 格式或 JPEG 格式。导出的文档也可以是 PNG 格式的图像，但其与 Fireworks 的 PNG 文档不同。它去除了一些 Fireworks 的固有信息，并进行了优化。

通常，导出操作紧跟在优化操作之后进行，对图像的优化仅仅体现在导出的结果上，并不影响原始的存储在 PNG 文档中的数据。因此，生成的 Web 图像都是在保存的原始 PNG 文档上进行修改。Fireworks 将原始文档保存为复本，所以可以导出多种格式的 Web 图像。

使用 Fireworks 的导出预览，不仅可以在导出的过程中进行优化设置，还可以完成其他的一些相关操作，如对导出图像进行裁切。

对于新用户，可以使用 Fireworks 的导出向导。导出向导可以为用户提供必要的建议，帮助完成导出操作。

此外，导出操作不仅能导出位图类型的图像，Fireworks 还允许导出矢量对象中的路径对象，可以将整个文档导出为 HTML 文件及其相关的图像文件，可以选择只导出所选切片，还可以只导出文档的指定区域，另外，可以将 Fireworks 帧和层导出为单独的图像文件。

10.2.2 使用导出向导

先为图像设置好优化选项，再将图像导出为需要的格式，是最常用的导出流程。导出的具体操作如下：

（1）在优化面板上完成对图像的优化设计。

（2）选择菜单"文件"|"导出"命令，打开"导出"对话框。

（3）选择需要的路径，通常将图像保存在构建的本地站点的图像资源的文件夹中。

（4）在"文件名"文本框输入需要的文件名称。

（5）若导出切片，在"切片"区域设置切片的名称。

（6）若导出的文档包含 HTML 代码，则在导出图像的同时导出 HTML 代码。

（7）单击"保存"，将文档保存为相应的文档格式。

 注意：
> 导出时不能设置导出的文件格式，导出的文件格式是在优化时设定的。

一次导出操作可以产生一幅图像，也可能产生多幅图像，这由文档中的内容决定。若文档中包含切片，则每个切片都会被导出为一个图像文件；如果文档中包含轮替按钮，则每个按钮状态都会生成一幅图片。此外导出的结果中还包含相应的 HTML 源代码，其中包括相应的表格语句，用于组织切片文件，或相应的 JavaScript 语句，用于实现按钮的轮替效果。

📖10.2.3 导出预览

Fireworks 允许在优化预览的同时导出文档。

选择菜单"文件"|"图像预览"命令，或是按下 Ctrl + Shift + X 组合键，打开"图像预览"对话框，如图 10-28 所示。

"图像预览"对话框的预览区域所显示的文档或图形与导出时的完全相同，该区域还估算当前导出设置下的文件大小和下载时间。还同时提供了许多控制选项。其中包括优化面板中的所有选项；可以对图像进行预览，还允许对图像进行缩放和裁切等。

1．导出对话框的预览区域

"图像预览"对话框的右方是预览区域。在该区域可以控制对图像的预览方式，其中包含多种控制选项。

■ "预览"复选框：选中该复选框，在对话框中可以看到文档的预览图像；清除该复选框，则显示文档本身。

■ "保存的设置"下拉列表：包含 Fireworks 中预设的优化方案，与优化面板的"优化设置"下拉列表内容和作用相同。

■ "指钉"按钮：单击该按钮，将鼠标指钉设置为正常方式。这时允许用户在图像窗格上单击鼠标来选中窗格。

■ "放大镜"按钮🔍：单击该按钮，可对文档图像进行缩放显示。这时鼠标指针会变为放大镜的形状。单击图像，即可将之放大显示；按住 Alt 键再单击图像，可以将图像缩小显示。

■ 也可以在缩放比率下拉列表中直接选择需要的缩放比率。

■ 单击"1 预览窗口"、"2 预览窗口"或"4 预览窗口"图标，可以在对话框的预览区域中将图像分别以1窗格、2窗格或4窗格显示。这同文档窗口中的"预览"、"2幅"和"4幅"选项卡功能类似。选择多个显示窗口后，每个图像窗格附近都有自己的"保存设置"下拉列表、"保存"按钮和"预览"复选框，允许对不同的窗格定制不同的显示方式。

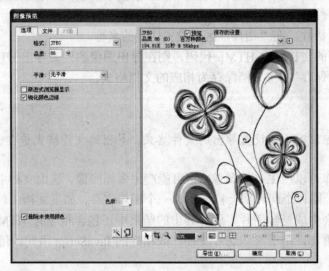

图 10-28　"图像预览"对话框

"帧控制"区域包含一系列按钮，用于预览包含多个图帧的动画 GIF 图像，如图 10-29 所示。

2. 导出缩放

使用 Fireworks 的导出缩放和导出裁切操作可以按照某种要求将图像导出。可以在导出预览的"文件"选项卡中控制"导出缩放"和"导出裁切"。

导出缩放是指将文档导出时进行缩放，该操作会导致导出后的图像大小发生变化，但不会影响原始的 PNG 文档大小；单击"图像预览"对话框的"文件"选项卡，选择"缩放"区域进行相应设置，如图 10-30 所示。"缩放"区域中的参数如下：

- "%"：设置图像在导出时的缩放比例。
- "宽度"：设置图像在导出时的宽度。
- "高度"：设置图像在导出时的高度。以像素为单位。
- "约束比例"：选中该复选框，导出时会保持图像的宽度和高度比。这样导出的图像不会产生形状失真。

图 10-29　预览图帧动画的按钮　　　　图 10-30　"缩放区域"参数设置

3．导出裁切

导出裁切是只导出文档的部分区域而不将完整的文档导出。这样生成的图像只显示文档中的局部内容。

导出裁切的具体操作如下：

（1）单击导出预览对话框的"文件"选项卡。

（2）选中"导出区域"，可以控制文档的导出区域。此时可以设置导出区域在原始文档中的位置。

"X"和"Y"区域可以设置被导出区域在文档中的起点坐标；"W"和"H"可以指定导出区域的宽度和高度。

（3）清除"导出区域"复选框，导出图像会导出整个文档。

此外还可以在图像预览区域直接进行导出裁切。

单击导出预览对话框中右方预览区域的"裁切"按钮，用鼠标拖动窗格中图像周围出现控点，直接在图像上设置导出区域。同时，相应的裁切数值会显示在右方的"导出区域"中。

10.2.4　导出图层或状态

在默认情况下，进行文档的导出操作时，会将所有可见的图层重叠起来，将重叠的结果导出为一幅图像，生成一个图像文件。在 Fireworks 中允许用户将文档中的多个图层分别导出为多个图像文件。

另外，要导出的文档中包含多个状态时，通常会将包含多个状态的文档导出为一个动画 GIF 图像文件。在 Fireworks 中也允许将文档中的多个图层分别导出为多个图像文件。

此时，在导出的多个图像文件中，每个图像均采用当前优化面板上相同的优化设置。

1．将图层导出为多个文件

（1）选择菜单"文件"|"导出"选项。

（2）在"保存类型"下拉列表中选择"层到文件"选项，导出所有图层。

（3）若想在导出的图像中自动裁剪，选中"裁切图像"复选框。

（4）选择要保存的文件路径和文件夹。

（5）单击"保存"按钮，将图层导出为多个图像文件。

2．将状态导出为多个文件

（1）选择菜单"文件"|"导出"选项。

（2）在"保存类型"下拉列表中选择"状态到文件"选项。

（3）若想在导出的图像中自动裁剪，选中"裁切图像"复选框。

（4）选择要保存的文件路径和文件夹。

（5）单击"保存"按钮，将各个状态导出为多个图像文件。

🔲10.2.5 导出 CSS 层

在 PNG 文档中多个对象分别位于不同的层，使用层面板可以方便地管理各个对象的相对位置。当将图像导出为一幅图片时，所有图层中各对象的相对位置就相对固定了，这样不利于在 HTML 文档中控制图片的叠放顺序。

Fireworks 允许将多个图层中的对象分别导出到 HTML 文档中相应的分层中，实现纯代码级别的图像重叠效果。这样，在 HTML 编辑器中，通过拖动和改变各个分层，可以方便地改变各个图层的相对位置。

在 Fireworks 中，正常的 HTML 输出不重叠。CSS 层可以重叠，彼此堆叠在一起。导出 CSS 层的具体操作如下：

（1）选择菜单"文件"|"导出"命令，打开"导出"对话框。

（2）键入文件名并选择目标文件夹。

（3）在"导出"下拉菜单中选择"CSS 和图像"。

■ 若要仅导出当前状态，选择"仅限当前状态"。

■ 若要仅导出当前页面，选择"仅限当前页面"。

■ 若要为图像选择文件夹，则选择"将图像放入子文件夹"，并单击"浏览"按钮，定位到相应的文件夹。

（4）单击"选项"按钮设置 HTML 页面属性。

（5）在"常规"选项卡的"文档属性"区域，单击"浏览"按钮指定背景图像并设置背景图像平铺。

■ 无重复：仅显示一次图像。

■ 重复：横向和纵向重复或平铺图像。

■ 横向重复：横向平铺图像。

■ 纵向重复：纵向平铺图像。

（6）在页面下拉列表中选择页面在浏览器中的对齐方式。

（7）单击"确定"按钮关闭"HTML 设置"对话框，然后单击"保存"按钮。

🔲10.2.6 导出 Adobe PDF

Fireworks CS6 支持 Adobe PDF 文件导出功能，用户可以在 Fireworks 中设计、生成高精度、交互式且安全的 PDF 文档，打印 Fireworks 设计或将其分发以进行审阅，审阅者可以在 Adobe Reader® 或 Acrobat® 中添加注释或回复其他人的注释，以增强沟通。

导出的 PDF 文件将保留所有页面和超文本链接，使审阅者像在 Web 上一样浏览 PDF。但是，与 HTML 原型不同，Adobe PDF 提供可选密码保护的安全设置，可以为查看以及打印、复制和注释等其他任务单独创建密码，防止审阅者编辑或复制设计。

导出 PDF 的具体操作步骤如下：

（1）选择菜单"文件"|"导出"命令，打开"导出"对话框。

（2）键入文件名并选择目标文件夹。

（3）在"导出"下拉菜单中选择"Adobe PDF"。

（4）在"页面"下拉列表中选择要导出的页面，并选中"在导出后查看 PDF"复选框，以便在 Adobe Reader 或 Acrobat 中自动打开 PDF。

（5）若要自定义 PDF，则单击"选项"按钮，在弹出的如图 10-31 所示的"Adobe PDF 导出选项"对话框中调整导出设置。

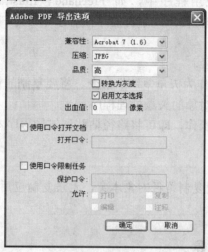

图 10-31　"Adobe PDF 导出选项"对话框

- 兼容性：确定哪些 Adobe PDF 应用程序可以打开导出的文件。
- 压缩：确定图像压缩的类型，减小文件大小。通常，JPEG 和 JPEG2000 压缩对于类似于照片的具有渐变颜色的图像压缩效果较好。对于具有大面积纯色、浅色区域的插图，ZIP 是较好的选择。
- 品质：对于 JPEG 或 JPEG2000 压缩，提供图像质量设置。选择高品质时，生成的文件会很大，但图像质量很好。
- 转换为灰度：将所有图像转换为灰度，以减小文件大小。
- 启用文本选择：允许审阅者从导出的文件中复制文本。取消选择该选项将极大地减小文件大小。
- 出血值：确定每个页面上包围图像的空白边框的像素宽度。例如，值 20 表示使用 20 个像素的边框包围每个图像。
- 使用口令打开文档：需要"打开口令"才能打开导出的文件。
- 使用口令限制任务：需要"保护口令"才能执行以下选定功能：打印、编辑、复制和注释。

（6）单击"确定"按钮关闭"Adobe PDF 导出选项"对话框。

（7）单击"保存"按钮关闭"导出"对话框。

注意：
　　在导出到 PDF 时，即使 Fireworks 文档中的页面具有透明画布，应用了透明特性的对象也会失去其透明特性。为避免出现这种情况，请在导出到 PDF 之前将画布设置为非透明背景。

📖 10.2.7 利用复制和粘贴操作导出路径

使用 Fireworks 的复制和粘贴操作可以将路径对象本身复制到剪贴板中，并粘贴到任意一种可以处理矢量的应用程序中，如 Freehand、Illustrator、Flash、Photoshop 和 CorelDRAW。如，将包含非位图形式字符的路径对象导出为 Flash 格式，具体操作如下所示：

（1）选中要导出的路径。

（2）执行"编辑"|"作为矢量复制"命令。将要复制的信息复制到剪贴板中。

（3）打开要接收路径对象的矢量处理程序。

（4）执行相应的粘贴操作，即可将路径粘贴到矢量程序本身的文档中。

注意：
　　　　该操作只能复制路径对象本身，无法复制应用到路径上的各种属性。

📖 10.2.8 导出矢量对象

Fireworks 不仅允许将图像导出为位图形式，还可以将文档中包含的矢量对象导出为其它矢量应用程序可操作的格式。但导出的 PNG 文件不一定完全包含 Fireworks 中矢量对象的所有特性。

注意：
　　　　导出对象的边界设置为硬线，取消了原来的抗锯齿效果。垂直文本会变为水平文本，从右至左的文本会变为从左至右。实际上，该导出操作仅导出了路径本身。

将矢量对象导出为 FreeHand 和 Illustrator 支持的格式的具体操作如下所示：

（1）选择"文件"|"另存为"菜单命令，打开导出对话框。

（2）在"另存为类型"下拉列表中选择"Illustrator 8"选项。

（3）单击"选项"按钮，打开如图 10-32 所示的"导出选项"对话框。用户可根据需要设置相应的选项：

仅导出当前状态：仅将 PNG 文档中的当前状态导出。如果文档中包含图层，则保留图层的名称。

将状态转换为层：将 PNG 文档中的各个图帧分别转换为图层，保存在导出后的矢量图像中，如果原先的 PNG 文档中包含图层，则去除所有的图层。

（4）若选中"兼容 FreeHand"复选框，则导出的矢量图像同 FreeHand 的版本兼容。此时导出的结果会忽略掉位图图像，同时会将原先的梯度填充变为固态填充。

（5）完成设置，单击"确定"按钮，完成导出操作。默认生成的文件的扩展名为.ai。

将 Fireworks 的 PNG 文档中的矢量对象导出为 Flash 所支持的格式的具体操作如下：

（1）执行"文件"|"另存为"命令，打开导出对话框。

（2）在保存类型下拉列表中选择"Adobe Flash SWF"选项。

Chapter 10

（3）单击"选项"按钮，打开"导出选项"对话框，如图 10-33 所示。

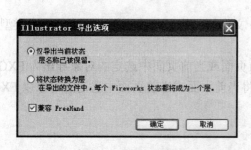

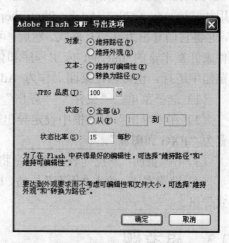

图 10-32 "Illustrator 导出选项"对话框   图 10-33 Flash SWF 导出选项

（4）在"对象"区域可以设置对路径对象的转换选项。

维持路径：原先文档中的路径作为路径保存到导出后的文件中。

维持外观：导出的文件将最大程度上保持原先的图像外观。此时原文档中的笔画和填充等效果都被保留，但所有的矢量对象都会被转换为位图的形式。

（5）在"文本"区域可以设置文档中文本对象的转换选项。

维持可编辑性：导出的文件中保持文本的可编辑性，可以在 Flash 中修改导出的文字内容。

转换为路径：导出的文件中将原先文档中的文本对象转换为路径对象。这样可以将原文档的外观很好地保持。如字体、字型、字号和字间距等，但是不能再编辑修改文字，因为导出的对象已经不是文字对象。

（6）在"JPEG 品质"区域：设置导出的 JPEG 图像质量。

（7）在"状态"区域：设置对文档中状态的导出方式。

全部：导出文档的全部状态。

从…到…：只导出指定范围的状态。

（8）在"状态比率"文本框中设置状态播放的频率。

（9）设置完毕，按下"确定"按钮，完成导出。

若在图 10-33 的对象区域选择"维持外观"，则原来的 PNG 文档中的一些特性会丢失，而笔画大小和笔画颜色会保留。

10.2.9　导出为 FXG 文件

Fireworks CS6 支持 Adobe Flash 应用程序工作流程，与 Flash Catalyst 整合并支持 FXG 2.0 格式。通过 FXG 将对象、页面或整个文档导出到 Adobe Flash 应用程序，进行交互性开发，同时保留用于动画交互开发的图层状态和符号。

FXG 是一种基于 MXML 子集的图形文件格式，MXML 是由 Flex 框架使用的基于

XML 的编程语言。此格式可帮助设计人员和开发人员更有效地进行协作。设计人员可以使用如 Fireworks CS6、Adobe Photoshop CS6 和 Adobe Illustrator CS6 等工具来创建图形，并将它们导出为 FXG 格式。然后，可以在如 Adobe Flex Builder 等工具中使用 FXG 文件来开发丰富的 Internet 应用程序和体验。这些 RIA 可以使用 Flash Player 在 Web 浏览器中运行，也可以在桌面上作为 Adobe AIR 应用程序运行。

（1）选择菜单栏"文件"|"导出"命令。

（2）在"导出"对话框中设定导出 FXG 文件的名称和存放路径，并将"保存类型"设置为"FXG 和图像"。

（3）在"页面"下拉列表中选择是将当前页面或当前页面中选定的对象导出为 FXG。

（4）设置完毕，单击"保存"按钮，即可将当前页面或当前页面中选定的对象以 FXG 格式导出。

10.3　思考题

1. 对象进行优化时，主要针对哪几个方面。
2. 简单介绍一下导出路径的原理。
3. 简单说明导出动画与导出静态图像的不同之处。

10.4　动手练一练

1. 自己找一幅动画图片，试着以 GIF 和 JPEG 等不同图片格式进行优化，观察不同格式下优化后所需的下载时间。

2. 设计一个多页面的 Fireworks 文档，将其导出为 PDF 文件，并设置打开、打印、编辑、复制和注释的密码保护。

第11章 HTML代码的使用

本章导读

　　本章将介绍 Fireworks CS6 中的 HTML 代码的使用，内容包括 HTML 语言的基础、在 Dreamweaver 中的 Fireworks 代码的应用、Fireworks 中 HTML 代码的复制等。Fireworks 允许用户保持全局的代码风格，并且为特定的客户、任务甚至图像选择合适的代码风格，与 Dreamweaver 和 FrontPage 等网页制作软件能够具备很好的交互功能。

◉　掌握 Internet 基础内容

◉　掌握 Dreamweaver 中 Fireworks 的应用

◉　掌握 Fireworks 中 HTML 代码的复制方法

11.1 Internet 基础

将地理位置不同的多个计算机系统通过通信线路连接在一起，由网络软件实现网络资源共享和互相通信的整个信息系统叫计算机网络。计算机网络按照覆盖地域的大小分为局域网（LAN）和广域网（WAN）。Internet 一词来源于英文 Interconnect Networks，即"全球互联网"，简称"互联网"，在我国也称作"因特网"。万维网（WWW）是 Internet 的一部分，它基于超文本（Hypertext）结构体系，靠网页（Page）传播信息。比较常见的网页类型有超文本标记语言（HTML）和 ASP、ASP.NET 语言。此外 PHP、CGI、JavaScript、VBScript 也是网页制作中常常听到的术语。

📖11.1.1 Internet 简介

Internet 即国际计算机互联网，也被称为全球信息资源网。它是由符合 TCP/IP 协议的网络组成，包括美国政府的各联邦网、局域网、校园网、其他国家的各种网络等。Internet 上的信息存放在世界各地的数百万台计算机上，供网上的用户交流和使用。

20 世纪 60 年代中期，美国国防部开发了 ARPANet，主要任务是连接多个子网。为了达到此目的，专家们不断修改支持网络的协议，最终选择了 TCP/IP 协议系列，并将此协议公布给 California 大学的 Berkeley 学院。Berkeley 的研究者将 TCP/IP 集成进了 Unix 操作系统中，并开发了针对 TCP/IP 的程序接口、工具、应用程序，大大推动了基于 TCP/IP 的互联技术的发展。

到了 20 世纪 80 年代初，ARPANet 取得巨大成功。但是由于其隶属于美国国防部，不允许那些没有获得许可的学校接入和使用。于是，美国国家科学基金会 NSF（National Science Foundation）亦采用 TCP/IP 技术，建立了 CSNet。到了 1984 年，NSF 将 6 个超级计算机中心连接起来，加上一些地区性网络，组成了 NSFNet。这样，美国主要的大学及研究机构与为数很少的几个超级计算机中心建立了连接，实现了计算资源的共享。NSFNet 也获得了巨大的成功。

1983 年 1 月，当 TCP/IP 成为 ARPANet 唯一的正式协议后，连接入 ARPANet 的计算机用户迅速增长。在 ARPANet 与 NSFNet 互相连通后，这种增长达到了指数级别，而且还连接了欧洲、美洲、太平洋区域的网络。这样，逐渐形成了现在的 Internet。

随着计算机和通信技术的发展，计算机网络由过去的军事与教育专用网络发展成为无所不包、无所不能的国际互联网络 Internet。Internet 已成为我们生活与工作中不可缺少的一部分。它提供的主要服务有：电子邮件（E-mail）、新闻组（News Group）、远程登录（Telnet）、文件传输（FTP）、电子公告（BBS）和网页浏览（WWW）。

📖11.1.2 万维网的定义

万维网，即 WWW（World Wide Web），是 20 世纪末出现的新技术。它由欧洲粒子物理研究所（CERN）的 Tim Berners-Lee 开发。万维网基于超文本（Hypertext）结构体系，目的是让大家在不同地方用一种简洁的方式共享信息资源。万维网的引入打破了 Internet

仅供专业人员使用的传统，使得成千上万的非专业用户也能加入 Internet。

作为 Internet 的一部分，万维网使得浏览 Internet 变得非常简单，只要用鼠标点击，就可以显示图文并茂的网页，甚至可以有声音、视频、动画等。这也使得万维网成为 Internet 上最受欢迎、最富生命力和使用最多的组成。

万维网采用超文本传输协议（即 HTTP，英文 Hyper Text Transport Protocol 的缩写），通过网页达到信息资源的交流与共享。万维网的网页使用超文本标记语言（即 HTML，英文 Hyper Text Markup Language 的缩写）编写。随着互连技术的发展，新的动态网页技术（如 ASP、PHP、ASP.NET）使得万维网焕发出新的活力。

📖 11.1.3　HTML 语言

1．HTML 语言简介

HTML 的英文全称是 Hyper Text Markup Language，直译为超文本标记语言，它由 W3C 组织商讨制定。HTML 语言不是一个程序语言，而是一种描述文档结构的标记语言。HTML 与操作系统平台的选择无关，只要有 Web 浏览器（Browse）就可以运行 HTML 文件，显示网页内容。

HTML 由标记（Tag）组成，通过标记来确定网页的结构与内容。下面是一个典型的 HTML 文件，它的扩展名为.htm（或.html）：

```
<html>
  <head>
    <title>你好，万维网！</title>
    <meta http-equiv="Content-Type" content="text/html;charset=gb2312">
  </head>
  <body bgcolor="#FFFF99">
    <p align="center">
    <font color="#FF0000" size="6">你好，万维网！</font>
    </p>
  </body>
</html>
```

像 HTML 文件中的有黑色阴影的<html></html>、<head></head>和<body></body>就是标记，它们通常写在尖括号"<>"内。

除了标记，在 HTML 中还常常引用脚本语言（Scripting Language），如 JavaScript 和 VBScript。使用脚本语言，可以制作出网页特效和一些简单的动态效果。

制作网页实际上就是编辑 HTML 文件。随着 IITML 技术的不断发展和完善，随之而产生了众多网页编辑器，按网页编辑器基本性质可以分为所见即所得网页编辑器和非所见即所得网页编辑器（即原始代码编辑器），两者各有千秋。所见即所得网页编辑器的优点就是直观性，使用方便，容易上手，在所见即所得网页编辑器进行网页制作和在 Word 中进行文本编辑不会感到有什么区别，但它同时也存在难以精确达到与浏览器完全一致的显示效果的缺点。也就是说在所见即所得网页编辑器中制作的网页放到浏览器中是很难完全达到真正想要的效果，这一点在结构复杂一些的网页（如分帧结构、动态网页结构及精确定位）中便可以体现出来。非所见即所得的网页编辑器，就不存在这个问题，因为所有的HTML代码都在用户的监控下产生，但是，由于非所见即所得编辑器的先天条件就注定了它的工作效率太低。

常见的Dreamweaver、FrontPage、Go Live、HomeSite都是所见即所得的网页编辑工具，而Word、Notepad、UltraEdit等文本编辑工具都可作为非所见即所得的网页编辑器。

上面所说的HTML指的是HTML4。超文本标记语言（HTML）的开发到1999年HTML 4就停止了。随着网络技术的不断进步，已经存在近十年的HTML4已经成为不断发展的Web开发领域的瓶颈。现在HTML的新版本（通常称为HTML 5，也称为Web Applications 1.0）终于发布了。

HTML 5 的设计原则就是在不支持它的浏览器中能够平稳地退化。也就是说，老式浏览器不认识新元素，则完全忽略它们，但是页面仍然会显示，内容仍然是完整的。为了实现更好的灵活性和更强的互动性，及创造令人兴奋而更具交互性的网站和应用程序，HTML5在保留原有特性的同时，引入和增强了更为广泛的特性，包括控制，APIs，多媒体，结构和语义等，使建构网页变得更容易。

需要指出的是，支持HTML5的浏览器越来越多，甚至包括最新版的IE，当然，所谓支持仅仅是部分支持，即使同一个浏览器的同一个版本，在Mac和Windows两个平台，它们对HTML5的支持也并不一致。如果现在就希望使用HTML5创建站点，至少要对各个浏览器对这种新技术的支持情况有一个全面了解。由于篇幅所限，本书不作介绍，不特别说明，提到HTML均指HTML4，对HTML5技术感兴趣的读者可以参阅相关资料。

2．HTML中的标记

顾名思义，超文本标记语言的语言构成主要是通过各种标记（Tag）来标示和排列各对象，通常标记由"<"、">"符号以及其中所包括的标记元素组成，例如，如果希望在浏览器中显示一段加粗的文本，可以采用标记和，如下所示：

    加粗的文本

在用浏览器显示时，标记和不会被显示，浏览器在文档中发现了这对标记，就将其中包容的文字（这里是"加粗的文本"5个字）以粗体形式显示。

下面是一个最简单的HTML文件：

```
<HTML>
    <HEAD>
        <Title>最简单的HTML文件</ Title>
    </HEAD>
    <BODY>
        这里是文件内容
    </BODY>
</HTML>
```

用户可以用任何文本编辑器来编写上述的文件，最后只要将文件的扩展名定义为".htm"或".html"就可以了。这个文件中有4对标记，如下所示：

HTML 标记：<HTML>标记放在文件的开头，告诉浏览器这是一个HTML文件。</HTML>放在文件的最后，是文件结束标记。

头文件标记：头文件标记是<HEAD>和</HEAD>，一般放在<HTML>标记的后面，是用来表明文件的题目或定义部分。

文件标题标记：文件标题标记为<Title>和</ Title>，这对标记用来设定文件的标题，一般用来注释这个文件的内容，浏览器将文件标题显示在浏览器窗口的左上角。

文件体标记：即<BODY>和</BODY>，他们用来指定 HTML 文档的内容，例如文字、标题、段落和列表等，也可以用来定义主页背景颜色。

还有稍微复杂一些的标记，可以使网页更复杂一些。用户如果有兴趣，可以参考相关的书籍。

如果利用 HTML5 扩展包做网页，声明并创建文档类型时，不再像 HTML 4 或 XHTML 1.0 那样 PUBLIC "-//W3C//DTD XHTML 1.0 Transitional……声明，可以这样写：

　<!DOCTYPE html>

简单而明显，不区分大小写。它可以更容易向后兼容。

3．HTML 基本语法

下面介绍一下 HTML 语言的基本语法。一般来说，HTML 的语法有 3 种表达方式：

■　〈标记〉对象〈/标记〉

■　〈标记 属性1=参数1 属性2=参数2...〉对象〈/标记〉

■　〈标记〉

严格地说，标记和标记元素不同，标记元素是位于"<"和">"符号之间的内容，而标记则包括了标记元素和"<"和">"符号本身。但是通常将标记元素和标记当作一种东西，因为脱离了"<"和">"符号的标记元素毫无意义。在本书后面的章节里，如非必要，将不区分标记和标记元素，而统一称作"标记"。

下面分别对这 3 种形式进行介绍。

（1）<标记>对象</标记>：该语法示例显示了使用封闭类型标记的形式。大多数标记是封闭类型的，也就是说，它们成对出现，在对象内容的前面是一个标记，而在对象内容的后面是另一个标记，第二个标记元素前带有反斜线，表明结束标记对对象的控制。

下面是一些示例：

<h1>这是标题1</h1>

这段文字是斜体文字

其中第一行表明浏览器以标题 1 格式显示标记间的其中文本；第二行表明浏览器以斜体格式显示标记间的文本。

如果一个应该封闭的标记没有被封闭，则会产生意料不到的错误，随浏览器不同，可能出错的结果也不同。例如，如果忘记以</h1>标记封闭对文字格式的设置，可能后面所有的文字都会以标题 1 的格式出现。

（2）<标记 属性 1=参数 1 属性 2=参数 2>对象</标记>：该语法示例显示了使用封闭类型标记的扩展形式。利用属性可以进一步设置对象某方面的内容，而参数则是设置的结果。

例如，在如下的语句中，设置了标记<a>的 href 属性。

<a href="http://www.macromedia.com/">Macromedia公司主页</a>

<a>和</a>是锚标记，用于在文档中创建超级链接，href 是该标记的属性之一，用于

设置超级链接所指向的地址，在"="后面的就是 href 属性的参数，在这里是 Macromedia 公司的网址。"Macromedia 公司主页"等文字是被<a>和</a>包容的对象。

一个标记的属性可能不止一个，可以在描述完一个属性后，输入一个空格，然后继续描述其他属性。

（3）<标记>：该语法示例显示了使用非封闭类型标记的形式。在 HTML 语言中，非封闭类型很少，但的确存在，最常用的是回行标记
。

例如，如果希望使一行文字回行（但是仍然同上面的文字属于一个段落），则可以在文字要换行的地方添加标记
，如下：

这是一段完整的段落
中间被回行处理

则在浏览器上会将之显示为两行，但它们仍然同属于一段。

（4）标记嵌套：几乎所有的 HTML 代码都是上面 3 种形式的组合，标记之间还可以相互嵌套，形成更为复杂的语法。

例如，如果希望将一行文本同时设置粗体和斜体格式，可以采用下面的语句：

这是一段既是粗体又是斜体的文本

在嵌套标记时需要注意标记的嵌套顺序，如果标记的嵌套顺序发生混乱，则可能会出现不可预料的结果。例如，对于上面的例子，也可以这样写：

这是一段既是粗体又是斜体的文本

但尽量不要写成如下的形式：

这是一段既是粗体又是斜体的文本

上面的语句中，标记嵌套发生了错误。很幸运，在这个例子里，大多数浏览器可以正确理解它，但是对于其他的一些标记，如果嵌套发生错误的话，就不一定有这么好的运气了。为了保证文档有更好的兼容性，尽量不要发生标记嵌套顺序的错误。

📖11.1.4 URL 简介

URL（Uniform Resource Locator）即统一资源定位符，它是一种通用的地址格式，指出了文件在 Internet 中的位置。当用户查询信息资源时，只要给出 URL 地址，服务器便可以根据它找到网络资源的位置，并将其传送给浏览器。

一个完整的 URL 地址由协议名、Web 服务器地址、文件在服务器中的路径和文件名四部分组成。例如：http://www.macromedia.com/exchange/update/index.htm。其中，http:// 是协议名（HTTP 协议），www.macromedia.com 是 Web 服务器的地址，/exchange/update/ 是文件在服务器中的路径，index.htm 是文件名。URL 中的路径一定是绝对路径。

根据协议的不同，URL 分为多种形式，最常用的是以 HTTP 开头的网络地址形式和以 FILE 开头的文件地址形式。

采用 HTTP 开头的 URL 通常指向 WWW 服务器，主要用于进行网页浏览，这种 URL 通常被称作网址，它是 Internet 上应用最广泛的 URL 方式。如 http://www.microsoft.com。

如果基于 HTTP 的 URL 末端没有文档的文件名称，则使用浏览器浏览该地址网页时会打开默认的网页（通常称作主页），其文件名多为 index.htm、index.html、index.jsp 或 index.asp 等。

如果希望指向一个 FTP 站点或本地计算机上的文件，则通常可以用 FILE 作为 URL

的前缀，FTP（File Transfer Protocol—文件传输协议）主要用于文件传递。包括文件的上载（从本地计算机发送到 Internet 上的服务器）和下载（从 Internet 上的服务器接收到本地的计算机）。目前 Internet 上很多软件下载站点都采用这种 FTP 的方式；在很多提供主页免费存放空间的网站上，都要求用户通过 FTP 程序将他们自己编写的网页上传到服务器上。

11.2　Dreamweaver 中的应用

Dreamweaver 最早是 Macromedia 公司主推的 Web 创作工具，并且 Macromedia 公司还把 Fireworks 和 Dreamweaver 变成了最好的朋友。Adobe 收购 Macromedia 后，仍保持这两个程序很好的互补特性，而且简化了这两个程序的集成，不仅使用的格式 PNG、热点和 HTML 输出等保持一致，而且可以简单复制 Fireworks CS5 中创建的任意对象，然后粘贴到 Dreamweaver 的文档中。并且通过改进的 CSS 导出功能可以方便地将可编辑的代码导入 Dreamweaver 的编码环境中。

Adobe 在 Fireworks 和 Dreamweaver 之间的交互方面进行了如下的工作：

- HTML 与 Dreamweaver 的无缝连接。
- 在 Dreamweaver 中使用 Fireworks 快速优化图形。
- 提供 Dreamweaver 库的直接输出功能，这样 Dreamweaver 将自动升级整个站点。
- 在 Dreamweaver 中激活 Fireworks 来编辑图片，编辑原始资料。

现在，用户可以在 Dreamweaver 中毫无障碍地使用 Fireworks 提供的标准控制对图片进行优化，而无需打开 Fireworks。

本节将重点讨论 Fireworks 和 Dreamweaver 的这种集成。

📖11.2.1　导出图片至 Dreamweaver

要把 Fireworks 生成的图形发布到 Web 站点上，首先要明确这些由 Fireworks 生成的图形将要应用的位置，因为 Fireworks 写 HTML 和 JavaScript 代码时，要涉及到这些图形和代码将要应用的位置。

对于 Dreamweaver 来说，开发者是在本地编制网页，然后将其上载到服务器上，所以最好直接把 Fireworks 的输出文件放到用 Dreamweaver 编制的站点所在的文件夹中。

当导出图片的时候，要设置 HTML 输出的类型。在"导出"对话框中，可以从 HTML 风格列表中选择 Dreamweaver 或者 Dreamweaver Library，使得 Fireworks 产生的代码可以和 Dreamweaver 完全匹配。

例如，在导出一个图片映射图时，用户可以获得一个图片和一小部分 HTML 代码，当导出切片时，用户就会得到整个图片和更多的代码。这时 Fireworks 提供不同的切分技术和不同的 HTML 代码风格可供选择。在这里可以选择与 Dreamweaver 各种版本或者库兼容、或者能与其他程序诸如 GoLive、Front Page 兼容的代码。还能以更为普遍的形式诸如 Generic 代码、内部的 Fireworks 样式等进行导出，如图 11-1 所示。

在选择代码输出位置后选择图片输出路径，单击保存按钮，就完成了导出操作。

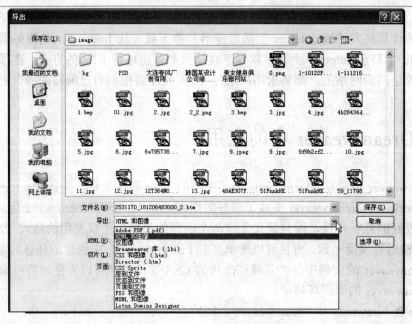

图 11-1 "导出"对话框

另外，库是 Dreamweaver 中强大的功能，可以实现对 Web 页面的某个段落的修改。而 Dreamweaver 库中的单项经常用于替换页面中那些经常重复的元素，库中各个单项都作为一个整体来处理。因为这种运作方式，单项需要存储在特定的文件夹中。这样，当在 Fireworks 中导出并从 HTML 风格列表中选择 Dreamweaver Library 选项时，Fireworks 将提示用户指定站点的 Library 文件夹。如果在此之前从未创建过库项目，则需要新建一个新的文件夹。此文件夹必须位于本站点根目录下，并且指定该文件夹的名称为 Library。

作为 Dreamweaver 库项目导出 HTML 文件之后，在 Dreamweaver 的 Library 操作面板中选择该图片映射图，单击"添加至页面"按钮就可以将图片映射图合并到页面中了。

11.2.2 在 Dreamweaver 中的图像优化

对于加入到 Web 页面中的图片，最需要做的修改恐怕就是对图片的缩放。对于一个 Web 页面，它为一张图片所预留的空间是一定的，如果图片大小不合适，那么就需要对其进行缩放、裁剪或者缩小文件的大小。当然，这一切都应该在保证图片的质量的前提下进行。

要在 Dreamweaver 中完成上述操作，需要使用"在 Fireworks 优化图像"，这一功能还包含了完整的颜色和动画控制。同时，可以直接在 Dreamweaver 中按照标准的 Fireworks 界面完成任何操作。

下面详细介绍具体操作：

（1）在 Dreamweaver 中选中要修改的图片。

（2）执行"命令"|"在 Fireworks 中优化图像"。

（3）这个操作将弹出下面的导出模块，显示在 Dreamweaver 的文档窗口中，如图 11-2 所示。导出模块包含 3 个标签面板：

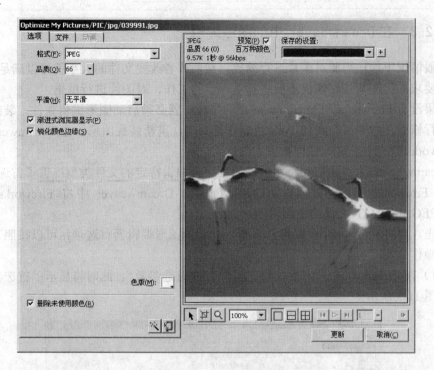

图 11-2 导出预览和优化

1)"选项":这个面板基本上是用来选择不同的导出选项并且预览他们。用户可以将文件格式从 GIF 转变为 JPEG 或者动态 GIF 以及 PNG 格式,还可以改变调色板、色深和进行浓淡处理等。PNG、GIF 的透明性也在这里设置。利用"导出向导"和"优化到指定大小向导",可以选择导出格式,找到使图像大小减到最小而品质达到最优的方法,并为图形选定特定的文件大小。

2)"文件":这个面板用来定义图像尺寸的大小。用户可以通过选定一个百分比或者像素尺寸来重新调整图像。并且用户可以通过定义导出区域来数字化的裁剪图像,或者通过直观的剪裁工具来裁剪图像。如果在 Fireworks 中更改了图像尺寸,则当返回到 Dreamweaver 时,还需要在"属性"检查器中重设图像的大小。

3)"动画":这个面板用来一个状态一个状态地控制动态的 GIF。用户可以单独的定义每个状态的延缓时间,也可以设置整个动画只播放一次或者循环播放多次。

注意:

在从 Dreamweaver 打开的优化会话过程中,不能编辑 Fireworks 动画中的各个图形元素。若要编辑动画中的图形元素,必须打开和编辑 Fireworks 动画。

(4)在对话框中对"选项"、"文件"和"动画"选项卡中进行相应的修改。将图片的大小、文件的大小以及图片格式调整到所需的状态。

(5)完成后,单击"更新"按钮。在这里,如果处理的是 Fireworks 源文件,修改后的内容将存储到源文件中,并存储到导出文件中,否则,只会修改导出文件。

📖11.2.3　在Dreamweaver中的图像编辑

一般情况下，只需要对图片进行缩放、裁剪或者改变文件的大小就可以满足 Web 页的制作要求。但在某些时候也需要进行进一步的工作，对图片进行编辑。

如果没有 Fireworks 和 Dreamweaver 的集成，就必须启动图形编辑软件，装载相应的图片进行修改，然后再加载到 Web 页制作工具中，重新装载图形。在 Dreamweaver CS6 和 Fireworks CS6 中，这一过程被大大简化了。

Dreamweaver 为自动启动特定的应用程序来编辑特定的文件类型提供了首选参数。若要使用 Fireworks 的启动并编辑功能，请确保在 Dreamweaver 中将 Fireworks 设置为 GIF、JPEG 和 PNG 文件的主编辑器。

首先，要将 Fireworks 设置为 Dreamweaver 的图形编辑器首选项，可以按照下面的步骤进行操作：

（1）在 Dreamweaver 中，执行"编辑"|"首选参数"。此时将显示"首选参数"对话框如图 11-3 所示。

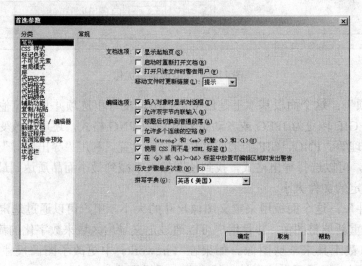

图 11-3　设置编辑器

（2）从左边的列表中选择"文件类型/编辑器"项目。

（3）在右边的框格中找到 GIF、JPG 和 PNG 等格式的文件项，看看它们的默认首选编辑器是什么，如果已经是 Fireworks CS6，则不需修改，如果不是，可以单击"设为主要"按钮，指定 Fireworks CS6 为首选编辑器。

进行了上述的操作之后，就可以在 Dreamweaver 中很方便地对图形进行编辑了。

（1）在 Dreamweaver 中选中要编辑的图片，然后单击属性查看器中的 Edit 按钮，这时图片就会自动在 Fireworks 中打开了。与前面讲过的"在 Fireworks 优化图像"命令类似，如果插入的图片是 GIF 或者 JPG 格式，而不是 PNG 格式，Fireworks 会询问是否要处理独立的源文件。单击确定就可以选择该文件了。

（2）在 Fireworks 中编辑图片，方法前面已经有详尽的叙述，这里略去。

（3）编辑完成后，单击"更新"按钮，编辑后的图片将被存储，并在 Dreamweaver

中自动更新该图片。如果处理的是 Fireworks 源文件，那么源文件和导出文件都将被更新。

注意：
　　Fireworks 的旧版本也可以用作外部图像编辑器，但是这些版本仅提供有限的启动并编辑功能。由于 Fireworks 是 Dreamweaver 中的默认外部图像编辑器，因此只有在 Dreamweaver CS6 内启动 Fireworks CS6 有困难时才需要设置此首选参数。

　　一切都很方便，下面介绍的将是更强大集成功能。

11.2.4 加入 CSS 图层

　　图层这个术语在 Web 图形领域使用的频度非常的高，对于 Fireworks 来说，图层可以包含任意数目的对象，可以用于组织各种对象。在动态 HTML 和类似 Dreamweaver 这样的网页制作工具中，图层是一种可以精确定位、隐藏、显示或者在屏幕上运动的 Web 容器。这些类型的图层都是使用标准的 CSS（Cascading Style Sheets）方法来创建的。如果在生成 HTML 代码时需要将 Fireworks 不同图层上的组件放到不同的 CSS 图层上，Fireworks 可以处理图层中的任何组件。Fireworks CS6 能直接导出图片到 CSS 图层。CSS 作为一个自由浮点结构，能在任何高版本的浏览器中显示。

　　有两种不同的方法向 Dreamweaver 导入 CSS 图层，一种是导出 Fireworks 图层，另一种是导出 Fireworks 状态。

　　第一种方法可以用来确定图片相对于背景的精确的层次。

　　把多个图片放置在相对于背景的合适位置，需要进行如下操作：

　　（1）在 Fireworks 中打开背景图像，并在"图层"面板上将其锁定。

　　（2）在"图层"面板上单击新图层按钮，创建一个新的图层。如果有必要的话，可以给这个图层取一个新的名字，在 Fireworks 中的图层名将作为 CSS 图层名。

　　（3）从一个打开的文件中剪切并粘贴一个对象或图片。

　　（4）相对于背景放置图片。

　　（5）重复上面的步骤，为每一个对象创建一个新的图层。

　　（6）当所有的图片都正确放置后，在"图层"面板取消对相应图层选择，从而隐藏该图层，显示背景。

　　（7）执行"文件"|"导出"，弹开"导出"对话框，如图 11-4 所示。

　　（8）调整图片大小使"修剪图像"不被选中。同时确定保存类型设置为 CSS 图层。

　　（9）点击"浏览"选择图片保存的位置，完成后单击导出按钮。

　　这样导出的每个 Fireworks 图层都作为一个单独的图片保存，CSS 图层信息用 HTML 表述。

　　下面的操作是如何在 Dreamweaver 中使用这些 CSS 图层的方法：

　　（1）在 Dreamweaver 中打开 Fireworks 生成的 HTML 页面。

　　（2）选择所有的 CSS 图层，这里有两种方法：在 Dreamweaver 的 AP 元素面板按住 Shift 键选择每个图形，或者在 Dreamweaver 的文档窗口中按住 Shift 键选择每个图层符号。

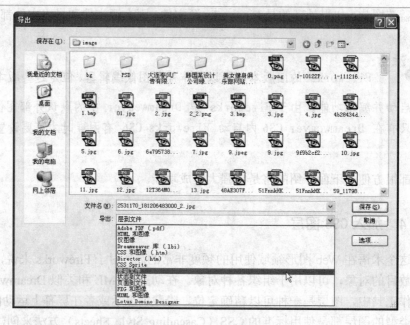

图 11-4 导出图层

（3）复制选中的图层。

（4）打开该图层的目标 Web 页面。

（5）将复制的图层粘贴到目标页面。

这些操作后，CSS 图层的深度由 Fireworks 中的图层顺序决定，一切都和在 Fireworks 中一样。

📖11.2.5 在 Dreamweaver 中使用行为

前面已经作过介绍，从用户的观点来看，Web 包含两类图片：仅供观看的图像和可以实现交互的图片。Fireworks 是一种支持交互图像的图形处理软件，它提供了行为来集成图像。Macromedia 系列的其他一些产品，包括 Dreamweaver 和 Director，也使用同样的方法使用行为。在某种意义上，行为可以被看作封装的 JavaScript，设计者只要作一些关键性的决定，比如哪两个图片作切换，Fireworks 会处理完其余的事情。而且 Dreamweaver 能识别 Fireworks 中应用的所有行为，能在 Dreamweaver 中编辑在 Fireworks 中定义的参数。Dreamweaver 和 Fireworks 强大的集成功能在这方面也有出色的体现。

Fireworks 为 3 种行为输出代码：切换图片、显示状态信息和切换组。这些代码跟 Dreamweaver 的标准行为代码是一致的，这样就能很容易的在 Dreamweaver 中修改 Fireworks 行为了。

要在 Dreamweaver 中实现对 Fireworks 行为的修改，需要执行下面的操作：

（1）在 Dreamweaver 中打开一个结合了 Fireworks 生成的 HTML 代码的文件。

（2）打开 Dreamweaver 的"行为"面板，可以发现它与 Fireworks 中的"行为"面板非常相似。

（3）选择指定行为的图片、对象或标签。在行为面板中可以看到行为的事件和动作。

（4）现在就可以对选中的图片、对象或标签的行为进行修改了。要修改一个不同的触发事件，单击行为选项箭头，在下拉列表中选择要修改的项目。

（5）要用一个事件触发两个动作，在行为面板中单击动作，并用上下按钮移动行为。

（6）双击要修改的行为，将显示出相应的对话框如图 11-5 所示。

（7）在对话框中作必要的修改。

（8）完成后单击"确定"即可。

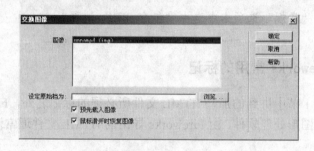

图 11-5 "交换图像"对话框

注意：
> Dreamweaver 库项目不支持弹出菜单。

11.3　HTML 代码的复制

如果用户不是用 Dreamweaver 作为 HTML 编辑器，而是用其他的 HTML 编辑器，那么用户就会涉及到把 Fireworks 中的 HTML 代码复制粘贴到其他的 HTML 文件中的情况。Fireworks 可以按"通用"、"Dreamweaver"、"FrontPage"和"Adobe GoLive"格式导出 HTML。通用 HTML 适用于大多数 HTML 编辑器，因此，Fireworks 在导出 HTML 代码时，要选择"通用"类型的代码。此时 Fireworks 会在 HTML 代码中插入必要的注释语句，以使用户能够有效地识别 HTML 文件中某个特殊元素（比如滚盖图）的开始代码和结束代码，以便用户能正确地复制和粘贴该元素的代码到其他的 HTML 文件中。

在复制和粘贴从 Fireworks 中导出的 HTML 代码到其他的 HTML 文件时，一定要定好在目标文件中粘贴的位置，否则链接可能会断开。同时，复制过程中，没有必要复制 <HTML> 和 <BODY>标记，因为目标文件中已经有了这些标记（一个 HTML 文件只包含一对<HTML> 和 <BODY>标记），只需要复制所需元素所在的部分。

尽管复制到剪贴板是将 Fireworks HTML 导出到其他应用程序的快速方法，但并不是在每种情况下都适用。将 HTML 复制到剪贴板有下列缺点：

■　无法选择将图像保存到子文件夹中。图像必须与粘贴了复制的 HTML 代码的 HTML 文件放在同一文件夹中。复制到 Macromedia Dreamweaver 的 HTML 除外。

■　Fireworks 弹出菜单中使用的任何链接或路径都将映射到硬盘中。复制到 Dreamweaver 的 HTML 除外。

■ 如果使用的 HTML 编辑器不是 Dreamweaver 或 Microsoft FrontPage，则与按钮、行为和变换图像相关联的 JavaScript 代码将被复制但可能无法正常工作。

如果这些会带来问题，可以使用"导出 HTML"选项而不是将 HTML 复制到剪贴板。

注意：
在复制 HTML 代码之前，请确保已选择了适当的 HTML 样式并从"HTML 设置"对话框的"常规"选项卡中选中"包含 HTML 注释"。

11.3.1 Fireworks 常用的标记

除了在本章第 1 节中讲到的那些 HTML 文件所必须的标记之外，Fireworks 作为一个为网页制作服务的图形处理软件，由 Fireworks 导出的 HTML 文件通常还包括下面的这些标记：

■ <META></META>：该标记用来存储该 HTML 文件的一些附加信息，诸如该 HTML 文件是由什么编辑器编写的，为方便搜索引擎搜索而设的关键词等。

■ <SCRIPT></SCRIPT>：脚本标记是用来标记用某种脚本语言（如 JavaScript）编写的脚本的开始和结束的。其中<SCRIPT>标记脚本的开始位置，</SCRIPT>标记脚本的结束位置。

■ <IMG>：表示此处有一个图片出现在网页上，例如：

`<IMG SRC="Picture.gif">`

通过这个标记就将 Picture.gif 插入到了网页中。

■ <A></A>：该标记创建一个链接，这个链接可以是从文字到另一个 HTML 文件的链接，也可以是从图形到另一个 HTML 文件的链接。例如：

`<A HREF="http://www.macromedia.com">Link</A>`

这种情况下，点击"LINK"就会连到 www.macrodedia.com 上去。

要把一个图形作为一个链接，需要两个标记：

`<A HREF="http://www.getfireworks.com"><IMG SRC="Explosion.jpg"> </A>`

上述语句使网页上出现图片 Explosion.jpg。如果点击该图片，就会连接到 www.getfireworks.com。注意，图形的链接地址是放在<A> 和 </A>之间的。

■ <MAP></MAP>：这个标记指示热点的形状，并且包含热点的 URL 目标。

了解这些标记的功能对正确的识别和复制粘贴所需的代码无疑是非常重要的。

11.3.2 复制映射图的代码

Fireworks 为客户端图片映射图导出的代码包括图形的链接和<MAP>信息来定义图形的热点区域。第一部分是图片标签<img>，这里包含了整个地图形信息。<img>属性包括 src（图形文件名），图片尺寸以及映射图数据 usemap。Usemap 属性设置为下一个图片映射图元素（<map>标签）的名称。对于图片映射图中的每一个热点，在其<map>和</map>标签之中都有相应的<area>标签。

下面的代码描述了一个有 3 个热点（矩形、椭圆形和多边形）的图片映射图：

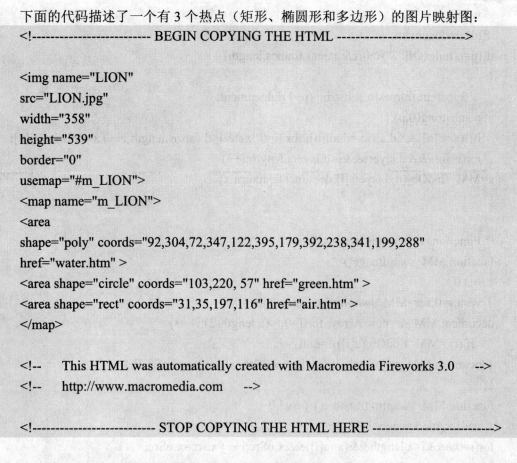

```
<!------------------------ BEGIN COPYING THE HTML ------------------------->

<img name="LION"
src="LION.jpg"
width="358"
height="539"
border="0"
usemap="#m_LION">
<map name="m_LION">
<area
shape="poly" coords="92,304,72,347,122,395,179,392,238,341,199,288"
href="water.htm" >
<area shape="circle" coords="103,220, 57" href="green.htm" >
<area shape="rect" coords="31,35,197,116" href="air.htm" >
</map>

<!--    This HTML was automatically created with Macromedia Fireworks 3.0    -->
<!--    http://www.macromedia.com    -->


<!------------------------ STOP COPYING THE HTML HERE ------------------------->
```

在粘贴图片映射图的 HTML 代码到其他的 HTML 文件的时候只要把从
"<!---------------------- BEGIN COPYING THE HTML ---------------------->" 到
"<!----------------------STOP COPYING THE HTML HERE ---------------------->"的部分粘贴
到目标 HTML 文件的<BODY>部分中需要图片出现的地方。

11.3.3 复制 JavaScript

当 Fireworks 导出的 HTML 文件中含有 JavaScript 行为（比如导出滚盖图）时，HTML
文件中除了包含其他必要的 HTML 代码之外，还将包含用来实现这些行为的 JavaScript
代码。需要注意的是，代码包括两部分，一部分是代码事件部分，包含<img>标记和他们
的触发事件，保存在 HTML 文件的<body>部分；另一部分是代码的动作部分，这部分及
所有的 JavaScript 保存在 HTML 文件的<head>部分。

以下面的滚盖图中的 JavaScript 代码为例：

```
<head>
<!---------------- BEGIN COPYING THE JAVASCRIPT SECTION HERE-------------->
<script language="JavaScript">
<!-- hide this script from non-javascript-enabled browsers
function MM_findObj(n, d) { //v3.0
```

```
      var p,i,x;
if(!d) d=document;
if((p=n.indexOf("?"))>0&&parent.frames.length)
{
      d=parent.frames[n.substring(p+1)].document;
n=n.substring(0,p);}
   if(!(x=d[n])&&d.all) x=d.all[n]; for (i=0;!x&&i<d.forms.length;i++) x=d.forms[i][n];
   for(i=0;!x&&d.layers&&i<d.layers.length;i++)
x=MM_findObj(n,d.layers[i].document); return x;
}


/* Functions that swaps images. */
function MM_swapImage()
{ //v3.0
   var i,j=0,x,a=MM_swapImage.arguments;
document.MM_sr=new Array; for(i=0;i<(a.length-2);i+=3)
   if ((x=MM_findObj(a[i]))!=null)
{document.MM_sr[j++]=x; if(!x.oSrc) x.oSrc=x.src; x.src=a[i+2];}
}
function MM_swapImgRestore() { //v3.0
  var i,x,a=document.MM_sr;
for(i=0;a&&i<a.length&&(x=a[i])&&x.oSrc;i++) x.src=x.oSrc;
}
// stop hiding -->
</script>
<!----------------------- STOP COPYING THE JAVASCRIPT HERE --------------------->
</head>
```

在复制和粘贴这些 JavaScript 代码到其他 HTML 文件的时候要注意以下几点：

■　　一定要粘贴<HEAD> 和</HEAD>标记之间完整的<SCRIPT> 部分 。确信粘贴过去的代码是以<SCRIPT>开头，而以</SCRIPT>结束。如果在目标文件中已经有了一个脚本域，就不需要复制<SCRIPT>标记了，只要复制和粘贴<SCRIPT>和</SCRIPT>之间的部分就可以了。

■　　将图像标记之间的代码粘贴到目标文件的<BODY>部分中需要图形出现的地方。

11.3.4 复制切片的代码

当 Fireworks 导出图形切片时，导出的 HTML 文件包括一个表格，这个表格在网页中将把切片重新组织起来。从一个简单的图形切片导出代码非常直接，因为在 HTML 文件中，所有的代码都包含在一个标记<table>中，即所有的代码都在<table>和</table>之间。并且 Fireworks 还加入了自己的注解，表示从何处开始复制以及到何处结束。如果用户还同时导出 JavaScript 滚盖图或图片映射图，那么在 HTML 代码中还将包括相应的信息。相关的操作上面都已经进行了说明，所需要做的只是将他们进行简单的组合，这里不再重复。重申一下注意要点：

- 粘贴<TABLE>部分中的所有代码，包括标记，到用户想要切片出现的区域。
- 复制粘贴<HEAD>和</HEAD>之间的所有 JavaScript 代码。
- 复制并粘贴紧接着</TABLE>标记的<MAP>部分。

11.4　思考题

1. 什么是 Internet？起源于什么？
2. 万维网是起源于哪里？它采用的是什么协议？
3. HTML 语言是什么的缩写？代表什么意思？

11.5　动手练一练

1. 在 Fireworks CS6 中，如何将图片导出至 Dreamweaver？
2. 在 Dreamweaver 中，可以使用 Fireworks 来优化图像吗？如果可以，那么具体怎么实现？
3. 在 Dreamweaver 中，如何使用 Fireworks 来对图像进行编辑？

第 3 篇 Fireworks CS6 实战演练

- 第 12 章 制作静态图像
- 第 13 章 制作动态实例
- 第 14 章 制作网站首页

第12章 制作静态图像

本章导读

　　本章主要介绍使用 Fireworks 制作静态图像，如网页徽标，静物图和静态饰物等。在设计时需要灵活使用矢量对象工具和效果、滤镜等效果的处理和一些外部滤镜的使用。用户可以根据要求和自己的风格使用 Fireworks 强大的工具进行设计。

◎　熟悉矢量图形工具

◎　掌握矢量对象特效处理

◎　掌握滤镜的使用

12.1 制作网页的图标

01 执行"文件"|"新建",打开"新建文档"对话框,将"宽度"设置为 300 像素,"高度"为 260 像素,"分辨率"为 96 像素/英寸,"画布颜色"选择"白色"。

02 在工具箱中的矢量面板中选择文本工具 **T**。

03 选择属性面板,字体选择"Milano LET",字号选择 100,选择"加粗"、"倾斜"。字体间距设置为-200,笔触填充选择"无",字体颜色填充类型选择"实色填充",颜色为深蓝。

04 在文档工作窗口单击鼠标,输入文本"FW",效果如图 12-1 所示。

05 在文本框中双击,选中"W"字符,将其字体大小改为 30,如图 12-2 所示。

06 选中文本对象,执行"文本"|"转化为路径"。然后单击修改工具栏上的"取消分组"按钮,效果如图 12-3 所示。

图 12-1 输入文字

图 12-2 改变"W"的字号

图 12-3 转换为路径

07 选中所有路径,在属性面板上设置笔触填充颜色为"红色";填充方式为"描边内部对齐",笔尖大小为 1 像素,类型为"铅笔"|"1 像素柔化"。单击"渐变填充"按钮,在弹出的面板中设置渐变类型为"放射状",颜色为红白渐变。边缘选择"消除锯齿"。纹理总量设置为 0%,如图 12-4 所示。

08 在工具箱中选择"椭圆"矢量工具,按住 Shift 键,绘制一个圆。锁定含有字符"F"和"W"的图层。

09 选中圆所在的图层,在属性面板上设置无笔触填充色。单击"渐变填充"按钮,在弹出的面板中设置渐变类型为"放射状",颜色为白黄渐变。

10 在属性面板上选择效果"斜角和浮雕"|"凸起浮雕"。打开"凸起浮雕"对话框,"浮雕的作用范围"设置为 5,"浮雕的透明度"设置为 10%;"浮雕的柔和度"设置为 10,"浮雕的光源角度"设置为 135°,如图 12-5 所示,效果如图 12-6 所示。

图 12-4 编辑文本对象

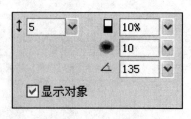

图 12-5 设置效果参数

图 12-6 填充效果图

Chapter 12

11 在"图层"面板中隐藏"圆"层，并解锁"F"、"W"层。选中这两个子层，执行"修改"|"改变路径"|"简化"命令，打开"简化"对话框。在其中设置简化数量为3，如图12-7所示。单击"确定"按钮，简化后的路径如图12-8所示。

12 选中字符"F"和"W"的路径，在属性面板上设置笔触填充色为"黄色"，单击"描边内部对齐"按钮 ▢，描边种类为"铅笔"|"1像素柔化"；单击"渐变填充"按钮 ▤，在弹出的面板中设置渐变类型为"条状"，颜色为红黄渐变，边缘选择"羽化"，值为8。

13 选择属性面板，选择效果"阴影和光晕"|"内侧光晕"，光的颜色为"黄色"，宽度为4，柔和度为4，不透明度为65%，位移为0；选择效果"斜角和浮雕"|"凸起浮雕"，浮雕的宽度为2，对比度为65%，柔和度为2，角度为135°，填充效果如图12-9所示。

14 打开"图层"面板，将3个对象层完全显示，并将圆所在的子层移到最底层，最终效果如图12-10所示。

图 12-7　简化对话框

图 12-8　简化路径效果图

图 12-9　效果的填充图

图 12-10　完全显示的效果

12.2　制作巧克力按钮

01 在Fireworks中新建文件，大小随意，背景随意。

02 选取工具箱的"椭圆"绘制工具，按住Shift键，在画布上绘制一个圆。颜色填充为蓝色，效果如图12-11所示。

03 选中绘制的圆形对象，选取工具箱的"扭曲"工具，拖动鼠标对圆形对象做一些变形处理，使其变成一个倾斜的椭圆，变形后的效果如图12-12所示。

04 选中变形后的对象，打开属性面板，添加"滤镜"|"Eye Candy 4000"|"斜面"效果，打开"斜面"对话框，如图12-13所示。"基本"选项不用修改，采用默认值即可；在"光线"选项卡中，将"方向"设置为115º，"倾斜"设置为65º；在"斜面预置"选项卡中选择最上方的"button"预设选项，点击"确定"即可。

05 选中画布上的对象，执行"编辑"|"克隆"命令，或使用快捷键Ctrl + Shift + D。克隆一个相同的倾斜椭圆对象。选中克隆对象，执行"修改"|"变形"|"数值变形"命

令。打开"数值变形"对话框。在弹出的对话框中设定,"变形方式"选择"缩放";"水平"、"垂直"缩放比例均设为"70",勾选"缩放属性"和"约束比例"复选框,如图12-14所示。

图 12-11　"圆"对象图

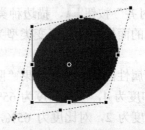

图 12-12　变形后的圆形图像

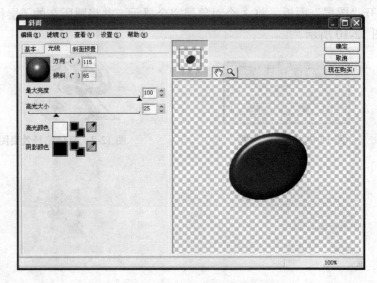

图 12-13　"斜面"参数设定

06 选中克隆对象,再次执行快捷键 Ctrl+Shift+D,原地再次克隆一个缩放后的椭圆对象,如图12-15所示。

07 同时选中最初的椭圆对象和一个缩放后的克隆对象,执行"修改"|"组合路径"|"打孔"命令,将其打孔,效果如图12-16所示。

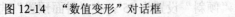

图 12-14　"数值变形"对话框

图 12-15　缩放后的效果

图 12-16　打孔后的按钮

08 选中打孔后生成的椭圆环对象,打开属性面板,选择"滤镜"|"Eye Candy 4000"|"斜面"命令,在弹出的设置框中进行如下设定:"基本"选项保持默认。"斜面预置"

选项也保持默认。"光线"：选项需要进行一些简单的调整，具体的数值大小根据椭圆环的大小来设定。调整的目的是要产生圆环的高光点效果。调整时可以在预览窗口观察到调整效果，本例设置"方向"为148º，倾斜60º，如图12-17所示。

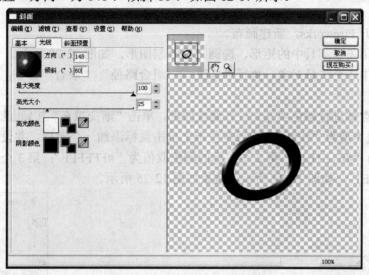

图12-17 "光线"选项卡

09 在工具箱中选择文本工具，在属性面板上设置字体为"Impact"，大小选择20，颜色填充选择"白色"，边缘效果选择"平滑消除锯齿"，在按钮中添加文本对象"NEWS"，效果如图12-18所示。

10 选择属性面板，选择"滤镜"|"阴影和光晕"|"光晕"。打开"发光"效果编辑框，给按钮添加一种外发光效果。发光强度为0，不透明度为50%，柔和度为12，位移为0，设定如图12-19所示，效果如图12-20所示。

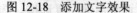

图12-18 添加文字效果

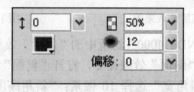

图12-19 参数设置对话框

图12-20 发光效果图

11 使用快捷键Ctrl+C和Ctrl+V，复制几个制作好的按钮。在属性面板上选择"滤镜"|"调整颜色"|"色相/饱和度"命令，打开"色相和饱和度"对话框，分别调节几个滑动游标，得到的效果如图12-21所示。

图12-21 排按钮效果图

12.3　制作闪存盘图形

01 打开 Fireworks，新建画布。

02 使用矢量工具中的矩形、椭圆工具绘制图形，如图 12-22 所示。

03 选中 3 个矢量对象。执行"修改"|"组合路径"|"联合"命令，实现效果如图 12-23 所示。

04 对盘体进行颜色填充。打开属性面板，单击"渐变填充"按钮 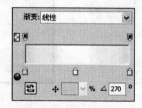，在弹出的面板中选择渐变类型为"线性"，然后在色带上单击鼠标添加一个游标，并设置第一个游标的颜色取值为"#E1E1E1"；第 2 个游标的颜色取值为"#FFFFFF"；第 3 个游标的颜色取值为"#E1E1E1"，如图 12-24 所示，效果如图 12-25 所示。

图 12-22　闪存的轮廓图形　　　图 12-23　路径接合后的效果图　　　图 12-24　填充编辑菜单

05 对盘体使用阴影特效。打开属性面板，选择"滤镜"|"阴影与光晕"|"内侧阴影"。打开"内侧阴影"效果编辑窗，距离设置为 10，阴影不透明度选择 40，阴影柔和度选择 10，阴影颜色选择"黑"，光源的角度选择 315。填充后的效果如图 12-26 所示。

图 12-25　内部填充后的效果图　　　　　图 12-26　添加效果后的盘体

06 使用"EYE CANDY 4000"滤镜中的"斜面"效果进行处理。选择"属性"|"滤镜"|"Eye Candy 4000"|"斜面"效果命令，打开"斜面"对话框。选择"基本"选项卡，设置如图 12-27 所示。"斜角宽"选择 10 像素；"斜角高度比例"选择 23；"平滑"选择 75；"斜面布置"选择"内部"选项；"深处变暗"选择 0；选中"遮蔽内部"复选框。选择"光线"选项卡，设置如图 12-28 所示。光源"方向"设置为 100，"倾斜"设置为 65；"最大亮度"选择 100，"高光大小"为 50；"高光颜色"选择为"白色"，"阴影颜色"选择为"灰色"。"斜角预置"选项卡保持为默认项。单击"确定"，效果如图 12-29 所示。

07 制作闪存盘上的装饰物。选择矢量工具栏中的矩形工具和椭圆工具，绘制两个矩形和一个椭圆，然后单击工具箱中的"部分选定"工具 ，单击中间矩形的控制点，在弹出的对话框中单击"确定"按钮，然后拖动控制点，勾出装饰物的轮廓如图 12-30 所示。选择菜单"修改"|"组合路径"|"联合"命令，将 3 个矢量对象路径结合为一个，效果如图 12-31 所示。

08 在装饰物中间绘制圆形路径。选择菜单"修改"|"组合路径"|"打孔"，效果如图 12-32 所示。

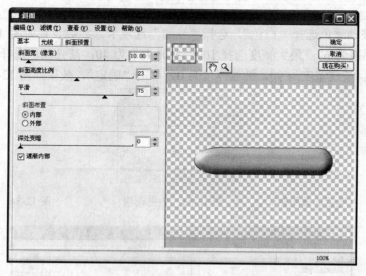

图 12-27　"基本"选项卡的设置

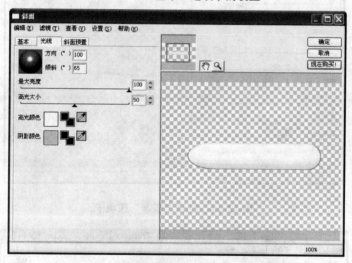

图 12-28　"光线"选项卡的设置

图 12-29　滤镜处理后的效果

图 12-30　装饰物的轮廓

图 12-31　路径联接后的效果图

09 对装饰物进行编辑。在"属性"面板上单击"渐变填充"按钮 ，在弹出的面板中选择渐变类型为"线性"，然后在色带上单击鼠标添加一个游标，如图 12-33 所示。分别对三种颜色进行如下设置：第一个游标的颜色取值为"#CECECE"；第二个游标的颜色取值为"#E0E0E0E0"；第三个游标的颜色取值为"#F9F9F9F9"，效果如图 12-34 所示。

10 选择"属性"|"滤镜"|"Eye Candy 4000"|"玻璃"命令，打开"玻璃"效果编辑框。选择"基本"选项卡。参数设置如图 12-35：斜面宽度为 8，平滑为 85，斜面布置选择"内部"；边缘暗化选择 30，渐变阴影选择 35；折射选择 50，不透明度选择 0，着

247

色选择 50；玻璃颜色选择"白色"。选择"光线"选项卡。参数设置如图 12-36：灯光方向为 62，倾斜度为 67；最大亮度选择 100，高光大小为 40；高光颜色选择"白色"，"随机设置"为 5；波纹宽度为 90，波纹厚度为 0。单击"确定"，效果如图 12-37 所示。

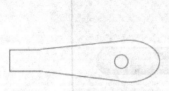

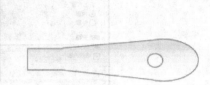

图 12-32　打孔后的效果图　　　　　图 12-33　效果选项　　　　　图 12-34　填充效果

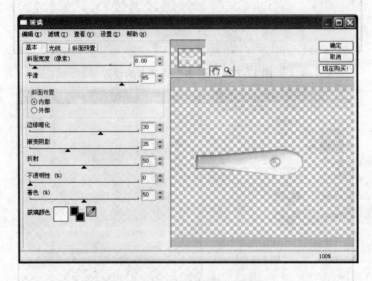

图 12-35　玻璃"基本"选项卡

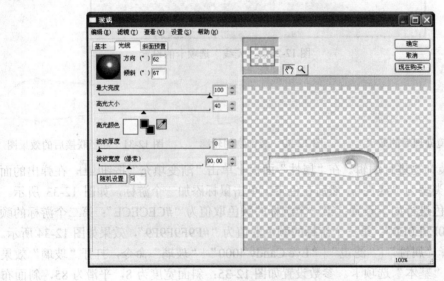

图 12-36　玻璃"光线"选项卡

11 绘制闪存盘头部效果。选择矢量工具栏中的矩形工具和直线工具，绘制盘头如图 12-38 所示。

12 选中闪存盘头的"矩形"对象。选择菜单"修改"|"改变路径"|"伸缩路径"命令。打开伸缩路径对话框。参数设置如图 12-39 所示。方向选择"外部"，宽度设置为 8；选择第三类角型，尖角限量选择 10；单击"确定"，得到效果如图 12-40 左图所示。使用"部分选定"工具单击矩形右侧的控制点，调整控制点的位置，如图 12-40 右图所示。

图 12-37 玻璃效果

图 12-38 盘头轮廓图

图 12-39 "伸缩路径"对话框

图 12-40 "路径伸缩"效果图

13 选中闪存盘头的"直线"对象。选择菜单"修改"|"改变路径"|"扩展笔触"命令，打开"扩展笔触"对话框。参数设置如图 12-41 所示。扩展后的路径如图 12-42 所示。

14 选中盘头对象，选择内部填充方式为"实色填充"，填充色为灰色，如图 12-43 所示。在属性面板上选择"滤镜"|"斜角与浮雕"|"内斜角"命令。设置如图 12-44 所示："斜角边缘形状"选择"平坦"，"宽度"选择 5；不透明度选择 40，柔和度选择 3；光源角度选择 90，发光方式选择"高亮显示"，效果如图 12-45 所示。

图 12-41 "扩展笔触"对话框

图 12-42 路径扩展

图 12-43 内部填充方式

图 12-44 内斜角编辑框

图 12-45 盘头填充效果

15 在"图层"面板中将盘头对象和盘体对象以及装饰物对象全部显示。并调整各个对象的尺寸大小，最终的效果图如图 12-46 所示。

16 在最终效果图上添加所需的文字，可得闪存盘如图 12-47 所示。

图 12-46　最终效果图

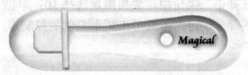

图 12-47　"爱国者"闪存盘

12.4　制作缠绕的线条

01 打开 Fireworks，新建画布。

02 选择"矢量"|"直线"工具，在画布上绘制矢量图形如图 12-48 所示。

03 选择菜单"修改"|"元件"|"转换为元件"命令。打开"转换为元件"对话框，如图 12-49 所示。在"命名"文本框中输入新建元件名为"直线"。此时在"文档库"面板中多了一个元件，如图 12-50 所示。将矢量对象转换为元件的效果图如图 12-51 所示。

图 12-48　绘制矢量图形

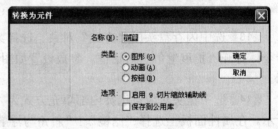

图 12-49　"转换为元件"对话框

图 12-50　"文档库"面板

图 12-51　将矢量对象转换为元件

04 拖动"文档库"面板中的元件到文档工作区。选择工具箱中的"扭曲工具"，将新建的元件对象旋转到 12-52 图中所示。

05 选择"修改"|"元件"|"补间实例"命令。打开"补间实例"对话框，如图 12-53 所示。在"步骤"文本框中输入补间实例的帧数为 20。单击"确定"完成查帧效果，如图 12-54 所示。

其他的效果图如图 12-55～图 12-57 所示。

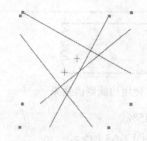

图 12-52 新建元件效果

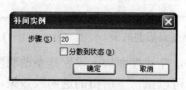

图 12-53 "补间实例"对话框

图 12-54 补间效果图

图 12-55 效果图 1

图 12-56 效果图 2

图 12-57 效果图 3

12.5 制作透明胶效果

01 打开 Fireworks，新建一个画布。

02 选择矢量工具中的"矩形"工具，在画布中绘制矩形对象如图 12-58 所示。

03 选中新建的矩形对象，对其进行如下编辑：选择笔触填充颜色为"紫色"，笔尖大小为 4，描边种类选择"铅笔"|"1 像素柔化"；单击"渐变填充"按钮 ▇，在弹出的面板上设置渐变类型为"线性"，在色带上单击鼠标添加一个游标，第 1 个游标颜色设置为"#FFFFFF"；第 2 个游标颜色设置为"#DBDBEA"；第 3 个游标颜色设置为"#FFFFFF"；效果如图 12-60 所示。

图 12-58 矩形对象效果

图 12-59 内部填充编辑框

图 12-60 笔触和内部填充效果

04 选中工具箱中的"部分选定"工具，双击矩形的控制点，在弹出的对话框中单击"确定"按钮，以取消矩形组合，并将它转换为矢量。

选中矩形对象，再选中矢量工具栏中的"钢笔"工具。单击矩形宽边，用"钢笔"工具在矩形宽的边框上添加多个路径点，如图 12-61 所示。

05 在选择工具栏中选择"部分选定"工具，用鼠标单击新增的路径点，通过拖动实现边缘锯齿效果，如图 12-62 所示。

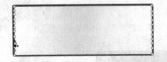

图 12-61　使用钢笔工具后的效果　　　　　图 12-62　使用边缘锯齿效果

06 选中透明胶对象，在属性面板上设置其不透明度为 45%。

07 打开一幅照片，可以试一下所得的透明胶效果，如图 12-63 所示。

图 12-63　透明胶的效果

12.6　制作羽毛效果

01 打开 Fireworks，新建画布。

02 选择矢量对象的"钢笔"工具，在画布上绘制羽毛的轮廓图，如图 12-64 所示。

03 选中新建的羽毛对象，对路径按照如图 12-65 所示进行填充：填充效果选择"实色填充"，颜色值为#777777，边缘选择"消除锯齿"；填充纹理选择"五彩纸屑"，纹理总量为 50%，效果如图 12-66 所示。

图 12-64　羽毛的轮廓　　　　图 12-65　填充编辑框　　　图 12-66　填充后的效果

04 使用钢笔工具在羽毛的中间绘制一条中线，如图 12-67 所示。

05 选中新绘制的中线，按快捷键 Ctrl+C 和 Ctrl+V 复制选好的中线。并将其向下移动几个像素单位，效果如图 12-68 所示。选中所有对象，羽毛轮廓和新复制的两条中线。

选择菜单"修改"|"平面化所选"命令，或按 Ctrl+Shift+Alt+Z 组合键，将矢量对象转换为位图对象。转换为位图对象的效果如图 12-69 所示。

图 12-67　在羽毛中绘制中线图　　图 12-68　复制中线后效果　　　图 12-69　转化为位图的羽毛对象

06 选择位图工具栏中的涂抹工具 ，对羽毛位图对象进行如下涂抹效果。在属性面板中设置如图 12-70 所示：大小选择 10，边缘选择 25；形状选择"圆型"，压力选择 40，涂抹颜色选择"灰色"。涂抹效果如图 12-71 所示。

图 12-70　涂抹属性面板　　　　　　　　　　图 12-71　对羽毛的一边进行涂抹的效果

07 涂抹一边之后再涂抹另一边，效果如图 12-72 所示。

08 选中羽毛对象，对其进行模糊效果处理。选择菜单"滤镜"|"模糊"|"高斯模糊"命令，打开"高斯模糊"对话框，如图 12-73 所示。设置高斯模糊参数为 0.7。高斯后效果如图 12-74 所示。

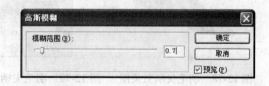

图 12-72　对羽毛进行两边涂抹效果　　　　　　图 12-73　"高斯模糊"对话框

09 绘制几个绒毛点。选择位图工具中的"刷子"工具，在属性面板中进行设置，如图 12-75 所示。刷子的笔触的形状选择实边圆型，宽度选择 5 像素；边缘可以不用设置，保持为零即可。在需要的位置上单击鼠标，画出绒毛的轮廓，如图 12-76 所示。此后选择涂抹工具，设置涂抹大小为 5，使用鼠标拖动产生绒毛效果，如图 12-77 所示。

10 绘制羽毛的尖柄末端。使用矢量工具中的钢笔工具绘制羽毛尖柄如图 12-78 所示。

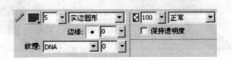

图 12-74　进行高斯处理后的效果　　　　　　图 12-75　刷子工具的属性设置

图 12-76　绒毛轮廓　　　　　　　　　　　　　图 12-77　绒毛效果

11 选中羽毛尖柄对象，对其进行效果编辑，如图 12-79 所示。单击属性面板上的"渐变填充"按钮█，在弹出的面板上设置渐变类型为"渐变"|"线性"；第一个滑标值设置为"#666666"，第二个滑标的值设为"#D4D0C8"。可得到最终的效果图，如图 12-80 所示。

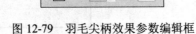

图 12-78　羽毛尖柄效果图　　图 12-79　羽毛尖柄效果参数编辑框　　图 12-80　羽毛效果图

12.7　照片的处理

01 打开 Fireworks，在其中打开照片"建筑"，如图 12-81 所示。

02 选择位图工具面板中的"索套"工具，对打开的"建筑"图片中的窗口进行如下编辑。选中所有的窗口，使用快捷键 Ctrl+X 将窗口剪切，效果如图 12-82 所示。

03 打开背景图片如图 12-83 所示。

图 12-81　打开的照片图　　　图 12-82　对窗口进行操作过的效果　　　图 12-83　背景照片

04 新建一个层和位图子层,将"建筑对象"复制到新建的子层中。选中该"建筑"图形所在的层,单击"添加蒙版"按钮添加一个蒙版。选中新添加的蒙版对象。此时蒙版的周围显示为绿色。此时层面板如图 12-84 所示。

05 选择颜色工具中的"油漆桶"工具,单击属性面板上的"渐变填充"按钮 ,在弹出的面板上设置渐变类型为"渐变"|"线性",如图 12-85 所示。边缘选择"消除锯齿";混合模式选择"正常";自左向右拖动鼠标,如图 12-86 所示。效果图如图 12-87 所示。层面板显示如图 12-88 所示。

图 12-84　添加蒙版后的层面板　　　　　　图 12-85　"油漆桶"工具的属性设置面板

06 打开"美女"图像,如图 12-89 所示。

图 12-86　使用渐变工具示意图　　　　　　图 12-87　使用渐变工具后的效果图

图 12-88　"渐变"后的层面板　　　　　　图 12-89　打开的美女图像

07 对美女的嘴唇进行编辑。选择位图工具中的"橡皮图章"工具，在属性面板中进行参数设置：印章工具大小为 6 像素，边缘大小为 1；选中"按源对齐"复选框；单击唇上无亮点的地方，此时鼠标变为十字形状，十字鼠标指的像素为要复制的像素，如图 12-90 所示。鼠标单击唇上有亮点的地方，去除唇上的亮点，如图 12-91 所示。

图 12-90 使用印章工具

图 12-91 清除亮点后的效果

08 更改嘴唇的颜色。使用位图中的"多边形套索"工具，选中唇形如图 12-92 所示。选择菜单"滤镜"|"调整颜色"|"色阶"，打开"色阶"对话框。选择第二个滴管工具，使用滴管在眼睛部分选择肉红色，如图 12-93 所示。更改后的颜色如图 12-94 所示。选择菜单"滤镜"|"调整颜色"|"色相/饱和度"命令，进行调解，得满意效果，如图 12-95 所示。

图 12-92 使用套索工具

图 12-93 使用滴管工具

09 调整美女眼睛下部的亮度。选择位图工具中的"减淡"工具，其属性面板参数设置如图 12-96 所示：大小选择 13，边缘选择 100；形状选择"圆型"，范围选择"中间影调"。单击鼠标，此时出现一个圆型。通过单击鼠标将重颜色的区域改变为淡颜色，如图 12-97 所示。

10 调整美女照片的大小。选择菜单"修改"|"变形"|"数值变形"|"缩放"命令，打开缩放对话框，输入缩放值为 50%。

11 新建一个层和位图子层，将处理后的"美女"图像复制到新建的子层中，单击"图层"面板底部的"添加蒙版"按钮，新建蒙版层。选中新建的蒙版，选择位图"刷子"工具，其属性面板的参数设置如图 12-98 所示。笔触大小设置为 50，方式为"柔滑圆型"；选中"保持透明度"对话框，蒙版选择"灰度等级"选项。通过鼠标拖动，实现蒙版效果如图 12-99 所示。其层面板效果如图 12-100 所示。

12 选中处理后蒙版效果，在属性面板上设置其不透明度为 80%，然后调整各个对

Chapter 12

象的位置，得到最后的效果图，如图 12-101 所示。

图 12-94　颜色替换后的效果

图 12-95　改变唇色后的效果

图 12-96　淡化属性参数设置

图 12-97　淡化后的效果

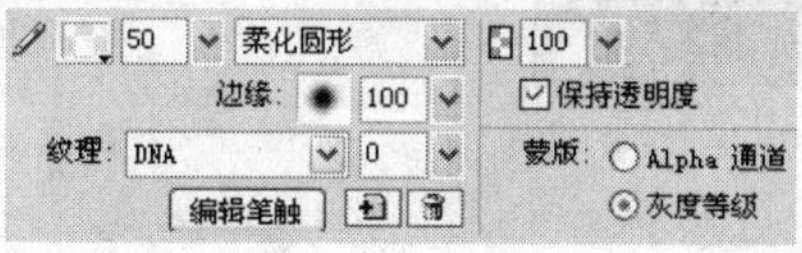

图 12-98　刷子属性设置

图 12-99　蒙版效果图

图 12-100　在层中显示的蒙版效果

图 12-101　最后效果图

12.8　思考题

1. 在制作静态物时，如何精确控制物体的尺寸大小。
2. 试考虑如何实现静态物的透明效果。
3. 能不能通过滤镜效果制作物体的投影。

第13章 制作动态实例

本章导读

　　本章主要介绍了动态对象的制作，在制作动态对象时，最常用到的工具是状态面板和按钮元件。灵活使用这两个工具可以提高工作效率。

- ◉ 熟练使用"状态"面板
- ◉ 掌握补间实例的操作
- ◉ 对动画进行优化和导出

13.1　制作动画图徽

01　打开 Fireworks，新建一个 400×320 像素的白色画布。

02　制作图徽的背景。选择矢量工具中的"圆角矩形"工具，绘制一个矩形框。在属性面板中对其进行编辑，如图 13-1 所示。笔触填充选择"橙色"，描边种类选择"非自然"|"油漆泼溅"；笔尖大小为 2 像素；单击"渐变填充"按钮，在弹出的面板中将渐变类型设置为"圆锥形"，橙色白色渐变；边缘选择"羽化"，羽化值为 10；打开"自动形状属性"面板，设置矩形圆角半径为 20。在属性面板上选择"滤镜"|"杂点"|"新增杂点"命令，在弹出的"新增杂点"对话框中设置杂点数量为 8，并选中"颜色"复选框。效果如图 13-2 所示。

图 13-1　矩形背景属性设置　　　　　　　　图 13-2　矩形背景效果

03　在"图层"面板中新建一个层。在该层中添加文本"我们的驿站"。属性面板设置如图 13-3 所示：字体选择"宋体"，大小选择 24，颜色选择"深蓝色"，选中"加粗"；描边颜色选择"无"，边缘为"平滑消除锯齿"；字体间距设置为 60，其他选项默认即可。效果如图 13-4 所示。

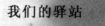

图 13-3　文本属性设置　　　　　　　　　图 13-4　添加文本后的效果

04　在背景层添加一个文本对象"http://www.ourfamily.com"，作为超级链接。其属性设置如图 13-5 所示：字体选择"Roman"，大小为 9，颜色选择"黑色"，选中"加粗"；字符间距选择-20，字体长度设置为 150%，宽度设置为 240%；笔触填充颜色选择"无"，方式选择"平滑消除锯齿"。效果如图 13-6 所示。选中背景层，单击鼠标右键，在弹出的快捷菜单中选择"在状态中共享层"命令。

图 13-5　文本属性设置　　　　　　　　图 13-6　添加第二个文本后的效果

05　选中文本对象"我们的驿站"，选择菜单"修改"|"元件"|"转换为元件"命令。在名称文本框中输入转化为元件的名称"文本"，如图 13-7 所示。单击"确定"，将其保存在"文档库"面板中，如图 13-8 所示。

06　选中制作好的文本元件对象，在属性面板中选择"滤镜"|"模糊"|"缩放模糊"命令，打开"缩放模糊"对话框如图 13-9 所示。在数量文本框中选择 30，品质选择 20；单击"确定"，得到如图 13-10 所示的效果。

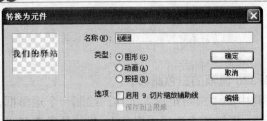

图 13-7　"转换为元件"对话框

图 13-8　　"文档库"面板

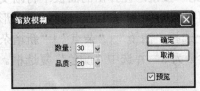

图 13-9　　"缩放模糊"对话框

图 13-10　进行缩放模糊处理后的效果

07 打开"文档库"面板，拖放一个文本实例到画布上。此时"图层"面板中的效果如图 13-11 所示。选中两个文本实例，执行"修改"|"对齐"|"水平居中"命令，对齐两个文本实例。

08 选中上一步拖放到画布上的文本对象。在属性面板上选择"缩放模糊"滤镜命令，打开"缩放模糊"对话框，将"数量"修改为1，"品质"修改为1，如图 13-12 所示。此时效果如图 13-13 所示。

09 选中两个元件实例，选择菜单"修改"|"元件"|"补间实例"命令。打开"补间实例"对话框，如图 13-14 所示。注意：一定要选中"分散到状态"对话框。这样才能实现动画效果，效果如图 13-15 所示。

10 对文本中"的"字的效果进行设置。打开"状态"面板，选中第一个状态，单击面板右上角的选项菜单按钮，在弹出的快捷菜单中选择"重制状态"命令，打开"重制状态"对话框，设置如图 13-16 所示。数量选择为1，插入状态选择"当前状态之前"。

图 13-11　克隆后的层面板

图 13-12　新克隆对象的模糊设置

图 13-13　第二次设置后的效果

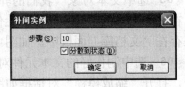

图 13-14　"补间实例"对话框

图 13-16 "重制状态"对话框

图 13-15 补间实例后的效果

11 选中新复制的状态，在属性面板中选择"滤镜"|"模糊"|"高斯模糊"命令。打开"高斯模糊"对话框，如图 13-17 所示。模糊范围选择 2。此时效果如图 13-18 所示。

12 可以多次重制状态，并对其进行模糊处理，直到效果满意为止。如图 13-19 所示，显示了所有的状态。

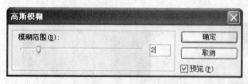

图 13-17 高斯模糊对话框

图 13-18 高斯模糊效果

图 13-19 添加状态后的"状态"面板

图 13-20 "状态延时"对话框

13 为了让读者看清楚文本，设置最后一个状态的延迟时间。选中最后一个状态，单击状态面板右上角的选项菜单，选择"属性"命令，在弹出的对话框中设置状态延时为 60，如图 13-20 所示。

14 选择"状态"面板左下角的"洋葱皮"按钮，选择"显示所有的状态"命令，如图 13-21 所示。预览最后效果如图 13-22 所示。

图 13-21 洋葱皮菜单

图 13-22 最后的效果

第 13 章 制作动态实例

261

13.2 动态滚图

01 打开 Fireworks，新建画布。

02 制作按钮。选择矢量工具中的"矩形工具"，在新建的画布中绘制一个矩形框，并对其进行如下填充。笔触颜色选择"无"，单击"渐变填充"按钮，在弹出的面板中设置渐变方式为"线性"，在色带上单击鼠标添加一个颜色滑标；颜色的设置为：第一个滑标为"#000066"，第二个滑标为"#FFFFFF"，第三个滑标为"#8787CF"，如图 13-23 所示；效果如图 13-24 所示。

03 如果填充方式不合要求，可以选中新建的矩形对象，改变其填充方向。选择位图工具栏中的油漆桶工具，在对象上自上而下拖动鼠标，如图 13-25 所示。

图 13-23 渐变填充

图 13-24 新建矩形对象

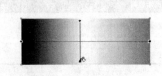
图 13-25 使用油漆桶工具操作图

04 在第一个矩形对象的两边分别添加另外两个较小的矩形。选中绘制的 5 个矩形，在菜单中选择"修改"|"对齐"|"水平居中"命令，得到的效果图分别如图 13-26 和图 13-27 所示。

05 使用快捷键 Ctrl + A"中所有对象；使用快捷键 Ctrl + G 将选中的对象组合在一起。使用快捷键 F8 将对象转换为元件，打开"转换为元件"对话框，设置按钮名称"背景"，类型选择"按钮"，得到效果如图 13-28 所示。

图 13-26 添加矩形对象

图 13-27 添加矩形对象

06 双击按钮实例，打开"按钮编辑器"。在属性面板上选中"弹起"状态，选择矢量"文本"工具，输入文本"真理之口"，如图 13-29 所示。

图 13-28 转换为元件的对象

图 13-29 "弹起"状态

07 选择"滑过"状态，单击"复制弹起时的图形"按钮，将弹起状态的按钮复制到滑过选项卡中。单击修改工具栏中的"取消分组"按钮，取消组合。对"滑过"状态进行如下编辑：选中大矩形对象，选择"属性"|"滤镜"|"杂点"|"新增杂点"命令，

打开"新增杂点"对话框，如图 13-30 所示。新增杂点数量选择 31，选中"颜色"复选框；单击"确定"按钮，添加杂点。选中两边的小矩形对象，选择"属性"|"滤镜"|"模糊"|"缩放模糊"命令，打开"缩放模糊"对话框，如图 13-31 所示。数量文本框选择 30，品质文本框选择 20；单击"确定"按钮，实现缩放效果。最后效果如图 13-32 所示。

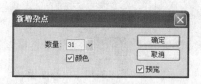

图 13-30　"新增杂点"对话框

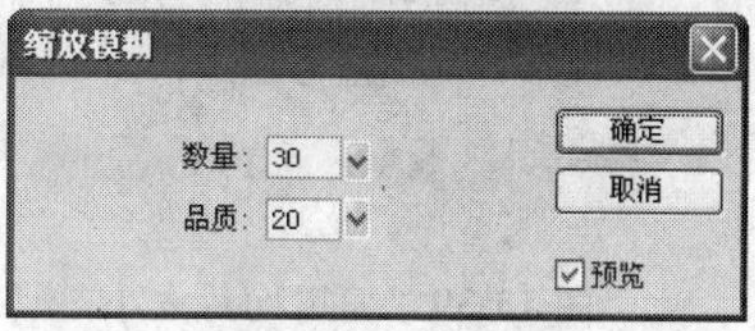

图 13-31　"缩放模糊"对话框

08　选择"按下"状态，单击"复制滑过时的图像"按钮。选中大矩形框，选择"属性"|"滤镜"|"斜角与浮雕"|"内斜角"命令，打开"内斜角"对话框，如图 13-33 所示："斜角边缘形状"选择"平坦"，"宽度"选择 16，对比度为 75%；柔和度选择 5，光照角度选择 131，"按钮预设"为"反转"。选中两边的小矩形对象，选择"属性"|"滤镜"|"阴影和光晕"|"投影"命令，打开"投影"对话框，如图 13-34 所示：投影的距离选择 10，颜色选择"黑色"，不透明度选择 65%；柔和度选择 6，光照角度选择"315"。最后效果图如图 13-35 所示。

图 13-32　滑过状态

图 13-33　内斜角选项

图 13-34　投影选项

图 13-35　"按下"状态

09　选择"按下时滑过"状态，单击"复制按下时的图形"按钮。选中大矩形对象，选择"属性"|"滤镜"|"模糊"|"放射状模糊"命令，打开"放射状模糊"对话框如图 13-36 所示，数量选择 30，品质选择 20，单击"确定"，实现模糊效果。选中两边的小矩形对象，选择"属性"|"滤镜"|"模糊"|"运动模糊"命令，打开"运动模糊"对话框如图 13-37 所示。角度选择 90，距离选择 20，单击"确定"，实现模糊效果。最终"按下时滑过"状态如图 13-38 所示。

图 13-36　"放射状模糊"对话框　　图 13-37　"运动模糊"对话框 　图 13-38　"按下时滑过"状态

10　选择"活动区域"状态，调整切片的大小。选择工具栏中"Web"工具的"切

片"工具,在活动区域单击并拖动得到需要的切片大小,效果如图 13-39 所示。

11 单击按钮编辑窗口顶部的"页面"按钮,完成"真理之口"按钮的制作。此时,"状态"面板设置如图 13-40 所示。

图 13-39　编辑切片大小　　　　　　　　　　　　　图 13-40　状态面板

12 选择"文件"|"图像预览"命令,打开"图像预览"对话框,进行如下设置:

■ 选择"选项"选项卡,左边"格式"文本框中选择"GIF 动画",右边"保存的设置"下拉文本框中选择"动画 GIF 接近网页 128 色"选项。如图 13-41 所示。

■ 选择"文件"选项卡,在左边选中"导出区域"复选框,使用鼠标在右边预览框中单击并拖动,选择与对象合适的区域。如图 13-42 所示。

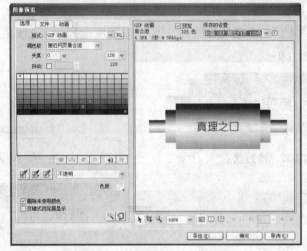

图 13-41　"选项"选项卡

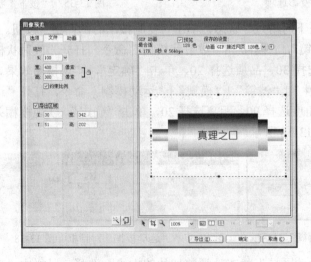

图 13-42　"文件"选项卡

Chapter 13

■ "动画"选项卡选择其默认选项。单击"导出"按钮，打开"导出"对话框，在各下拉文本框中进行如下选择：文件名文本框中填写"真理之口"，选中"仅已选切片"和"将图像放入子文件夹"复选框，如图 13-43 所示。

13 单击"选项"，打开"HTML 设置"对话框，如图 13-44 所示。常规、表格和文件特定信息选项卡保持默认值。在文件特定信息选项卡中可以设置导出的文件名。单击"确定"。完成设置。单击"浏览"按钮，选择文件导出的文件夹路径。单击"保存"，完成图像的保存，如图 13-45 所示。

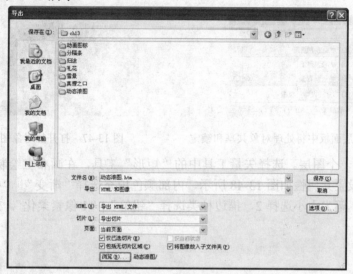

图 13-43　"导出"对话框

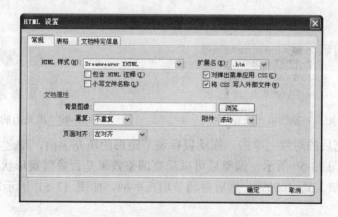

图 13-44　"HTML 设置"对话框

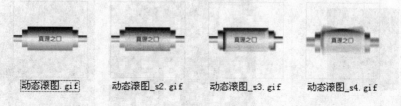

图 13-45　保存后的图像

13.3　动画雪景

01 打开需要制作效果的图片。打开"图层"面板，将其所在的层设置为共享层，并且锁定。操作如下：选中该层，单击面板右上角的面板菜单，选择"在状态中共享层"和"锁定全部"。此时"图层"面板效果如图 13-46 所示。新打开的图片对象如图 13-47 所示。

图 13-46　在层面板中将处理对象共享和锁定　　　　图 13-47　打开的对象图像

02 新建一个图层。选择矢量工具中的"矩形"工具，在画布上绘制矩形对象。选中矩形对象，设置其属性如图 13-48 所示，内部颜色填充选择"渐变"｜"折叠"；笔触填充色为深灰色，笔尖大小选择 2，描边种类选择"铅笔"｜"1 像素柔化"，效果如图 13-49 所示。

图 13-48　矩形对象的填充设置　　　　　　　　　图 13-49　填充后的矩形对象

03 在填充后的对象上单击，拖动鼠标调节矩形的填充手柄，使之与圆形填充手柄的距离变近。如图 13-50 所示。调整后可以观察调整效果是否像雪景形状，若效果不好，可以将矩形对象放大到 1600%，然后再调节填充手柄，如图 13-51 所示。最终效果如图 13-52 所示。

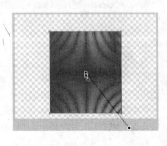

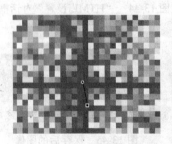

图 13-50　小分辨率调节填充手柄　　图 13-51　大分辨率调节填充手柄　　图 13-52　雪花效果

Chapter 13

04 新建一个同样大小的矩形对象，但该颜色的填充方式选择"实心"，颜色选择白色。并在层面板中将其放置在有雪花效果的矩形对象之下，如图 13-53 所示。

  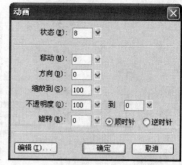

图 13-53　层面板设置　　　　图 13-54　具有雪花效果的图像　　　图 13-55　"动画"对话框

05 选中两个矩形对象，选择"修改"|"蒙版"|"组合为蒙版"命令，效果如图 13-54 所示。

06 选中新制作的蒙版对象，按快捷键 F8 将其转换为元件。在"转换为元件"对话框中设置元件类型为"动画"。打开动画对话框如图 13-55 所示，"状态"文本框中键入 8，不透明度从 100%～0%；其他选项保持不变。单击确定，实现该动画效果。

07 打开"状态"面板，在其中设置各个状态之间的延时，可以将原图像同雪花背景之间的延时设置长一些。

08 将动画效果导出到子文件夹，如图 13-56 所示。

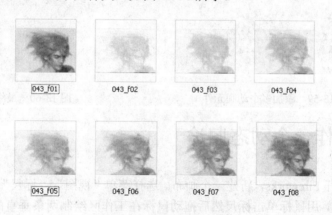

图 13-56　导出动画效果

13.4　礼花效果

01 打开 Fireworks，建一个画布。

02 选择"矩形"工具中的"椭圆"工具，按住 Shift 键在画布上绘制一个圆形对象，其填充如图 13-57 所示，内部填充选择"无"，笔触颜色选择"紫色"，笔尖大小为 8，描边种类为"随机"|"点"，边缘选择 60，然后单击属性面板上的"描边居中对齐"　。效果如图 13-58 所示。

03 选中新建的圆，选择"修改"|"元件"|"转化为元件"。保存类型选择"动画"

类型，在"动画"对话框中设置帧数和缩放比例及透明度。复制动画元件到文本工作区，此时文本中有多个元件对象，如图 13-59 所示。

图 13-57　圆形对象的属性设置　　　　　图 13-58　圆形对象的笔触效果

04 更改对象的颜色。选中要修改颜色的实例，在属性面板上单击"滤镜"|"调整颜色"|"色相/饱和度"命令，打开"色相/饱和度"对话框，调节颜色按钮，实现不同的颜色。根据需要分别选中各个对象，然后在属性面板中分别设置帧数和缩放比例及透明度。得到最后的效果，如图 13-60 所示。

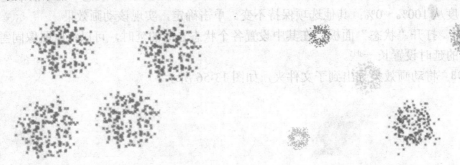

图 13-59　添加多个动画元件　　　　　　　图 13-60　最终的礼花效果

13.5　制作一个动态归途

01 打开 Fireworks，新建一个画布。选择菜单"视图"|"标尺"命令，显示出标尺。选择选取工具，用鼠标单击标尺然后拖动鼠标在工作区绘制两条垂直的辅助线，使垂直焦点位于工作区的中心，如图 13-61 所示。

02 选择矢量工具中的矩形工具，在工作区中绘制一个矩形对象，使其大小同工作区大小相同。对其进行如下填充：单击属性面板上的"渐变填充"按钮，在弹出的面板上设置渐变类型为"线性"；第一个游标的颜色选择"蓝色"，第二个游标的颜色选择"绿色"。在画布上自上而下拖动鼠标，使其填充效果如图 13-62 所示。

03 使用钢笔工具在蓝色背景上勾勒出山峦的轮廓，其填充颜色选择深绿色，如图 13-63 所示。

04 选择"钢笔"工具，勾勒出道路，对其选择灰色填充，效果如图 13-64 所示。

05 在"图层"面板中单击鼠标右键，在弹出的快捷菜单上选择"在状态中共享层"命令，将绘制好的该层共享。

图 13-61　添加辅助线

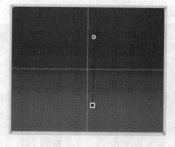
图 13-62　填充后的矩形对象效果

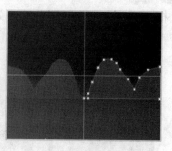
图 13-63　带有山峦的背景

06 在"图层"面板底部单击"新建/重制层"按钮 ，新建一个图层，使用钢笔工具绘制左栏杆蒙版。同理，新建图层，并绘制右栏杆蒙版和斑马线蒙版，如图 13-65 所示。此时层面板结构如图 13-66 所示。

07 绘制运动的线杆。在层面板中新建一个层。选中该层，使该层作为当前的编辑层。选择菜单"编辑"|"插入"|"新建元件"命令，打开"转换为元件"对话框。在名称文本框中输入新建元件的名字如"线条"，类型选择"图形"，单击"确定"按钮打开元件编辑框。使用矩形工具绘制一个矩形对象，按住 Alt 键，用鼠标拖动新图片建对象生成多个对象。使用"修改工具栏"中的对齐按钮，使各矩形对象的上边缘对齐。再使用"修改工具栏"中的组合按钮，将它们组合为一个对象。如图 13-67 所示。单击编辑窗口左上角的"页面 1"按钮返回，并删除画布上的线条实例。此时，在"文档库"面板中新添一个名为"线条"的图形元件。

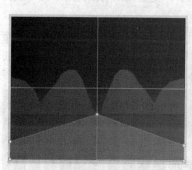
图 13-64　绘制好道路

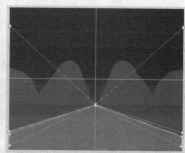
图 13-65　建立蒙版

图 13-66　建立蒙版后的层面板

08 制作线杆移动的效果。选择菜单"编辑"|"插入."|"新建元件"命令，打开"转换为元件"对话框。在名称文本框中输入新建元件的名字"栏杆左移"，类型选择"动画"，单击"确定"按钮打开编辑框。打开"文档库"面板，拖入两个"线条"元件到元件编辑器中。将第二个对象在第一个栏杆对象的基础上左移一段距离。大概有两个栏杆间四分之一的距离。得到图形如图 13-68 所示。

09 选择菜单"修改"|"元件"|"补间实例"命令，打开"补间实例"对话框。在"步骤"文本框中选择 2，选中"分散到状态"文本框，然后单击"确定"按钮关闭对话

框。可以在工作区浏览动画效果。单击元件编辑窗口左上角的"页面1"按钮返回画布。

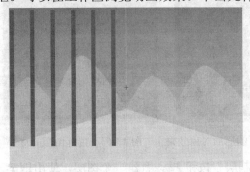 

图 13-67　一个线条元件　　　　　　　图 13-68　在两个线条元件之间插帧

10 同理，制作一个名为"栏杆右移"的动画元件。通过将拖动到元件编辑框的对象右移一段距离。在两个元件对象之间进行选择"补间实例"命令，实现栏杆右移效果。

11 选择菜单"编辑"|"插入"|"新建元件"命令，类型选择"图形"，打开"转换为元件"对话框。在名称文本框中输入新建元件的名字"横条"，单击"确定"按钮，打开元件编辑器。使用矩形工具在工作区绘制一个矩形横条，并复制出一组横向的斑马线，如图 13-69 所示。将新建的斑马线组合在一起，单击关闭按钮将"横条"元件保存在文档库中。

12 制作斑马线的动态效果。选择菜单"编辑"|"插入"|"新建元件"命令，打开"转换为元件"对话框。在名称文本框中输入新建元件的名字"斑马线"，类型选择"动画"，单击确定。打开编辑框。打开"文档库"面板，将上次保存的"横条"元件拖动到元件编辑对话框。拖动两个对象。将第二个对象在第一个栏杆对象的基础上下移一段距离。有两个横条间四分之一的距离。选择"修改"|"元件"|"补间实例"命令，在"补间实例"对话框的"步骤"文本框中选择 2，选中"分散到状态"复选框。效果如图 13-70 所示。

13 在层面板中，分别选中左边和右边的蒙版，使用快捷键 Ctrl+X 将其剪切。在库面板中拖动"栏杆"动画对象到工作区，选择"编辑"|"粘贴为蒙版"命令。可以将动画栏杆粘贴在背景上。同样可以将动画斑马线粘贴在背景上，如图 13-71 所示。

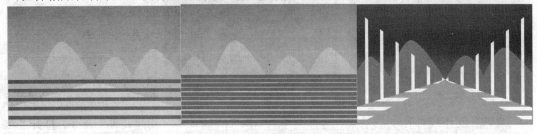

图 13-69　一帧斑马线效果　　　图 13-70　两帧斑马线效果　　　图 13-71　做好动画栏杆和斑马线

14 制作驾驶平台。选择矩形矢量工具，绘制一个宽度与背景大小相当的矩形，填充色为实心黑色，如图 13-72 所示。选中矩形对象，在属性面板上选择"滤镜"|"斜角与浮雕"|"内斜角"效果，实现如图 13-73 所示的效果。

15 制作驾驶盘。选择圆形矢量工具，绘制一个圆形对象。选择菜单命令"编辑"|"克隆"命令复制一个圆形对象。选中克隆的图形，执行"修改"|"变形"|"数值变形"

命令，在弹出的"数值变形"对话框中设置缩放 80%。选中两个圆，选择菜单"修改"|"改变路径"|"打孔"命令。

图 13-72　绘制的矩形效果　　　　　　　图 13-73　添加特效后的效果

使用快捷键 Ctrl + C 和 Ctrl + V 复制一个圆环对象，然后改变其大小，调整两个圆环的位置如图 13-74 所示。

使用矩形工具绘制一个矩形对象，如图 13-75 所示，为便于观察，可以调整矩形的不透明度。选中大圆环和矩形，然后选择菜单"修改"|"组合路径"|"交集"命令，实现效果如图 13-76 所示。

图 13-74　圆环效果　　　　图 13-75　3 个对象相交的示意图　　　　图 13-76　组合路径效果

选中组合路径和圆环，选择菜单"修改"|"组合路径"|"联合"命令，将两部分结合。在属性面板上选择"滤镜"|"斜角和浮雕"|"内斜角"命令，在弹出的面板上设置"斜角边缘形状"为"平滑"，"按钮预设"为"凸起"，其他默认设置。使用椭圆工具在转向盘的中心绘制一个小圆。效果如图 13-77 所示。选择"属性"|"滤镜"|"斜角和浮雕"|"内斜角"命令，在弹出的面板上设置"斜角边缘形状"为"第 1 帧"，"宽度"为10。实现效果如图 13-78 所示。

16 制作驾驶盘的支架。选择"矩形"矢量工具，绘制长条的小矩形，并为其添加效果，为使其逼真，令其斜放，效果如图 13-79 所示。

图 13-77　转向盘轮廓图　　　　图 13-78　转向盘效果图　　　　图 13-79　转向盘效果

17 制作车内油表和指示灯框架。选择矩形工具，在驾驶平台背景上绘制两个矩形对象，一大一小。选择"修改"|"组合路径"|"打孔"，将两个矩形对象打孔。选择"属性"|"滤镜"|"斜角和浮雕"效果，最后效果如图 13-80 所示。

18 制作油表。选择椭圆工具在指标灯框架左侧绘制一个大圆，填充颜色选择实心绿色。在其中绘制几个小圆，填充颜色选择实心红色。选择矩形工具，在框架右部绘制一个矩形对象，填充颜色选择绿色。在其中绘制一些小的正方形，内部填充选择黑色，效果如图 13-81 所示。

图 13-80　新建矩形对象　　　　　　　　　　图 13-81　指示灯和油灯

19 画好后的效果图如图 13-82 所示。现在可以将车内驾驶物复制到第 2、3、4 个状态中。注意每个状态中各层之间的叠放次序。这样可以在图中实现动画。

图 13-82　最终效果

13.6　制作动态的网页分隔条

01 打开 Fireworks，新建一个画布。

02 选择矢量工具面板中的矩形工具，在画布上绘制一个长而窄的矩形对象。无笔触填充颜色；矩形内部填充方式为"实心填充"，颜色选择"蓝色"。

03 使用快捷键 Ctrl + C 和 Ctrl + V 在画布上粘贴多个矩形条，使它们首尾相连。效果如图 13-83 所示。

04 选择"窗口"|"状态"，打开"状态"面板。单击面板右上角的面板菜单，选择"添加状态"选项，打开"添加状态"对话框如图 13-84 所示。在"数量"文本框中选择 2，并选择插入在"当前状态之后"复选框。单击"确定"按钮，此时在"状态"面板中新添加了两个状态。

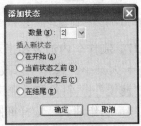

图 13-83　静态分隔条内容　　　　　　　　　図 13-84　"添加状态"对话框

05 打开"图层"面板，选中"状态 1"。使用快捷键 Ctrl + A，选中其中的所有对象。再打开状态面板，选择面板菜单中的"复制到状态"命令，打开"复制到状态"对话框，如图 13-85 所示。选中"所有状态"复选框，单击"确定"，实现复制效果。

06 在"状态"面板中选中状态 1。选中最左边的矩形，在属性面板中设置其填充类型为"渐变"|"线形"，填充颜色为"蓝黄蓝"；选中中间的矩形对象，在属性面板中设置其填充类型为"渐变"|"线形"，填充色为"蓝绿黄红"；选中最右边的矩形对象，在属性面板中设置填充类型为"渐变"|"线形"，填充颜色为"红绿蓝"，效果如图 13-86 所示。

图 13-85 "复制到状态"对话框

图 13-86 添加效果后的分隔条

07 在"状态"面板中选择第 2 个状态。从左到右 3 个矩形填充方式分别选择"蓝绿黄红"、"红绿蓝"和"蓝黄蓝"效果。

08 选择"状态"面板中的第 3 个状态。从左到右 3 个矩形填充方式分别选择"红绿蓝"、"蓝黄蓝"、"蓝绿黄红"效果。

09 在"状态"面板中设置各个状态之间的延时，通过颜色的变化就可以实现动画效果。

10 选择菜单"文件"|"导出"命令，在保存类型下拉列表中选择"状态到文件"选项，可以得到保存的图像，如图 13-87 所示。

未命名-1_f01   未命名-1_f02   未命名-1_f03

图 13-87 导出的图像文件

13.7 思考题

1. 试讲述一下"补间实例"的原理。
2. 怎样实现按钮的轮替效果。一般的按钮有几个状态？
3. 导出图像文件的格式有哪几种，分别有什么应用？

第14章 制作网站首页

本章导读

　　本章主要介绍了使用 Fireworks 制作不同风格的主页，在设计主页时，要设计网页图标、按钮、导航栏和弹出菜单，所以本章是对前面实例的总结。

　　◎　了解不同类型的主页风格

　　◎　制作弹出菜单

14.1 游戏类首页

01 打开 Fireworks，新建一个画布。"宽"为 500 像素，"高"为 400 像素，"背景"选择"黑色"，"分辨率"选择"96 像素/英寸"。

02 选择"钢笔"工具，设置笔尖大小为 6，描边种类为"铅笔"|"1 像素柔化"。在画布上绘制两个弧状图形。轮廓如图 14-1 所示。

03 打开属性面板，添加"阴影和光晕"|"内侧光晕"效果，打开内部发光编辑框。"发光强度"为 4，"发光颜色"为"绿色"，"不透明度"选择 65%，"柔和度"选择 4，偏移选择 0，如图 14-2 所示，效果如图 14-3 所示。

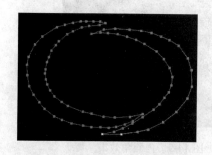
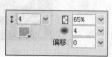

图 14-1　绘制弧状对象的路径　　图 14-2　内部发光编辑框　　图 14-3　使用发光效果

04 打开属性面板，添加"滤镜"|"模糊"|"高斯模糊"，打开"高斯模糊"对话框。设置其中的模糊系数为 3，如图 14-4 所示。效果如图 14-5 所示。

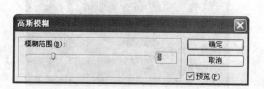

图 14-4　"高斯模糊"对话框　　　　　　图 14-5　高斯模糊效果

05 选择椭圆工具，在工作区绘制一大一小两个椭圆对象。椭圆对象的内部填充颜色为实心绿色，笔触颜色为绿色，笔尖大小为 2，描边种类为"铅笔"|"1 像素柔化"，效果如图 14-6 所示。

06 选中两个椭圆对象，执行"修改"|"组合路径"|"打孔"命令，效果如图 14-7 所示。

07 选中组合路径，打开属性面板，添加"滤镜"|"斜角与浮雕"|"内斜角"效果，打开"内斜角"对话框。"斜角方式"选择"平坦"，"斜角范围"选择 6，"斜角不透明度"选择 50%，"斜角柔和度"选择 8，"光源方向"选择 135，"斜角形式"选择"凸起"，如图 14-8 所示，效果如图 14-9 所示。

图 14-6 添加椭圆对象

图 14-7 两椭圆对象打孔

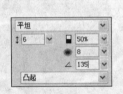

图 14-8 内斜角对话框

图 14-9 内斜角效果

08 选择矢量工具中的钢笔工具，绘制一个弧线对象，轮廓如图 14-10 所示。

09 选中该对象，打开属性面板，"内部填充颜色"选择"白色"，填充方式选择"实心"；"边缘方式"为"羽化"，"羽化值"选择 2，笔触填充为"无"，效果如图 14-11 所示。

图 14-10 新添一个曲线轮廓对象

图 14-11 填充为白色的弧形对象

10 执行"文件"|"导入"命令，在椭圆环后面导入一幅背景图片，如图 14-12 所示。

11 选择椭圆形选取框，选择椭圆圆环内的部分，效果如图 14-13 所示。

12 选中椭圆选取框，单击右键，在快捷菜单中执行"修改选取框"|"反选"命令。选中背景的其他区域。使用 Delete 键删除反选中的区域，效果如图 14-14 所示。

13 选择椭圆工具，在属性面板上单击"渐变填充"按钮▣，在弹出的面板上设置渐变类型为"线性"，并设置第一个颜色滑标的颜色值选择"＃FFFFFF"，第二个游标的颜色值选择"＃FFFF00"；边缘效果选择"羽化"，羽化值选择 5；按住 Shift 键在画布上绘制一个小圆对象，并将其复制 5 个分别放在图中所示的位置，效果如图 14-15 所示。

图 14-12　导入背景图片

图 14-13　使用椭圆选取框

图 14-14　取消背景的其他区域

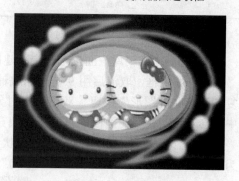

图 14-15　添加小圆对象

14 选择文本工具，选择属性面板，"字体"选择"Impact"，字号选择 30，"颜色"选择"灰色"，边缘选择"平滑消除锯齿"，输入文本"MUSELL"，效果如图 14-16 所示。

15 继续使用文本工具，选择属性面板，"字体"选择"Arial"，字号为 16，"颜色"选择"灰色"，边缘选择"平滑消除锯齿"，分别在小的圆形对象附近输入文本对象"ABOUT"、"BOOKING"、"WHAT'S NEW"、"GAMES"、"TOYS"、"LINKS"等文本，效果如图 14-17。

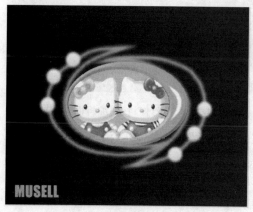

图 14-16　添加标题文本

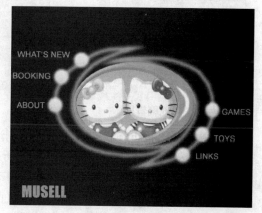

图 14-17　添加导航文本

16 使用鼠标选中第一个正圆形和文本"ABOUT"，单击右键弹出快捷菜单，选择

"转化为元件"命令，打开"转换为元件"对话框，如图 14-18 所示，在类型框中选择"按钮"类型，单击"确定"按钮，效果如图 14-19 所示。

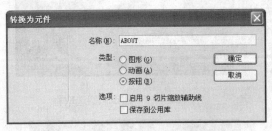

图 14-18　"转换为元件"对话框

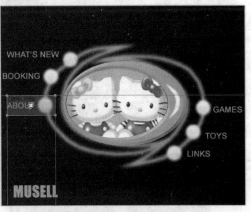

图 14-19　插入按钮后的效果

17 打开"文档库"面板，选中新建的元件，并选择面板菜单中的"编辑元件"，打开"元件"编辑框，取消启用 9 切片缩放辅助线。在属性面板上选择"滑过"状态，单击"复制弹起时的图形"按钮。双击文本对象，在属性面板中设置其颜色为"白色"。鼠标选中圆形对象，在属性面板中打开颜色填充编辑框，如图 14-20 所示，第一个下拉菜单选择"渐变"，第二个下拉菜单选择"放射状"，单击"编辑"按钮，选择颜色游标值，第一个为"＃FF0000"，第二个为"＃FFFF00"，效果如图 14-21 所示。

图 14-20　颜色填充编辑框

图 14-21　"滑过"按钮编辑框

18 选择"按下"状态，单击"复制滑过时的图形"按钮，将"滑过"时按钮的状态复制到"按下"状态，效果如图 14-22 所示。

19 单击"活动区域"状态，按钮自动生成切片如图 14-23 所示。

20 单击元件编辑窗口左上角的"页面 1"按钮，完成对第一个按钮的编辑。同样可以对其他几个按钮进行编辑。得到如图 14-24 的效果。

21 单击鼠标选中椭圆环后的背景对象，右击打开快捷菜单，选择"转换为元件"命令。打开"转换为元件"对话框，在类型复选框中选择"按钮"选项。单击"确定"按钮，将背景作为元件添加到库中。

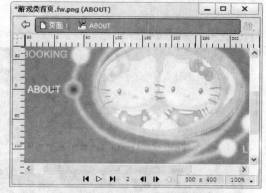
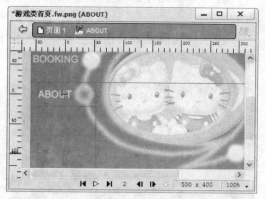

图 14-22 "按下"按钮编辑框　　　　　图 14-23 活动区域

22 双击文档库中新添加的元件，打开"元件属性"编辑框，单击"编辑"按钮，打开"按钮编辑"对话框。在属性面板上选择"滑过"状态，在属性面板中设置"滤镜"|"调整颜色"|"色相/饱和度"效果，打开"色相/饱和度"对话框，通过调整各游标值来调节图形的色相和饱和度，如图 14-25 所示，效果如图 14-26 所示。

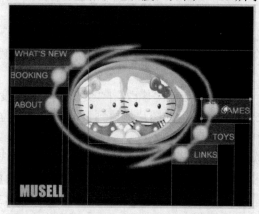

图 14-24 添加 6 个按钮效果

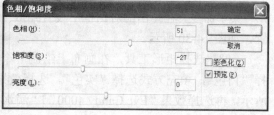

图 14-25 "色相/饱和度"对话框

23 选择"按下"状态，单击"复制滑过时的图形"按钮，将"滑过"时按钮的状态复制到"按下"状态，效果如图 14-27 所示。

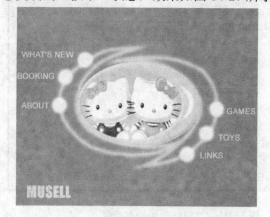

图 14-26 "滑过"时的效果

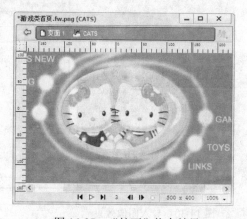

图 14-27 "按下"状态效果

24 单击元件编辑窗口左上角的"页面 1"按钮，将图片转化为按钮，效果如图 14-28 所示。

25 按快捷键 F12 在浏览器中浏览制作好的效果，如图 14-29 所示。

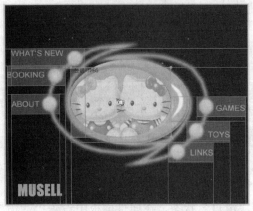

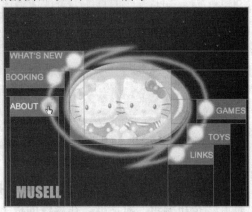

图 14-28 将背景转化为按钮   图 14-29 浏览效果

14.2 时尚首页设计

01 打开 Fireworks，新建一个画布。"宽"为 600 像素，"高"为 500 像素，画布颜色选择"白色"。

02 执行"文件"|"导入"命令，导入一幅图片。选择"修改"|"变形"|"数值变形"菜单命令，在弹出的对话框中设置缩放 16%。将缩放后的图片拖放到页面右边合适位置，如图 14-30 所示。

03 选择矩形工具，在画布上绘制一个矩形对象。选择属性面板，内部填充颜色选择"白色"，填充方式选择"实色"。选择效果"Eye Candy 4000"|"旋涡"，如图 14-31 所示，再选择效果"Eye Candy 4000"|"滴水"效果，如图 14-32 所示。矩形框如图 14-33 所示。

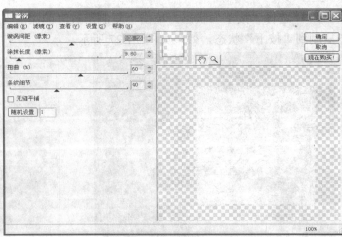

图 14-30 导入图像效果   图 14-31 "旋涡效果"对话框

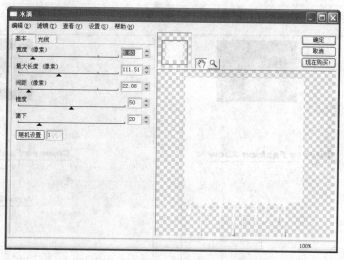

图 14-32　"滴水效果"对话框

04 选择矢量工具中的直线工具，在矩形对象的右边绘制两条直线。打开属性面板，设置笔触颜色为"＃FF00FF"，笔尖大小为 2 像素，描边种类为"铅笔"|"1 像素柔化"，纹理的不透明度选择 0％，效果如图 14-34 所示。

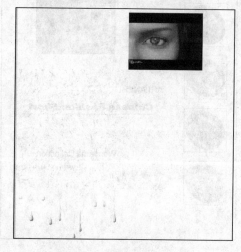

图 14-33　处理后的矩形框

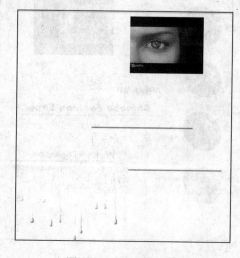

图 14-34　绘制直线对象

05 选择文本工具，选择属性面板，字体选择"Arial Black"，字体大小选择 20，字体颜色选择"＃000066"，边缘选择"平滑消除锯齿"；输入文本"Chinese Fashion Show"，选择加粗，效果如图 14-35 所示。

06 继续使用文本工具，选择属性面板，字体选择"Arial"，字体大小选择 18，字体颜色选择"＃660099"，边缘选择"平滑消除锯齿"；输入文本"ARLANSHI"、"Wonderful Collection"；改变字体颜色为"＃000000"，字体大小为 12，字形为"Arial Narrow"，输入文本 WWW.ARLANSHI.COM，效果如图 14-36 所示。

07 执行"文件"|"导入"命令，导入一组新的图像，例如本书第 12 章绘制的巧克力按钮，效果如图 14-37 所示。选择矩形工具，设置无内部填充颜色，笔触颜色为黑色，笔尖大小为 2，描边种类为"铅笔"|"1 像素柔化"，为每个图片加上边线框，此时网页

的整体效果如图 14-38 所示。

图 14-35　添加文本对象

图 14-36　添加新的文本对象

图 14-37　导入新的对象

图 14-38　网页的整体效果

08 使用鼠标分别单击 4 个按钮，右击鼠标，在快捷菜单中选择命令"转化为元件"，打开"转换为元件"对话框，保存类型选择"按钮"。分别将 4 个按钮转化为元件保存到"文档库"中。此时"文档库"里含有 4 个元件，如图 14-39 所示，效果如图 14-40 所示。

09 选中蓝色按钮，在"文档库"面板中双击，打开"转换为元件"对话框，单击"编辑"按钮打开"元件编辑"窗口。在属性面板上选择"滑过"状态，单击"复制弹起时的图形"按钮；选择"按下"状态，单击"复制滑过时的图形"按钮，效果分别如图 14-41 和图 14-42 所示。

10 选择"弹起"状态，选择属性面板中的"滤镜"|"Eye Candy 4000"|"挖剪"效果，效果如图 14-43 所示。分别对其他 3 个按钮进行该操作。切换到"预览"状态视图，可以预览按钮效果，如图 14-44 所示。

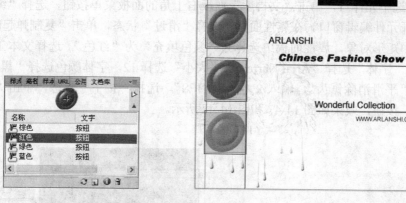

图 14-39　库中新添的按钮　　　　　　　　图 14-40　将图形转化为按钮

图 14-41　"滑过"状态　　　　　图 14-42　"按下"状态　　　　　图 14-43　"弹起"状态

11 选择矩形工具，在导入图片的右侧绘制 3 个矩形框。打开属性面板，设置矩形对象的笔触填充颜色为"黑色"，笔尖大小为 1 像素，描边种类为"铅笔"|"1 像素硬化"；矩形内部填充方式选择"实色填充"，填充颜色选择"白色"，效果如图 14-45 所示。

图 14-45　新添加矩行对象

图 14-44　整体效果　　　　　　　　图 14-46　库面板中含有 7 个元件

12 右键单击新添加的矩形对象，打开快捷菜单，选择"转化为元件"命令，将矩形转换为按钮元件。此时"文档库"中有 7 个按钮元件，如图 14-46 所示。其中元件 1、元件 2 和元件 3 为矩形对象。

13 选中元件 1，单击"文档库"面板右上角的面板菜单按钮，选择"编辑元件"命令，打开元件编辑窗口。在属性面板上选择"滑过"状态，单击"复制弹起时的图形"按钮，选中矩形对象，属性面板中选择其"颜色填充"为"红色"，选择文本工具，选择属性面板，"字体"选择"Arial Narrow"，"大小"选择 12，字体颜色选择"黑色"，边缘填充选择"平滑消除锯齿"，输入文本"SHOES"。选择"按下"状态，单击"复制滑过时的图形"按钮，效果如图 14-47 和图 14-48 所示。

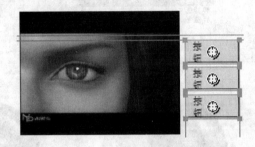

图 14-47 滑过状态　　图 14-48 活动区域　　　图 14-49 编辑好矩形对象

14 使用同样的方法分别编辑下面两个矩形对象，在"滑过"状态中，分别设置颜色填充为"黄色"和"蓝色"，输入文本时，分别输入"CLOTHES"和"GLASSES"。效果如图 14-49 所示，此时整体效果如图 14-50 所示。预览的原始效果和鼠标滑过的效果分别如图 14-51 和图 14-52 所示。

图 14-50 整体效果　　　　　　　　图 14-51 预览原始效果

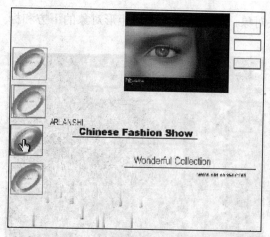

图 14-52　预览鼠标滑过的效果

14.3　公司首页设计

01　打开 Fireworks，新建一个画布。"宽"为 800 像素，"高"为 600 像素，"分辨率"选择 96 像素 / 英寸，画布的"背景颜色"选择"草绿色"。

02　选择矢量工具中的直线工具和矩形工具，分别在画布上绘制几条直线和两个矩形对象，将画布进行整体布局和规划。选择属性面板，对象的"笔触填充"选择"实心铅笔"，"宽度"选择 1 像素，"颜色"选择"蓝色"，矩形对象的"内部颜色"填充选择"蓝色"，效果如图 14-53 所示。

03　选择"直线"工具，打开属性面板，笔触效果选择"实心铅笔"，宽度选择 1 像素，填充颜色选择"草绿"，纹理透明度选择 0%，在矩形框设置一组直线对象，如图 14-54 所示。

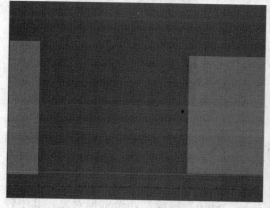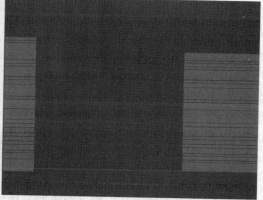

图 14-53　对页面进行布局　　　　　　　　　图 14-54　添加一组直线对象

04　选择"钢笔"工具，在左边矩形对象中添加 4 个白色箭头，选择属性面板，箭头对象的笔触填充选择"无"，内部颜色填充选择"白色"，边缘效果选择"羽化"，羽化值选择 2。用快捷键 Ctrl + C 和 Ctrl + V 分别复制多个箭头对象，进行排列，如图 14-55 所示。

Fireworks CS6中文版入门与提高实例教程

05 使用快捷键 Ctrl + V，复制两个箭头对象，将其放置在右边矩形对象的下方和标题栏的上方，整体效果如图 14-56 所示。

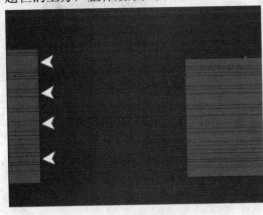

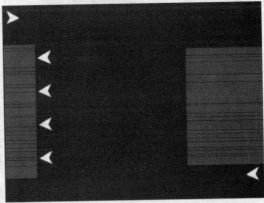

图 14-55　复制多个箭头符号　　　　　　图 14-56　添加箭头后的整体效果

06 选择文本工具，打开属性面板，选择字体为"黑体"，大小设置为 20，字体的颜色选择"白色"，边缘填充效果选择"平滑消除锯齿"，在左边矩形对象的箭头左边输入文本对象"最新资讯"，"打折促销"、"最新动态"和"艺界新闻"，效果如图 14-57 所示。

07 执行"文件"|"导入"命令，在页面右边的矩形对象中导入一幅图片，如图 14-58 所示。

图 14-57　添加文本的效果

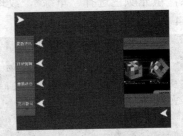

图 14-58　导入图片的效果

08 选择文本工具，打开属性面板，选择字体为"Arial Black"，大小为 30，字体颜色设置为"桔黄色"，边缘填充选择"平滑消除锯齿"，在右边箭头右方输入文本对象"VIEW"，效果如图 14-59 所示。

09 选择矢量工具中的"椭圆"工具，按住"Shift"键绘制两个圆形对象，其中较大的圆形对象只保留边框，选择属性面板，边缘填充方式选择"铅笔"|"1 像素"，宽度选择 1 像素，颜色选择"蓝色"，纹理的透明度选择 0%；较小的圆形对象边缘填充选择"实心铅笔"，宽度选择"1 像素"，填充颜色选择"桔黄色"，"内部填充颜色"选择"实心桔黄色"，边缘选择"消除锯齿"，效果如图 14-60 所示。

10 选择直线工具，选择属性面板，笔触填充选择"铅笔"|"1 像素"，笔触颜色选

Chapter 14

286

择"白色"，宽度选择"1像素"，在新绘制的圆形对象周围绘制直线对象如图14-61所示。

图 14-59 VIEW 文本对象

图 14-60 绘制双圆对象

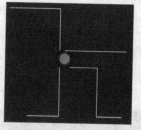

图 14-61 添加直线对象

11 选择矢量工具中的"圆角矩形"工具，选择属性面板，笔触效果选择"实心铅笔"，笔触颜色选择"白色"，宽度选择"1像素"，纹理不透明度选择0%，内部颜色填充选择"实心灰色"，边缘效果选择"消除锯齿"，纹理透明度选择0%，效果如图14-62所示。

12 选中新绘制的矩形对象，打开属性面板，选择效果"阴影和光晕"|"内侧光晕"，打开发光编辑框，发光颜色选择"黑色"，发光强度选择4，发光不透明度选择65%，柔和度选择4，发光偏移选择0，如图14-63所示，效果如图14-64所示。

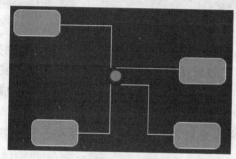

图 14-62 添加矩形对象

图 14-63 发光编辑框

13 选择文本工具，打开属性面板，字体选择"Arial Narrow"，字体大小选择20，选择加粗，字体颜色选择"白色"，边缘选择"平滑消除锯齿"，在矩形框中分别输入文本对象"娱乐"、"旅行"、"企业"和"媒体"，效果如图14-65所示。

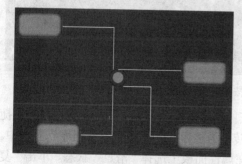

图 14-64 发光效果

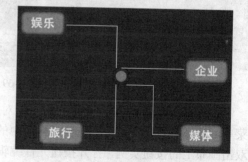

图 14-65 添加文本

14 使用文本工具，字体选择"Cataneo BT"，字体大小选择24，选择加粗，字体颜色选择"白色"，边缘选择"平滑消除锯齿"，在左上角的箭头处输入文本对象"Email"，效果如图 14-66 所示。

15 分别选择左边矩形框中的文本对象，右击鼠标右键，打开快捷菜单，选择"转化为元件"命令，将文本对象"最新咨询"、"打折促销"、"最新动态"、"艺界新闻"转化为"按钮"元件保存在库中。双击画布的按钮实例，打开元件编辑器。在属性面板上选择"滑过"状态，单击"复制弹起时的图形"按钮，选中复制过来的文本对象，选择属性面板，将文本颜色改为"桔黄色"，效果如图 14-67 所示。

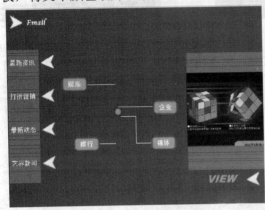
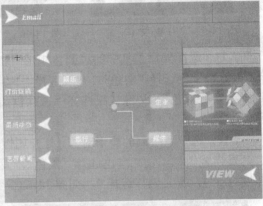

图 14-66 添加"Email"   图 14-67 "滑过"状态

16 选择"按下"和"按下时滑过"状态，单击"复制滑过时的图形"和"复制按下时的图形"按钮，将图形复制到"按下"和"滑过时按下"状态中。选择"活动区域"选项卡，Fireworks 自动为对象添加按钮的热区对象，效果如图 14-68 所示。单击"完成"按钮，将文本对象"最新咨询"转化为按钮，效果如图 14-69 所示。

17 使用同样的方法，将矩形框中的其他文本对象"打折促销"、"最新动态"和"艺界新闻"转化为按钮对象，效果如图 14-70 所示。

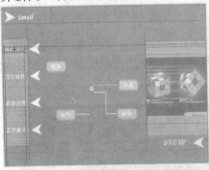
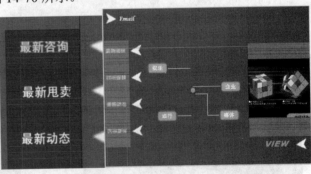

图 14-68 "活动区域"选项卡   图 14-69 添加按钮效果   图 14-70 多个文本按钮

18 单击鼠标，分别选择中间矩形对象和其中的文本对象，单击鼠标右键，打开快捷菜单，选择"转化为元件"选项，将选中的对象转化为按钮元件添加到"文档库"面板中。双击画布上的按钮实例，打开按钮元件编辑器，在属性面板上选择"滑过"状态，单击"复制弹起时对象"按钮，将弹起状态的对象复制到"滑过"状态。选中文本，在属性面板上将其填充颜色修改为桔黄色，然后选中矩形对象和文本，在属性面板上选择"滤镜"|"斜角与浮雕"|"凸起浮雕"，打开"浮雕"对话框，浮雕强度选择 2，浮雕不透明度选择 75%，浮雕柔和度选择 2，光源角度选择 135。如图 14-71 所示。选择"按下"和"按下时滑过"

状态，分别单击"复制滑过时的图形"和"复制按下时的图形"按钮，如图 14-72 所示。选择"活动区域"按钮，Fireworks 为新的按钮对象自动分配热区对象，如图 14-73 所示。

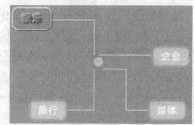
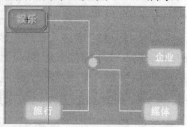

图 14-71 "浮雕"对话框　　　图 14-72 "滑过"状态　　　　　图 14-73 活动区域

19 使用同样的方法，分别将其他 3 个矩形和其中的文本对象转化为按钮元件，效果如图 14-74 所示。在预览时的效果如图 14-75 所示。

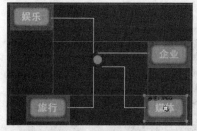
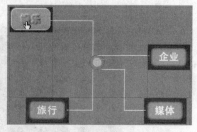

图 14-74 转化为按钮元件　　　图 14-75 预览生成的按钮元件　　图 14-76 发光编辑框

20 单击选中右边图形下面的文本对象"VIEW"，右击打开快捷菜单，选择"转化为元件"命令，将"VIEW"文本对象转化为按钮元件。双击画布上的按钮实例，打开按钮编辑器，在属性面板上选择"滑过"状态，单击"复制弹起时的图形"按钮，将弹起时的按钮复制到"滑过"状态中，单击选中文本对象"VIEW"，选择属性面板，添加效果"阴影与光晕"|"光晕"，打开发光编辑框。发光强度选择 8，颜色为黄色，不透明度选择 65%，柔和度选择 12，偏移选择 0，如图 14-76 所示。"滑过"状态的效果如图 14-77 所示。选择"按下"状态和"按下时滑过"状态，单击"复制滑过时的图形"和"复制按下时的图形"按钮。将"滑过"时的状态复制到"按下"和"按下时滑过"状态中。选择"活动区域"，Fireworks 为新建按钮对象自动添加切片对象，如图 14-78 所示。在预览框中预览效果如图 14-79 所示。

图 14-77 "滑过"状态　　　　图 14-78 活动区域　　　　　图 14-79 预览效果

21 单击选中右边图形下面的文本对象"Email"，右击打开快捷菜单，选择"转化为元件"命令，将"Email"文本对象转化为按钮元件，添加到"文档库"中。双击画面上的按钮实例，打开按钮编辑器，在属性面板上选择"滑过"状态，单击"复制弹起时的

图形"按钮，将弹起时的按钮复制到"滑过" 状态中，单击选中文本对象"Email"，选择属性面板，添加效果"斜角与浮雕"|"凹入浮雕"，打开浮雕编辑框。发光强度选择 6，不透明度选择 75%，柔和度选择 2，光源角度选择 135，如图 14-80 所示。"滑过" 状态的效果如图 14-81 所示。选择"按下"选项卡和"按下时滑过" 状态，单击"复制滑过时的图形"和"复制按下时的图形"按钮。将"滑过"时的状态复制到"按下"和"按下时滑过"状态中。选择"活动区域"，Fireworks 为新建按钮对象自动添加切片对象，如图 14-82 所示。在预览框中预览效果如图 14-83 所示。整体效果如图 14-84 所示。

图 14-80 浮雕编辑框

图 14-81 "滑过" 状态

图 14-82 活动区域

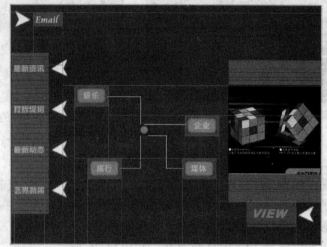
图 14-84 网页整体效果

图 14-83 预览效果

14.4 公益类首页设计

01 打开 Fireworks，新建一个画布。宽为 800 像素，高为 600 像素，分辨率为 96 像素/英寸，颜色选择"透明"。

02 选择矢量工具中的矩形工具，绘制一个尺寸和背景相同的矩形对象。打开属性面板，设置笔触填充选择"无"，"边缘"选择"消除锯齿"，"纹理"的透明度选择 10%。单击"渐变填充"按钮，在弹出的面板中设置渐变类型为"线性"，第 1 个游标的颜色选择 "#8C008C"，第 2 个游标的颜色选择"#000000"，如图 14-85 所示。填充效果如图 14-86 所示。如果填充的效果不合要求，可以选择油漆桶工具，在矩形上从左至右拖动鼠标进行填充。

03 选择"钢笔"工具，在背景中绘制 6 条弧线，笔触颜色选择"蓝色"，笔尖大小为 2 像素，描边种类选择"铅笔"|"1 像素柔化"，纹理的不透明度选择 80%，绘制效果如图 14-87 所示。

Chapter 14

图 14-85　"颜色填充"编辑框　　　　　　　　　　图 14-86　背景效果

04 执行"文件"|"导入"命令，导入图片对象，执行"修改"|"变形"|"扭曲"命令，使其符合弧线的走势，如图 14-88 所示。

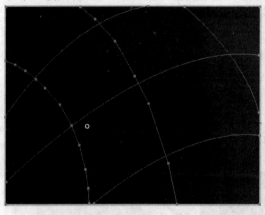

图 14-87　添加弧线对象　　　　　　　　　　图 14-88　导入图片效果

05 选择文本工具，选择属性面板，字体选择"Arial Black"，字体大小选择 30，字体颜色选择"实心白色"，边缘选择"平滑消除锯齿"。在画布左上角输入文本"The Wild World"，效果如图 14-89 所示。

06 使用文本工具，选择属性面板，字体选择"黑体"，字体大小选择 16，字体颜色选择"黄色"，边缘选择"平滑消除锯齿"。在左下角输入文本"保护环境 保护地球"，效果如图 14-90 所示。

07 使用文本工具，选择属性面板，字体选择"Cataneo BT"，字体大小选择 24，字体颜色选择"白色"，边缘选择"平滑消除锯齿"，在页面中间分别输入文本对象"Intertropical"、"Temperate Zone"、"Oceanic"、"South Pole"和"North Pole"文本对象。选中文本对象，执行"修改"|"对齐"|"左对齐"命令对齐文本对象，然后选择"修改"|"对齐"|"均分高度"命令布置文本对象，效果如图 14-91 所示。

08 选择矢量工具中的椭圆工具，按住 Shift 键绘制一个圆形。在属性面板上单击"渐变填充"按钮，在弹出的面板上设置渐变类型为"放射状"，在色带上单击鼠标添加两个游标，第一个游标的颜色选择"#999999"，第二个游标的颜色选择"#404040"，第三个游标的颜色选择"#CCCCCC"，第四个游标的颜色选择"#FFFFFF"，边缘选择"羽化"，"羽化值"选择 3，效果如图 14-92 所示。

09 选中新建的圆形对象，使用快捷键 Ctrl + C 和 Ctrl + V，将选择的对象复制 4 次，分别放在新添加的导航文本的前面，效果如图 14-93 所示。

图 14-89　添加文本对象

图 14-90　添加标题对象

图 14-91　添加导航条对象

10 选中圆形对象和后面对应的文本对象，右击打开快捷菜单，选择"转化为元件"命令，打开"转化为元件"对话框，设置元件类型为"按钮"类型，单击"确定"按钮关闭对话框。在画布上双击按钮实例打开元件编辑器，在属性面板上选择"滑过"状态，单击"复制弹起时的图形"按钮。将"弹起"选项卡中的对象复制到"滑过"状态中。单击选中文本对象，在属性面板上将其填充颜色修改为"绿色"；选中圆，在属性面板上将其渐变色修改为黄白放射状渐变，效果如图 14-94 所示。单击"按下"选项卡和"按下时滑过"状态，分别单击"复制滑过时的图形"和"复制按下时的图形"按钮。将"滑过"状态中的对象复制到"按下"和"滑过时按下"状态中。选择"活动区域"，Fireworks 自动为文本对象添加热区对象，效果如图 14-95 所示。单击"完成"，将文本对象转化为按钮。在预览视图中预览效果如图 14-96 所示。

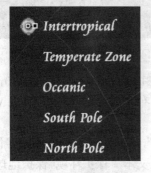

图 14-92　添加圆形对象

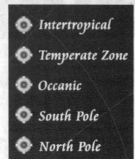

图 14-93　复制圆形对象

图 14-94　"滑过"状态

11 使用同样的方法将其他 4 个圆形对象和文本对象转化为按钮元件，添加到"文档库"中，并按上述方法编辑其"滑过"时的状态，得到如图 14-96 所示的效果。最后的整体效果如图 14-97 所示。

图 14-95　活动区域

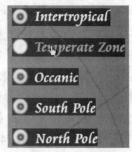

图 14-96　预览效果

Chapter 14

图 14-97　整体效果

14.5　乐器产品类设计

01　打开 Fireworks，新建一个画布。宽为 800 像素，高为 600 像素，"分辨率"为 96 像素／英寸，画布颜色设置为"白色"。

02　选择直线工具，打开属性面板，笔触填充方式选择"实心铅笔"，笔触填充颜色选择"灰色"，宽度选择 1 像素，纹理的透明度选择 0%，在画布面板上绘制一组直线对象，效果如图 14-98 所示。

03　执行"文件"|"导入"命令，在画布上单击要导入图片的地方，效果如图 14-99 所示。

04　选择矢量工具中的矩形工具绘制一个矩形对象，在属性面板中，笔触填充方式选择"实心铅笔"，宽度选择 1 像素，笔触颜色选择"黑色"，纹理的透明度选择 0%；内部颜色填充颜色选择"黑色"，边缘选择"平滑消除锯齿"，绘制的矩形对象的宽度与导入图形的宽度相同，效果如图 14-100 所示。

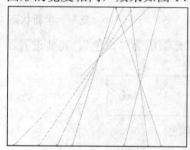

图 14-98　添加直线对象

图 14-99　导入图形效果

图 14-100　绘制矩形对象的效果

05　选择钢笔工具，在新绘制的矩形对象上绘制不规则图形，在属性面板中，单击笔触效果的下拉列表，选择"非自然"|"3D 光晕"，宽度选择 10 像素，笔触的颜色选择"蓝色"。在黑色矩形框中绘制不规则对象，效果如图 14-101 所示。

06　选择文本工具，在属性面板中，字体选择"Arial"，字体大小选择 16，字体颜

Fireworks CS6中文版入门与提高实例教程

色选择"白色"，边缘效果选择"平滑消除锯齿"，在黑色矩形对象的右下角输入文本对象"Music Light"，效果如图 14-102 所示。

07 使用文本工具，选择属性面板，字体选择"Arial"，字体大小选择 16，字体颜色选择"黑色"，字顶距为 160%，靠左边对齐，边缘选择"平滑消除锯齿"，在导入图形的右下方输入文本对象，效果如图 14-103 所示。

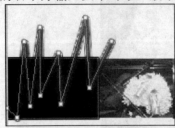
图 14-101　绘制不规则图像

图 14-102　输入文本对象

图 14-103　输入介绍性文本

08 选择"椭圆"工具，在导入的图像上方绘制三个椭圆对象，选择属性面板，颜色填充选择"紫色"，边缘选择"羽化"，羽化值选择 5，笔触填充选择"无"，效果如图 14-104 所示。

09 选择文本工具，选择属性面板，字体选择"Coneteo BT"，字体大小选择 15，选择"加粗"，字体颜色选择"蓝色"，在新绘制的椭圆对象之后输入文本对象"About Us"、"What's New"、"Links"，效果如图 14-105 所示。

10 按住 Shift 键，单击鼠标一次选中椭圆对象和其后面的文本对象，使用快捷键 Ctrl + C 和 Ctrl + V，打开状态面板，添加一个状态，将复制的对象粘贴到新建的状态中，如图 14-106 所示。

图 14-104　添加椭圆对象

图 14-105　添加链接文本

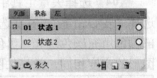
图 14-106　复制一个新状态

11 选中复制的椭圆对象，选择属性面板，选择其填充颜色为"黄色"，其他设置不变，效果如图 14-107 所示。

图 14-107　修改状态 2 中的椭圆的颜色

12 选择第一个状态，使用 Web 工具栏中的"切片"工具，将第一个椭圆对象和其后的文本对象"About Us"做成切片，效果如图 14-108 所示。

图 14-108　添加切片对象

Chapter 14

13 右击鼠标，打开快捷菜单，选择"添加交换图像行为"选项，打开"交换图像"对话框，在状态编号复选框中选择"状态2"，单击"确定"，完成图像交换效果。在预览框中观察到效果如图 14-109 所示。同样，可以为另外两个椭圆对象和文本对象制作图像交换效果，效果如图 14-110 所示。

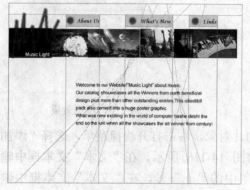

图 14-109　图像交换预览效果

14 选择矩形工具，在导入的图像下绘制一个矩形对象，选择属性面板，笔触填充方式选择"实心铅笔"，宽度选择"2 像素"，笔触填充颜色为"绿色"，纹理的透明度选择 0%，内部颜色填充颜色选择"橙色"，边缘选择"消除锯齿"，纹理透明度选择 0%，效果如图 14-111 所示。

图 14-110　3 个切片对象效果　　　图 14-111　添加矩形效果

15 使用快捷键 Ctrl + C 和 Ctrl + V，将新建矩形复制粘贴 4 份，沿导入图像依次排开，效果如图 14-112 所示。

16 选择文本工具，选择属性面板，字体选择"Alrial"，字形大小选择 18，字体颜色选择"黑色"，选择"加粗"，边缘选择"平滑消除锯齿"，分别在 5 个矩形对象框中输入文本对象"ALTO"、"PIANO"、"VIOLIN"、"FLUTE"、"OPERN"，效果如图 14-113 所示。

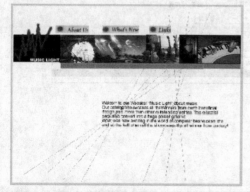

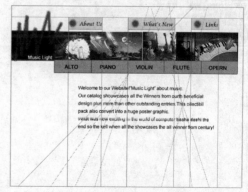

图 14-112　复制粘贴矩形对象　　　图 14-113　在矩形对象中添加文本

17 选中所有的矩形框和其中的文本对象，使用快捷键 Ctrl + C 和 Ctrl + V，打开状态面板，切换到"状态 2"，将选中的矩形对象和文本对象粘贴到新建的状态中。选中新粘贴的矩形对象，选择属性面板，笔触颜色选择"黑色"，内部填充颜色选择"灰色"，其他属性设置不改变，效果如图 14-114 所示。

18 单击"状态 1"，选择"切片工具"，给第一个矩形框添加切片，右击打开快捷菜单，选择"添加交换图像行为"，打开"交换图像"对话框。单击切片所在的位置，然后在"状态编号"下拉列表中选择"状态 2"，单击"确定"，实现图像交换效果，预览效果如图 14-115 所示。

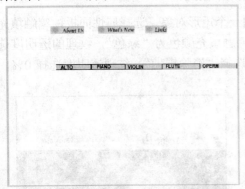

图 14-114　将矩形对象粘贴到状态 2 中

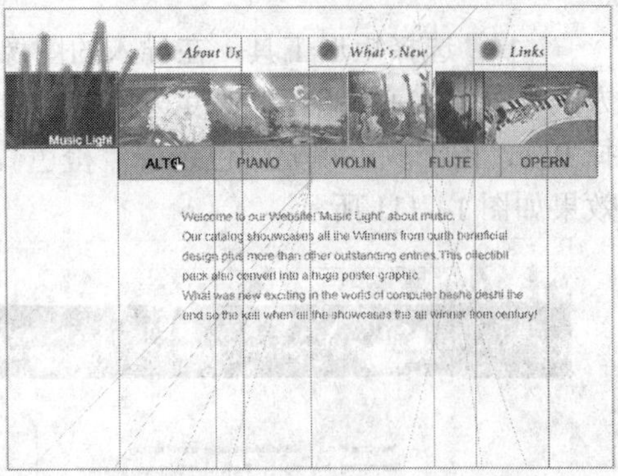

图 14-115　预览效果

19 选择"状态 1"，选中第一个矩形切片对象，右击打开快捷菜单，选择"添加弹出菜单"命令，打开"弹出菜单编辑器"，如图 14-116 所示。在"文本"文本框中输入"Baritone"，这是第一个菜单命令。单击菜单中的"＋"号，在"文本"文本框中输入"Gentleman"，单击缩排符号，使"Gentleman"成为"Baritone"的子菜单，然后在"链接"和"目标"文本框中指定超链接和打开超链接的方式。再单击"＋"号，在"文本"文本框中输入"Lady"，单击"缩进菜单"按钮，使"Lady"也成为"Baritone"的子菜单。单击"＋"号，在"文本"文本框中输入"Soprano"作为第 2 个菜单命令，再单击"＋"号，分别输入"Gentleman"和"Lady"，使"Gentleman"和"Lady"成为"Soprano"的下述菜单。此时"菜单编辑器"效果如图 14-117 所示。

图 14-116　弹出菜单编辑器

图 14-117　添加文本的菜单编辑器

20 单击"继续"按钮，在单元格选项中选择"图像"，下拉列表中选择"垂直菜单"，字体选择"Arial"，大小选择12，选择"加粗"，在弹起文本框中文本颜色选择"黑色"，单元格选择"灰色"，样式选择第一种效果，在滑过状态文本框中，文本选择"白色"，单元格选择"深蓝色"，样式选择第一行第二列的效果，如图 14-118 所示。

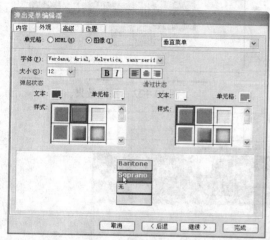

图 14-118 外观选项卡

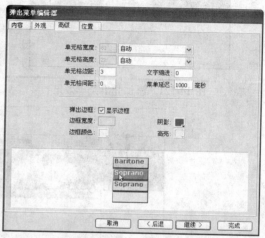

图 14-119 "高级"选项卡

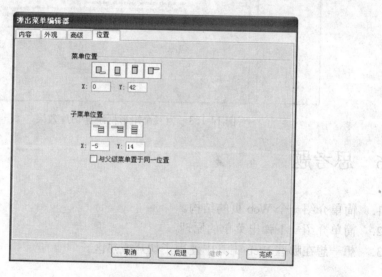

图 14-120 "位置"选项卡

21 单击"继续"按钮，打开高级选项卡，可以保持默认选项。如图 14-119 所示。单击"继续"按钮，打开"位置"选项卡，"菜单位置"选择第二种，"子菜单位置"选择第一种，不选中"与父级菜单置于同一位置"复选框，如图 14-120 所示。单击"完成"按钮，将弹出菜单添加到网页对象中，效果如图 14-121 所示，在预览框中预览效果如图 14-122 所示。

22 使用同样的方法，分别对"PIANO"、"VIOLIN"、"FLUTE"、"OPERN"矩形对象添加切片、添加"交换图像"效果和"添加弹出菜单"效果。最后的效果如图 14-123 所示。

图 14-121　添加弹出菜单效果　　　　　　　　　　图 14-122　预览效果

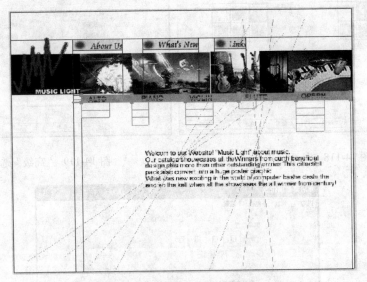

图 14-123　为多个矩形框添加切片效果

14.6　思考题

1. 简单介绍一个 Web 页的结构。
2. 简单介绍一下弹出菜单的原理。
3. 想一想在哪些 Web 工具中使用了切片或热区。